团队胜任力视角下的防汛防旱抢险专业队伍能力评价体系研究

樊传浩　王　荣　张　龙　凌　斌
何凯元　陈祥喜　王森林　郏　庆

河海大学出版社
HOHAI UNIVERSITY PRESS

内容简介

本书以团队胜任力为视角,探析防汛防旱抢险专业队伍的能力评价体系,研究新时代防汛防旱抢险专业队伍能力建设的实践和目标,针对防汛防旱抢险工作面临的新形势和新要求,在自然灾害理论、应急管理理论、胜任力理论、组织能力理论等相关理论研究和经验借鉴的基础上构建出防汛防旱抢险专业队伍能力评价指标体系和模糊综合评价模型,并以江苏省防汛防旱抢险中心为例,提出我国防汛防旱抢险专业队伍能力建设的方案与措施。

本书适合致力于防灾减灾、抢险救援、应急管理等领域研究的本科生和研究生,以及从事应急抢险救援实践的专业人员和非专业人员阅读。

图书在版编目(CIP)数据

团队胜任力视角下的防汛防旱抢险专业队伍能力评价体系研究 / 樊传浩等著. -- 南京:河海大学出版社,2018.12

ISBN 978-7-5630-5816-7

Ⅰ. ①团… Ⅱ. ①樊… Ⅲ. ①防洪—专业队—评价—研究②抗旱—专业队—评价—研究 Ⅳ. ①TV87②S423

中国版本图书馆 CIP 数据核字(2018)第 298381 号

书　　名	团队胜任力视角下的防汛防旱抢险专业队伍能力评价体系研究
书　　号	ISBN 978-7-5630-5816-7
责任编辑	金　怡
封面设计	张育智　梅火娟
出版发行	河海大学出版社
地　　址	南京市西康路 1 号(邮编:210098)
网　　址	http://www.hhup.com
电　　话	(025)83737852(总编室)　(025)83722833(营销部)
经　　销	江苏省新华发行集团有限公司
排　　版	南京布克文化发展有限公司
印　　刷	虎彩印艺股份有限公司
开　　本	787 毫米×1092 毫米　1/16
印　　张	19.75
字　　数	364 千字
版　　次	2018 年 12 月第 1 版　2018 年 12 月第 1 次印刷
定　　价	76.00 元

江苏省水利基金项目"防汛抗旱抢险专业队伍抢险能力评价体系研究"课题领导小组

组　长

马晓忠　江苏省防汛防旱抢险中心主任、教授级高级工程师
王济干　水利部人力资源研究院常务副院长，河海大学商学院教授、博士生导师

课题负责人

王　荣　江苏省防汛防旱抢险中心副主任、高级工程师
樊传浩　水利部人力资源研究院、中国（南京）人才发展研究中心研究人员，河海大学商学院讲师、硕士生导师

水利部人力资源研究院主要研究人员

张　龙　南京航空航天大学经济与管理学院教授、硕士生导师
凌　斌　河海大学商学院副教授、硕士生导师
王森林　河海大学水文水资源学院博士研究生
何凯元　河海大学商学院博士生
严姝婷、刘宇涵、李想、刘怡文、胡明月、张家婷、孙婷婷、孙文欣、朱艳、夏天、唐浩　河海大学商学院硕士生

江苏省防汛防旱抢险中心主要研究人员

陈祥喜　江苏省防汛防旱抢险中心　　　　工程师
谢朝勇　江苏省防汛防旱抢险中心　　　　高级工程师
刘爱明　江苏省防汛防旱抢险中心　　　　高级工程师
施建明、曹文星、周文彬、马冬冬、祁　峰　江苏省防汛防旱抢险中心

深圳市大鹏新区课题"大鹏新区三防队伍能力建设研究"课题领导小组

组　长
王昭礼　深圳市大鹏新区城市管理和水务局局长

副组长
罗振辉　深圳市大鹏新区城市管理和水务局副调研员
王济干　水利部人力资源研究院常务副院长，河海大学商学院教授、博士生导师
陈　俊　深圳市大鹏新区城市管理和水务局副局长

课题负责人
樊传浩　水利部人力资源研究院、中国（南京）人才发展研究中心研究人员，河海大学商学院讲师、硕士生导师
郏　庆　深圳市大鹏新区城市管理和水务局三防指挥部办公室副主任（主持工作）

水利部人力资源研究院主要研究人员
张　龙　南京航空航天大学经济与管理学院教授、硕士生导师
黄永春　河海大学商学院副院长、教授、博士生导师
凌　斌　河海大学商学院副教授、硕士生导师
王森林　河海大学水文水资源学院博士研究生
何凯元　河海大学商学院博士研究生

河海大学主要研究人员
吴勇信　河海大学土木与交通学院副研究员、硕士生导师
谷黄河　河海大学水文水资源学院副研究员、硕士生导师

大鹏新区城市管理和水务局主要研究人员
张亮、胡馨月、钱桢、周华坚、黄麒轩、潘杨简、周雄峰　三防指挥部办公室

前　言

　　2018年是水利部最后一个完整的防汛年，也是防汛防旱工作重点从改造自然、征服自然转向调整人的行为、纠正人的错误行为的开局之年。2018年，降雨明显偏强，出现强降雨的地区明显偏多；洪水出现频率高，发生大洪水的江河也比往年偏多；同样，台风也是偏多偏强——不但数量多于往年，而且有超强台风登陆。在这么不利的情况下，经过努力，水利部和地方防办圆满地完成了防汛任务。以标志性的数字为例，截至2018年11月，全国因为洪涝共造成182人死亡。这个数字不但意味着2018年是中华人民共和国成立以来近70年中因洪涝死亡人数最少的一年，而且与过去18年年均死亡超过1 200的数字形成了鲜明的对比。2018年10月30日，国家防汛抗旱总指挥部的20位同志从水利部被转隶到应急管理部，标志着水利部的国家防汛抗旱总指挥部办公室正式完成了历史使命，我国防汛防旱工作正式进入常态化以防为主、减轻风险的综合减灾新时代。

　　中国历史上防汛抗旱主要是为了不淹死人、有水种地、多产粮食、大家有饭吃，经过了几千年，特别是中华人民共和国成立以来，尤其是改革开放以来这40年的奋斗，我国的防汛抗旱形势发生了根本性的变化。现在防汛抗旱能力显著提升，已经一定程度地解决了洪涝灾害的威胁。解放初，1950—1960年这10年，年均死亡9 000多人，多的年份死亡几万人，其中1954年就死了四万多人。历史上的大旱，一次大旱死个三五百万人的，不在少数。干旱实际上就是缺水，就是要有效供水，过去是没有能力，没有工程能力供水，现在我们修了很多的工程，已经达到了较安全的水平。当前我国有20亿亩耕地，其中10亿1千多亩为旱涝保收田，这一灌溉面积足以确保不缺主食粮，能够保障粮食生产。

　　中国特色社会主义进入新时代，我国社会主要矛盾已经转化为：人民日益增长的美好生活需要和不平衡不充分的发展之间的矛盾。社会主要矛盾变化对防汛防

注：1亩＝666.67平方米。

旱的重大影响,也就是社会主要矛盾变化带来防汛防旱改革与发展的重大变化。从党的十一届六中全会上的人民日益增长的物质文化需要转化而来的美好生活需要,体现出了当前人民群众需求层次的变化;国务院发展研究中心中国民生调查的结果也显示,当今人民群众最关心的是收入、医疗、环境生态、教育、社会治安、食品安全、司法公正、政府办事效率等问题。这些需要的满足必须从不平衡不充分的发展方面着手解决。研究显示新时代的不平衡不充分的发展主要体现为五个不平衡、五个不充分。五个不平衡主要体现在实体经济与虚拟经济不平衡、经济发展与社会发展不平衡、经济发展与环境保护不平衡、区域发展不平衡和城乡发展不平衡;五个不充分主要体现在市场竞争不充分、效率发挥不充分、权力释放不充分、有效供给不充分和有效监管不充分。新时代防汛防旱需要从以除水害、兴水利为主的改造自然与征服自然的方式,变革为常态化地调整人的行为与纠正人的错误行为的综合减灾。这样的"错误行为"在防汛防旱方面的具体体现为:防灾减灾意识与措施不到位、应急救援效率不高、救援成本大与救援科学性不足、人民群众财产损失大等问题。

当前地方政府应急管理可以概括为"一窝蜂式的多界别联合作战"模式。这种模式具有全员参与和全过程处置两大特点,一是能够充分发挥各部门的作用,从行业管理角度,把行政管理与应急管理捆绑在一起,最大化利用现有行政体制架构,简单明了划分应急管理职责;二是由单一部门牵头,一竿子插到底,全程处置,有利于突发事件的后续处置和跟踪。新时代,多界别联合作战已不能充分满足人民群众对应急管理的要求,具体体现为此模式所固有的 8 项弊端:(1)投入大;(2)重复建设,每个机构都要建立一套应急系统,都要成立相应的领导机构,甚至专职机构,来应对该领域的突发事件;(3)可能存在遗漏;(4)易产生推诿扯皮;(5)大型综合性突发事件应对不足,各人自扫门前雪,不同的部门之间,只顾自己职责内的工作,不会兼顾其他相关工作,单一灾害处置起来很迅速,一旦涉及多部门、跨区域的突发事件,处置效率和效果将大打折扣;(6)协调难度大;(7)信息共享存在障碍,信息多路径传递,而且掺杂不同信息,最后汇总到最上层就会失真,而且多个部门指导同一项应急工作,要求不一样、标准不一样、内容也不相同,导致重复工作多,无效工作量大;(8)不能充分发挥所有救灾队伍和物资的最大效益,有些物资或队伍,在一些险情灾情时可以使用,但因为主管部门不涉及此项任务,所以就只能闲置,导致养兵千日而不用。

作为一种应急管理工作,防汛防旱抢险是以抢险专业队伍作为执行主体展开的,抢险专业队伍在防汛防旱抢险应急管理工作活动中占有极其重要的地位。在抢险过程中,各个环节的衔接和各种要素的调配,都需要由抢险专业队伍管理和推动,比如,抢险预案、计划和制度的制定、推动和实施以及抢险物资和信息的合理运筹等。抢险专业队伍能力是指成功处置险情,拯救群众的生命和财产,并最大程度降低经济损失,快速恢复现场秩序的能力。抢险专业队伍能力事关抢险成败,新形势新要求之下,专业队伍抢险能力的评价指标又有了新的内涵。在"两个坚持,三个转变"思想的指导下,新时代防汛防旱抢险专业队伍能力评价体系研究具有重要的理论和实践价值。本书以团队胜任力为视角,探析防汛防旱抢险专业队伍的能力评价体系,研究新时代防汛防旱抢险专业队伍能力建设的实践和目标,针对防汛防旱抢险工作面临的新形势和新要求,在自然灾害理论、应急管理理论、胜任力理论、组织能力理论等相关理论研究和经验借鉴的基础上构建出防汛防旱抢险专业队伍能力评价指标体系和模糊综合评价模型。

在此基础上,本书以江苏省防汛防旱抢险中心为例,首先,利用 Expert Choice 软件,采用层次分析法(AHP),逐步确定在近期、中期、远期三个阶段抢险专业队伍抢险能力各级评价指标的权重;其次,运用德尔菲法制定出 60 个抢险能力评价三级指标的 300 条团队胜任力视角下的防汛防旱专业队伍抢险能力评价标准;最后,按照自评、三级指标等级评价和综合评定三个步骤,对江苏省防汛防旱抢险中心的抢险能力进行了评价,并结合抢险能力评价的逻辑框架从不同角度、层次把握江苏省防汛防旱抢险中心的抢险能力的水平、结构和其他特点,对比"两个坚持""三个转变"的要求,进一步识别、归纳出江苏省防汛防旱抢险中心能力建设的突出问题和关键任务。综合以上,本书提出我国防汛防旱抢险专业队伍能力建设的方案与措施,旨在贯彻落实灾害风险管理思想、综合减灾理念和"两个坚持,三个转变"方针,以加强我国防汛防旱抢险工作为基本出发点,以提高我国防汛防旱抢险专业队伍工作能力为核心,以改革创新为动力,以强化政策指导、创新人才机制和构建工作体系为重点,全面提高我国防汛防旱抢险专业队伍工作的积极性、创造性和有效性,充分发挥防汛防旱抢险工作对于我国社会、经济发展的保障作用。

本书出版得到国家社科基金重点项目(16AGL005)、江苏省社科基金青年项目

（17GLC002）、河海大学社科青年文库、江苏省水利基金项目"防汛抗旱抢险专业队伍抢险能力评价体系研究"、深圳市大鹏新区课题"大鹏新区三防队伍能力建设研究"、河海大学"中央高校基本科研业务费专项资金"（2018B20514）资助，也是水利部人力资源研究院、江苏省防汛防旱抢险中心和深圳市大鹏新区防汛防旱防风指挥办公室的标志性成果。

本书撰写得益于与水利部人力资源研究院"组织胜任与激励机制创新"研究团队的多年合作，王荣、张龙、凌斌、何凯元、陈祥喜、王森林、郑庆等参与了相关课题研究和本书的撰写，并提供了大量的资料、信息和智慧。同时，水利部人力资源研究院常务副院长王济干，水利部人事司项新锋，南水北调司孙永平，江苏省防汛防旱抢险中心主任马晓忠，抢险专家谢朝勇、刘爱明、施建明、曹文星、周文彬、马冬冬和祁峰等，大鹏新区环保水务局局长王昭礼，副调研员罗振辉，副局长陈俊，河海大学商学院副院长黄永春，河海大学教师吴勇信、谷黄河等同志，为本书的完善提供了宝贵意见和建议。参与本书资料整理的还有河海大学的研究生严姝婷、刘宇涵、李想、刘怡文、胡明月、张家婷、孙婷婷、孙文欣、朱艳、夏天、唐浩、汤思洁和陈妍，对他们付出的辛勤劳动，我深表感谢。

由于本人调研不够，加上水平有限，难免有疏漏之处，敬请各位专家、学者批评指正。

樊传浩

2018 年 11 月于河海大学博学楼

目录 | CONTENTS

第1章　绪论 …………………………………………………………………… 001
 1.1　研究背景和研究意义 ……………………………………………… 001
  1.1.1　研究背景 ………………………………………………………… 001
  1.1.2　研究意义 ………………………………………………………… 006
 1.2　国内外文献综述 …………………………………………………… 007
  1.2.1　应急管理研究综述 ……………………………………………… 008
  1.2.2　抢险队伍与抢险队伍能力建设研究综述 ……………………… 017
  1.2.3　团队胜任力研究综述 …………………………………………… 020
 1.3　主要任务 …………………………………………………………… 022
  1.3.1　理论基础与经验借鉴 …………………………………………… 023
  1.3.2　防汛防旱抢险专业队伍建设的现状分析 ……………………… 023
  1.3.3　我国防汛防旱抢险专业队伍的建设方向研究 ………………… 023
  1.3.4　构建防汛防旱抢险专业队伍能力评价体系 …………………… 024
  1.3.5　综合评价江苏省防汛防旱抢险专业队伍的能力水平 ………… 024
  1.3.6　我国防汛防旱抢险专业队伍能力建设的方案与措施研究
     …………………………………………………………………… 024
 1.4　研究思路与方法 …………………………………………………… 024
  1.4.1　研究思路 ………………………………………………………… 024
  1.4.2　研究方法 ………………………………………………………… 024

第2章　理论基础与经验借鉴 ……………………………………………… 027
 2.1　理论基础 …………………………………………………………… 027
  2.1.1　应急管理理论 …………………………………………………… 027
  2.1.2　胜任力理论 ……………………………………………………… 036
  2.1.3　组织能力理论 …………………………………………………… 040
 2.2　经验借鉴 …………………………………………………………… 042
  2.2.1　美国三级自然灾害应急管理体系 ……………………………… 042
  2.2.2　日本自然灾害应急管理体系 …………………………………… 043

2.2.3　加拿大逐步升级的自然灾害应急管理体系 …………… 044
　　2.2.4　抢险预案的界定与实例 ……………………………… 045
　　2.2.5　抢险专业设备的界定与操作规程 …………………… 045
　　2.2.6　借鉴经验总结 ………………………………………… 062

第3章　我国防汛防旱抢险专业队伍建设现状分析 …………… 064
3.1　总体情况分析 …………………………………………… 064
　　3.1.1　我国防汛防旱抢险总况 ……………………………… 064
　　3.1.2　我国防汛防旱抢险专业队伍现状 …………………… 073
3.2　江苏省防汛防旱抢险专业队伍建设状况 ……………… 076
　　3.2.1　江苏省防汛防旱抢险总况 …………………………… 076
　　3.2.2　江苏省防汛防旱抢险专业队伍现状 ………………… 078
3.3　大鹏新区防汛防旱抢险专业队伍建设状况 …………… 082
　　3.3.1　大鹏新区防汛防旱防风现状 ………………………… 082
　　3.3.2　大鹏新区三防队伍现状 ……………………………… 088

第4章　我国防汛防旱抢险专业队伍建设方向研究 …………… 097
4.1　我国防汛防旱抢险专业队伍建设面临的形势和要求 … 097
　　4.1.1　政策依据 ……………………………………………… 097
　　4.1.2　实践依据 ……………………………………………… 098
　　4.1.3　面临的新要求 ………………………………………… 101
4.2　我国防汛防旱抢险专业队伍建设面临的主要问题和建设方向 … 105
　　4.2.1　面临的主要问题 ……………………………………… 105
　　4.2.2　建设的主要方向 ……………………………………… 106

第5章　团队胜任力视角下的防汛防旱抢险专业队伍能力评价指标体系研究
　　………………………………………………………………… 110
5.1　我国防汛防旱抢险专业队伍建设目标与能力评价指标甄选原则 …… 110
　　5.1.1　建设目标 ……………………………………………… 110
　　5.1.2　能力评价指标甄选原则 ……………………………… 111
5.2　我国防汛防旱抢险专业队伍能力评价指标的甄选 …… 112
　　5.2.1　评价指标初步甄选 …………………………………… 112
　　5.2.2　评价指标修正 ………………………………………… 114
5.3　我国防汛防旱抢险专业队伍能力评价指标体系的构建 … 129
　　5.3.1　团队胜任力视角下的理论架构 ……………………… 129
　　5.3.2　评价指标的逻辑关系和体系构建 …………………… 131

第6章 防汛防旱抢险专业队伍能力评价模型构建 ······ 154
6.1 防汛防旱抢险专业队伍能力模糊综合评价模型构建 ······ 154
6.1.1 模糊综合评价方法概述 ······ 154
6.1.2 确定指标权重 ······ 155
6.1.3 评定指标评价等级 ······ 155
6.1.4 构造评价指标的模糊关系矩阵 ······ 155
6.1.5 合成模糊综合评价集 ······ 156
6.1.6 给出评价结果 ······ 156
6.2 防汛防旱抢险专业队伍能力评价指标权重的确立 ······ 157
6.2.1 指标权重确立的方法与步骤 ······ 157
6.2.2 以江苏省防汛防旱抢险中心为例 ······ 159
6.3 防汛防旱抢险专业队伍能力评价标准的制定 ······ 170
6.3.1 抢险能力的分级 ······ 170
6.3.2 评价等级划分标准 ······ 170

第7章 江苏省防汛防旱抢险中心的抢险能力评价 ······ 195
7.1 江苏省防汛防旱抢险中心的抢险能力评价过程 ······ 195
7.2 江苏省防汛防旱抢险中心的抢险能力评价结果 ······ 198
7.2.1 三级指标的隶属度结果 ······ 198
7.2.2 二级指标的隶属度结果 ······ 200
7.2.3 一级指标的隶属度结果 ······ 203
7.2.4 总体隶属度结果 ······ 205
7.3 江苏省防汛防旱抢险中心的抢险能力评价结果分析 ······ 205
7.3.1 总体评价结果分析 ······ 205
7.3.2 抢险准备能力评价结果分析 ······ 208
7.3.3 抢险响应能力评价结果分析 ······ 209
7.3.4 抢险执行能力评价结果分析 ······ 210
7.3.5 抢险恢复能力评价结果分析 ······ 211
7.4 江苏省防汛防旱抢险中心的抢险能力建设的建议 ······ 212

第8章 我国防汛防旱抢险专业队伍能力建设的方案与措施 ······ 214
8.1 指导思想、基本原则和总体目标 ······ 214
8.1.1 指导思想 ······ 214
8.1.2 基本原则 ······ 214
8.1.3 总体目标 ······ 215

8.2 主要任务 ·············· 216
8.2.1 推行能力评估与对标，把握抢险工作水平 ·············· 216
8.2.2 构建复合型抢险队伍，适应综合防灾减灾新形势 ·············· 220
8.2.3 加强知识管理，持续提高抢险能力 ·············· 222
8.3 实施步骤 ·············· 223
8.3.1 抓好宣传发动，制定实施方案 ·············· 223
8.3.2 立足岗位锻炼，提升业务能力 ·············· 223
8.3.3 加强管理督导，做好总结评估 ·············· 224
8.3.4 落实整改方案，实现知识转化 ·············· 224
8.4 措施 ·············· 225
8.4.1 加强预案管理，提高预案约束力和指导价值 ·············· 225
8.4.2 落实"以防为主，防抗结合"，促进隐患监测、排查的常态化、专业化 ·············· 225
8.4.3 加强人才培养，构建高素质的复合型骨干队伍 ·············· 226
8.4.4 推进高绩效人力资源实践，为防汛防旱抢险专业队伍能力建设提供支撑 ·············· 226
8.4.5 强化第三方资源管理，提高应急资源的可用性 ·············· 227
8.4.6 建立多渠道沟通机制，确保抢险抗灾信息顺畅流动 ·············· 228
8.4.7 提高信息管理能力，加强抢险工作的基础设施 ·············· 228
8.4.8 提供保障和激励，提高抢险工作执行力 ·············· 229
8.4.9 做好灾后修复工作，提高善后处置能力 ·············· 229
8.4.10 推行抢险救灾后评价机制，促进抢险能力提升 ·············· 229

第9章 研究展望 ·············· 231

附件1：确定评价指标权重的判断矩阵 ·············· 234
附件2：防汛防旱抢险专业队伍抢险能力评价打分表 ·············· 243
附件3：防汛预案实例 ·············· 258

样表1：＿＿＿＿市（县、区）指挥部成员单位及人员通讯表 ·············· 268
样表2：＿＿＿＿市（县、区）办事处社区主要负责人通讯录 ·············· 269
样表3：＿＿＿＿市（县、区）主要河流防汛行政责任人和技术负责人 ·············· 270
样表4：＿＿＿＿市（县、区）中小型水库行政责任人和技术负责人 ·············· 271
样表5：＿＿＿＿市（县、区）备汛队伍建设情况 ·············· 272
样表6：＿＿＿＿市（县、区）防汛抢险专家组 ·············· 273
样表7：＿＿＿＿市（县、区）应急避难场所信息一览表 ·············· 275

样表 8：_____市(县、区)防汛物资管理情况统计表 …………………… 276
　　　　_____办事处三防物资管理情况统计表 ……………………… 277
　　　　_____办事处三防物资管理情况统计表 ……………………… 278
　　　　_____办事处三防物资管理情况统计表 ……………………… 279
　　　　_____水库物资管理情况统计表 …………………………………… 280
样表 9：_____市(县、区)督导组督查情况反馈表 …………………… 281
样表 10：_____市(县、区)新增内涝点的行政责任人和治理责任人 ……… 282
样表 11：_____市(县、区)重点易涝区转移一览表 …………………… 283
样表 12：_____(单位/办事处)防御_____(暴雨)情况统计表 ……… 284
示例 1：_____市(县、区)防汛应急处置流程图(以大鹏新区为例) ………… 286
示例 2：_____市(县、区)三防成员单位应急响应行动表(以大鹏新区为例)
　　　　………………………………………………………………………… 287
　　　　(1) 关注级应急响应行动 ………………………………………… 287
　　　　(2) Ⅳ级应急响应行动 …………………………………………… 288
　　　　(3) Ⅲ级应急响应行动 …………………………………………… 290
　　　　(4) Ⅱ级预警响应行动 …………………………………………… 293
　　　　(5) Ⅰ级预警响应行动 …………………………………………… 295

参考文献 …………………………………………………………………… 297

第 1 章
绪　论

1.1　研究背景和研究意义

1.1.1　研究背景

1. 现状与形势

当前是我国全面建成小康社会的决胜阶段。党的十八大以来,党中央高度重视防灾减灾救灾工作,多次做出系列重大决策部署,提出防灾减灾救灾"两个坚持、三个转变"的重要论述,即"坚持以防为主、防抗救相结合,坚持常态减灾和非常态救灾相统一,从注重灾后救助向注重灾前预防转变,从应对单一灾种向综合减灾转变,从减少灾害损失向减轻灾害风险转变"。党中央、国务院把维护公共安全摆在更加突出的位置,要求牢固树立安全发展理念,把公共安全作为最基本的民生,为人民安居乐业、社会安定有序、国家长治久安编织全方位、立体化的公共安全网。

在大部门制改革与应急管理部成立的背景下,我国结束了"碎片化"的应急管理体制,这将改变我国当前"一窝蜂式的多界别联合作战"应急管理模式。虽然这种模式有着两大优势:一是能够充分发挥各部门的作用,从行业管理角度,把行政体制与应急管理捆绑在一起,最大化利用现有行政体制架构,简单明了划分应急管理职责;二是由单一部门牵头,一竿子插到底,全程处置,有利于突发事件的后续处置和跟踪。但是也存在以下问题。

第一,综合协调能力不强。一方面体现在常态应急,由于"碎片化"的职能分散在各职能部门,导致应急系统重复建设、信息共享存在阻碍、缺乏统一的标准等;另一方面体现在非常态应急,由于职责边界不明确,推诿扯皮、大型综合性突发事件应对不足等问题时常发生,善后总结无法同一进行,部门间协调难度大。

第二,能力结构的系统性不足。一方面体现在防灾减灾能力与救灾抗灾能力不协调,过于注重被动的"撞击-反应"式应急,依然存在着灾害具有不可预测性和非线性的隐含假设;另一方面体现在各部门、各地区的能力差异大,基层应急力量薄弱。

第三,考核机制不完善。由于"一窝蜂式"的应急管理特点,造成应急响应与善后处置成本巨大,并且上级政府只强调能够量化的指标,如伤亡情况、受损情况等,而忽略了防灾减灾是否产生作用、应急响应与善后处置的效率等重要考核内容,缺乏对地方政府的行为导向。因此,在当前发展趋势下,各种传统的和非传统的风险、矛盾交织并存,要求我国政府必须将应急管理的各个过程与职能有机整合,将"一窝蜂式的多界别联合作战"模式转变为"组织协同作战+常态综合防范"模式。

深入推进应急管理模式变革面临风险隐患增多、诸多矛盾叠加的挑战,具体来看包括以下几个方面。

第一,从突发事件发生态势看,突发事件仍处于易发多发期。仅在自然灾害上,地震、地质灾害、洪涝、干旱、极端天气事件、海洋灾害、森林草原火灾等重特大自然灾害分布地域广、造成损失重、救灾难度大。虽然从数据上看,我国自然灾害带来的损失有所减少,但是受灾总量依然较大,形势依然严峻。如表1-1所示,从2010—2016我国部分自然灾害损失情况可以看出,从2010年到2016年我国农作物受灾情况总体上呈现下降趋势,在2015年农作物受灾面积达到最低,但在2016年略有上升;农作物绝收面积总体上也呈现下降趋势,但整体形势恶劣,绝收面积数量较大;受灾总人数也呈现明显的下降趋势,受灾人口2016年较2010年下降55.62%,死亡人口2016年较2010年下降73.92%。

表1-1 2010—2016我国部分自然灾害损失情况

		2010年	2011年	2012年	2013年	2014年	2015年	2016年
农作物受灾面积合计/万公顷	受灾	3 742.59	3 247.05	2 496.2	3 134.98	2 489.07	2 176.98	2 622.07
	绝收	486.32	289.17	182.63	384.44	309.03	223.27	290.22
旱灾/万公顷	受灾	1 325.86	1 630.42	933.98	1 410.04	1 227.17	1 060.97	987.27
	绝收	267.23	150.54	37.4	141.61	148.47	104.61	101.83
洪涝、山体滑坡、泥石流和台风/万公顷	受灾	1 786.65	840.99	1 122.04	1 142.69	722.2	734.13	1 055.49
	绝收	166.99	87.28	109.53	182.89	97.69	84.1	144.24
风雹灾害/万公顷	受灾	218.01	330.93	278.08	338.73	322.54	291.8	290.8
	绝收	28.03	30.24	21.34	41.24	45.77	30.91	26.88

续表

		2010年	2011年	2012年	2013年	2014年	2015年	2016年
低温冷冻和雪灾/万公顷	受灾	412.07	444.71	161.78	232.01	213.25	90.03	288.5
	绝收	24.07	21.11	14.29	18.07	16.82	3.65	17.27
人口受灾	受灾人口/万人次	42 610.2	43 290	29 421.7	38 818.7	24 353.7	18 620.3	18 911.7
	死亡人口/人	6 541	1 014	1 530	2 284	1 818	967	1 706
直接经济损失/亿元		5 339.9	3 096.4	4 185.5	5 808.4	3 373.8	2 704.1	5 032.9

注：数据来源于《中国统计年鉴2010—2016年》。

第二，从突发事件的复杂程度看，各种风险相互交织，呈现出自然和人为致灾因素相互联系、传统安全与非传统安全因素相互作用、既有社会矛盾与新生社会矛盾相互交织等特点。在工业化、城镇化、国际化、信息化推进过程中，突发事件的关联性、衍生性、复合性和非常规性不断增强，跨区域和国际化趋势日益明显，危害性越来越大；随着网络新媒体快速发展，突发事件网上网下呼应，信息快速传播，加大了应急处置难度。同时，在推进全面建成小康社会进程中，公众对政府及时处置突发事件、保障公共安全提出了更高的要求。

第三，从我国应急救援队伍建设现状来看，虽然在中央政府的要求下，从中央到地方各县已经成立了综合性应急救援队伍并成立了"消防救援队"，但是应急队伍依然存在救援装备不足，专业和区域分布结构不均衡；地方缺乏对专业队伍的建设，同时综合性队伍的专业能力不足；应急救援队伍的激励机制不完善，缺乏基本的激励保障；公共安全科技创新基础薄弱，基层应急准备不足；协作能力不足，跨区域任务执行水平亟需提高等问题。

第四，从我国应急管理发展现状看，当前体系与严峻复杂的公共安全形势还不相适应。主要表现在：重事后处置、轻事前准备，风险隐患排查治理不到位，法规标准体系不健全，信息资源共享不充分，政策保障措施不完善，应急管理基础能力亟待加强；应急物资储备结构不合理、快速调运配送效率不高，资源共享和应急征用补偿机制有待健全，应急信息发布和传播能力不足，公共安全科技创新基础薄弱、成果转化率不高，应急产业市场潜力远未转化为实际需求，应急保障能力需进一步提升；我国城市发展已经进入新的时期，与城市安全保障相适应的应急管理体系建设压力加大。

2. 近年我国旱涝灾害的现状

我国气候总体多样，降水年际年内差异增大，极端天气事件增多增强，水旱灾害发生频率高、范围广、强度大、灾情重。近几年来全国部分地区出现强降雨,四川、陕西、甘肃等地一些河流出现超警戒水位,有些地方洪涝灾害严重,有些地方引发山体滑坡等地质灾害,造成重大人员伤亡和财产损失。近八年全国洪涝灾害受灾具体情况如表1-2所示。

从表1-2中可以看出,自2010年到2017年,全国洪涝灾害带来的受灾面积、成灾面积、因灾死亡人口以及倒塌房屋数呈现明显的下降趋势。受灾面积2017年较2010年下降70.92%,成灾面积2017年较2010年下降68.13%,因灾死亡人口2017年较2010年下降90.19%,倒塌房屋数量2017年较2010年下降93.93%。但是其所导致的直接经济损失每年波动较大,整体来看经济损失的数额仍然很大。其中,2013年受洪涝灾害的影响所带来的损失为近几年的峰值,2013年之后受灾损失呈现明显的下降趋势。

表1-2 2010—2017全国洪涝灾害受灾统计表

年份	受灾面积/万公顷	成灾面积/万公顷	因灾死亡人口/人	倒塌房屋/万间	直接经济损失/亿元
2010	1 786.669	872.789	3 222	227.10	3 745.43
2011	719.150	339.302	519	69.30	1 301.27
2012	1 121.809	587.141	673	58.60	2 675.32
2013	1 177.753	654.081	775	53.36	3 155.74
2014	591.943	282.999	486	25.99	1 573.55
2015	613.208	305.384	319	15.23	1 660.75
2016	944.326	506.349	686	42.77	3 643.26
2017	519.647	278.119	316	13.78	2 142.53

注:数据来源于《2017中国水旱灾害公报》。

近五年来,全国灾情总体偏轻。与2013年相比,2014年洪涝灾情总体偏轻,南方部分地区受灾严重;东北、黄淮等地高温少雨,夏伏旱突出。2015年受灾人口、因灾死亡失踪人口、农作物受灾面积、倒损房屋数量均为2000年以来最低值,因灾死亡失踪人口、倒塌房屋数量减少4成以上。2015年全国降水量时空差异明显,南涝北旱格局显著,受灾地区较为集中,呈"南多北少"态势。据统计,安徽、福建、江西、湖北、湖南、广西、四川、贵州和云南9省(自治区)洪涝和地质灾害损失较重,人员受灾和房屋倒损情况以及直接经济损失占全国总数的60%以上。2016年灾情与"十二五"时期均值相比基本持平(因灾死亡失踪人口、直接经济损失分别增加11%、31%,受灾人口、倒塌房屋数量分别减少39%、24%),与2015年相比明显偏重,全国灾情时空分布不均,暴雨洪涝灾害南北齐发。2017年,全国水旱灾害总体偏轻,局部较重。全国30省(自治区、直辖市)发生不同程度洪涝灾害(天津未受灾),洪涝灾害受灾人口、死亡人口、农作物受灾面积、倒塌房屋、直接经济损失等主要洪涝灾害指标分别比2007—2016年的平均值少30%以上,因灾死亡失踪人数为1949年以来最低。湖南、广东、广西等7省(自治区)洪涝灾害较重,直接经济损失占全国的76.7%。全国26省(自治区、直辖市)发生干旱灾害(北京、天津、上海、浙江、海南未受灾),作物因旱受灾面积、因旱粮食损失、因旱经济作物损失、因旱饮水困难人口分别减少35.0%、37.2%、58.64%和74.7%,因旱直接经济损失占当年GDP的百分比为2000年以来最低。内蒙古、黑龙江、湖北、辽宁、甘肃、山东,干旱灾害较重。

2018年入汛以来,我国暴雨频繁,强降雨过程多,一些江河发生大洪水,台风偏多并偏强,局地出现严重灾害。首先,长江黄河发生区域性洪水。长江、黄河上游分别发生2次编号洪水,黑龙江上游发生超警戒洪水。7月中旬,长江上游一级支流嘉陵江、涪江和沱江上游同时发生特大洪水,干流重庆江段水位超过保证水位,三峡水库最大入库洪峰流量60 000立方米每秒,列2008年以来第3位。中小河流洪水频发重发。全国23个省(自治区、直辖市)共283条中小河流发生超警戒以上洪水,内蒙古黄河支流乌苏图勒河、四川涪江上游、陕西渭河上游、甘肃白水江等13条河流发生超历史洪水。其次,山洪泥石流灾害点多面广。2018年暴雨与山洪灾害多发区高度重合,西北、西南部分省(自治区)山洪泥石流灾害多发。全国有11个省(自治区、直辖市)共发生多起导致人员伤亡的山洪灾害,共造成59人死亡,6人失踪。其中甘肃、青海、内蒙古等地损失重。最后,台风生成登陆偏多偏强。今年已生成台风12个,在我国登陆4个,分别较常年同期多4.2个和1.3个。受灾区域分布相对集中。全国已有28个省(自治区、直辖市)218.1万公顷农作物、2301万人遭受洪涝灾害,倒塌房屋3万间,因灾死亡86人,失踪13人。仅四川、甘肃2省洪涝灾害损失就占全国总数的55%;全国耕地受旱面积145.2万公顷,其中内蒙古占7成以上。

3. 我国防汛防旱抢险专业队伍存在的问题

从宏观上来看,虽然我国已经建设了国家、省、市、县各级防汛防旱抢险专业队伍,较好地完成了防汛防旱抢险的相关工作,但是依然存在着以下四个方面的问题。

(1)专业应急救援队伍不足,不能满足我国发展需要;

(2)应急救援队伍资金与装备投入不足;

(3)盲目建设,应急救援队伍的人员缺乏一定的资质;

(4)救援力量分散,协同能力差。

因此,在应急管理部成立的契机下,各级防汛防旱抢险专业队伍必须调整自身能力结构,加强能力建设。而识别与评价各级防汛防旱抢险专业队伍的能力是防汛防旱队伍能力建设的首要任务和关键步骤,也是本书的写作目的所在。

4. 研究的必要性

十九大报告指出,当前我国社会的主要矛盾已经转变为"人民日益增长的美好生活需要和不平衡不充分发展之间的矛盾"。主要矛盾的变化充分体现了当前我国人民需求的状态:人民的需要已经由低层次的物质文化需要转变为更高层次的美好生活需要。

防汛防旱长期以来属于水利部的重要职责,虽然在 2018 年国务院部门职能调整中将国家防汛防旱的部分职能划归到了应急管理部,但当前水利工程措施依然是防汛防旱的重要手段,有必要分析我国水利行业的现状。从我国水利行业的发展历史来看,我国过去水治理的主要任务为"除水害、兴水利",以保障农田灌溉、生产生活用水与防汛防旱。但是随着社会经济的发展与大量专业技术人才的努力,我国的水利工程(如水库、大坝、堤防等)已经较好地完成了"除水害"的任务。随着防汛防旱、农田灌溉、生产生活用水等需要得到了基本满足,人民对美好生活需要对我国水利行业提出了新的要求,使我国当前水利行业的矛盾转向了人民对水资源、水生态与水环境的需求与水利行业监管能力不足的矛盾。

具体来看,在我国水灾害治理方面,虽然我国目前能较好地对抗洪涝与干旱灾害,例如我国 2018 年 1—10 月因洪涝灾害死亡人数已经降到了 182 人,但是随着人民对美好生活要求的提高,如何实现灾害的有效预警、灾害的有效防范、灾情的迅速处置成为了人民当前更高的需要。而实现这些需要就必须要将当前我国防汛防旱的工作重点从"征服自然、改造自然"的水利工程建设,向"调整人的行为纠正人的错误行为"上转变。这样的"错误行为"在防汛防旱上体现在:防灾减灾意识与措施不到位、应急救援效率不高、救援成本大与救援科学性不足、人民群众财产损失大等问题。

因此,我国防汛防旱抢险队伍应从"被动地"抢险救灾向"主动地"防灾减灾、高效的抢险应急与积极的善后提高转变,而这就需要调整应急队伍的能力结构,调整当前不合理的错误行为。本书在此要求下,构建防汛防旱抢险专业队伍评价指标体系,在评价的基础上了解当前防汛防旱抢险专业队伍的现状,并为未来的发展指明方向。

1.1.2 研究意义

1. 有利于深化防汛防旱工作的本质认识

基于团队胜任力,构建防汛防旱抢险专业队伍的能力体系,有利于政府系统地看待防汛防旱各项工作之间的关系。一方面本书基于"倒推"的逻辑,通过现场观察、文本分析与深度访谈构建了防汛防旱抢险专业队伍抢险响应、抢险执行与抢险恢复的能力体系,在此基础上倒推出抢险准备所需的能力体系,从整体上明确了防汛防旱抢险过程中的逻辑关系,有利于深化灾害应急从防灾减灾到灾害救援、再到过程本质的认识。另一方面,本书通过德尔菲法、模糊综合评价法,将能力指标内容细化,明确地指出各指标的结构、内涵与评价标准,有利于深化对防汛防旱抢险工作内容的本质认识。

2. 有利于明确防灾减灾工作的重要性,提高防汛防旱工作的效率和效益

团队胜任力的根本导向为高绩效地实现团队目标,并基于团队胜任力来进行绩效管理。本书在习近平"两个坚持、三个转变"的要求指导下,构建了包括防灾减灾、救灾抗灾、恢复提高的全过程防汛防旱抢险专业队伍能力评价体系。这个评价体系通过"倒推"的逻辑明确了防灾减灾的重要性,有利于指导政府调整防汛防旱专业队伍的能力结构;同时也有利于绩效评价体系的调整,突出政府防灾减灾绩效,进而从整体上提高防汛防旱工作的效率和效益。

3. 有利于推动防汛防旱工作相关技术标准、定额标准和操作规程的建立

团队胜任力是个体高绩效行为特征的有机组合,基于团队胜任力构建防汛防旱抢险专业队伍能力评价体系,有利于明确各阶段防汛防旱工作的技术标准、定额标准,给出高绩效的操作规程,进而在灾害应急的过程中不断发现问题、改进技术、建立标准、修订规程,实现高绩效的防汛防旱工作。

4. 有利于提高防汛防旱抢险专业队伍的专业化和职业化,推动防汛防旱工作的规范化和精细化

团队胜任力的另一个构成要素是团队内个体角色的有机组合。团队科学地进行角色与其互动关系设计,个体高效地实现角色职能,从而产生团队的高绩效。防汛防旱抢险专业队伍能力评价体系明确了高绩效的个体行为特征,有利于专业队伍的职业化与专业化;同时也明确了各职能之间的角色互动关系,有利于防汛防旱工作的规范化与精细化。

1.2 国内外文献综述

伴随全球气候条件变化,我国抢险工作面临的形势日益复杂,且由于城镇化进程加快,导致防汛防旱抢险专业队伍出现有生力量减少、技术力量薄弱等问题,为有效应对各种险情,迫切需要开展抢险专业队伍抢险能力评价研究,进而推进抢险专业队伍专业化、规范化和现代化建设。此部分将系统介绍应急管理、抢险队伍、抢险队伍能力建设与团队胜任力的国内外研究现状,为抢险专业队伍的研究提供基础。

1.2.1 应急管理研究综述

1. 应急管理的概念界定

1) 不同学者对应急管理的界定

根据不同的研究视角,国内外学者对应急管理的定义也不尽相同,有学者认为应急管理是指政府为了应对突发事件而进行的一系列有计划有组织的管理过程,主要任务是有效地预防和处置各种突发事件,最大限度地减少突发事件的负面影响。由于突发事件需要政府采取与常态管理不同的紧急措施和程序,超出了常态管理的范畴,所以应急管理又是一种特殊的政府管理形态。有学者认为应急管理是为了降低突发事件的危害,达到优化决策的目的,基于对突发事件的原因、过程及后果进行分析后,有效集成政府、社会等方面的相关资源,对突发事件进行有效预警、控制的过程。也就是将公安、消防、急救、交警、公共事业、城建、武警、军队等部门,以及车辆、物资、人员等相关资源纳入到一个统一的指挥调度系统中,在有突发事件发生时,提供紧急救援服务,为城市的公共安全提供强有力的保障。有学者分析了应急管理与公共危机的关系,认为风险、社会风险、危机、公共危机侧重于对研究对象的关注,社会预警与应急管理侧重于对管理手段的关注,社会预警是管理社会风险的主要手段,应急管理是管理公共危机的主要手段。

尽管不同领域的学者对应急管理有不同的见解,本书认为应急管理的定义就是指对于已经发生的危机事件,作为应急管理主体的政府应对危机的管理程序,包括相关的评估、预防、准备程序等应急准备和对危机做出响应并从中恢复重建的各种管理活动。我国现有的对于突发事件的应急管理研究主要围绕应急预案、体制、机制和法制四个方面展开,即所谓的"一案三制"从应急管理的全过程来看,其过程主要包括,通过对突发事件发生前的风险预期进行评估,做好预防和应急准备到风险灾害事件的应急响应,最后到应急的恢复和重建来展开对整个系统进行研究,具体如图 1-1 所示。

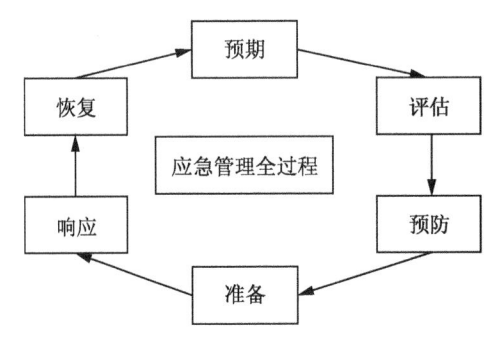

图 1-1 应急管理全过程

应急管理的预期工作是应急管理的起点,预期是指通过初步的调查研究,意识到可能影响某些地方的新的危害或威胁。评估是指对预期的风险按照具体的风险评估方法进行风险评估。预防是应急管理中的一个重要组成部分,主要用于防止可能发生的紧急情况的行动。响应是根据应急响应者确定的战略、行动目标采取的决策和行动,旨在保护人的生命财产安全,减少突发事件造成的影响,并为恢复正常状态创造条件。在多数情况下,突发事件发生的时间较短,仅持续几小时或者几天,故而快速执行中的合作、协调和沟通措施也非常重要。应急响应具体包括处理突发事件的影响而做出的努力,也包括为处理危机造成的间接影响。应急恢复是突发事件发生后的复原的过程,恢复到破坏被修复和人们的生活恢复正常的状态。

2) 应急管理的对象的主要类型及其特点

应急管理的对象即突发事件,对突发事件的分类方式与角度很多,按照《中华人民共和国突发事件应对法》和《国家突发公共事件总体应急预案》的规定,我国突发事件的主要类型可分为自然灾害、事故灾难、公共卫生事件和社会安全事件。见表1-3。

表1-3 我国突发事件的主要类型

类型	例示
自然灾害	水旱灾害,气象灾害,地震灾害,地质灾害,海洋灾害,生物灾害和森林草原火灾等
事故灾难	工矿商贸等企业的各类安全事故,交通运输事故,公共设施和设备事故,环境污染和生态破坏事件等
公共卫生事件	传染病疫情,群体性不明原因疾病,食品安全和职业危害,动物疫情,以及其他严重影响公众健康和生命安全的事件
社会安全事件	群体性事件,恐怖袭击事件,经济安全事件和涉外突发事件等

(1) 自然灾害频发

由于独特的地质构造条件和自然地理环境,我国是世界上自然灾害最严重的国家之一,自然灾害种类多、频度高、分布广、损失大。主要表现在以下几个方面:第一,中国地震频度高、强度大、分布广、震源浅,灾害严重;第二,热带气旋、台风平均每年登陆中国8~10次,给中国东南沿海省份造成重大损失;第三,中国有2/3的国土面积不同程度地受到洪涝威胁,特别是长江、黄河、淮河等七大江河的中下游的一些地区的地面处在洪水水位以下,洪涝灾害威胁严重;第四,干旱、冻害等气象灾害严重,冰雹、龙卷风、雷击等局地强对流天气时有发生;第五,中国是受沙尘暴天气影响较为严重的国家之一,沙尘暴不仅掩埋农田、草场,还严重污染环境、影响人体健康、阻断交通等,而且已经成为一个大的区域灾害;第六,崩塌、滑坡、泥石流等地质灾害频发,最典型的是2011年甘肃舟曲特大泥石流造成的重大伤亡,而且随着人类活动的加剧和气候变化等因素的影响,中国地质灾害的发生频率和强度呈增长趋势;第七,森林草原火灾频发。总之,中国自然灾害的基本特征和基本国情是灾害种类多,频度高、区域性、季节性强,灾害损失严重。

(2) 事故灾难严重

2007年以来,全国安全生产保持了总体稳定、趋向好转的发展态势,呈现四个明显下降:一是事故总量明显下降;二是事故造成的死亡人数明显下降;三是重特大事故明显下降;四是重点行业领域事故明显下降,特别是煤炭、交通等领域事故下降幅度较大。但是,中国安全生产形势的严峻状况还没有根本改观,粗放型的经济增长方式与安全生产的矛盾依然突出,一些企业安全管理水平和技术落后、非法违法生产、违章指挥、违规操作等原因造成的事故不断:一是事故总量大、伤亡大,平均每年死亡7万多人(如图1-2),受伤几十万人;二是重特大事故多;三是环境安全形势严峻,发达国家上百年工业化过程中分阶段出现的环境问题,在中国近30多年来集中凸显,呈现出结构型、复合型、压缩型的特点。而且,随着社会经济活动的活跃,区域性、流域性环境问题和环境事件呈增加趋势。近年来,环境污染引发的群体性事件以年均29%的速度递增,其对抗程度总体上明显高于其他群体性事件。

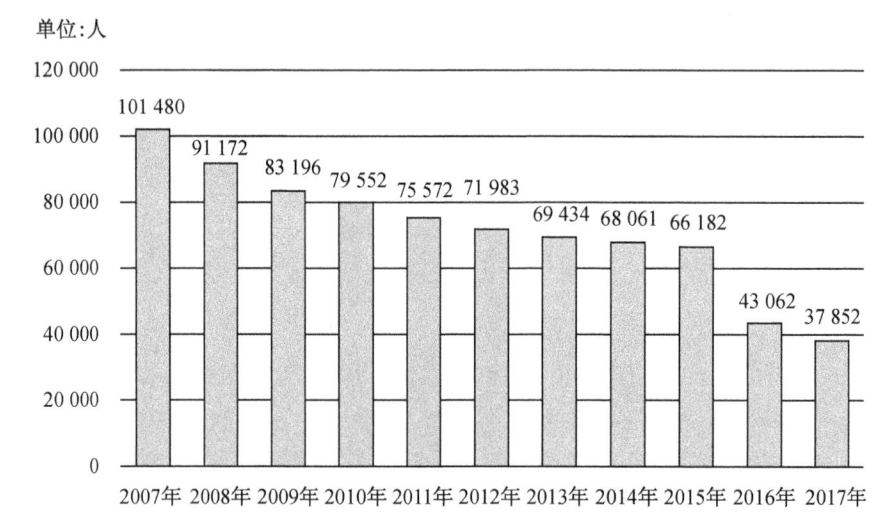

图1-2 中国历年各类安全生产事故总死亡人数统计(2007—2017年)

资料来源:中华人民共和国2007—2017年国民经济和社会发展统计公报

(3) 公共卫生事件防控难度增大

公共卫生事件威胁着人民群众的生命和健康,重大疫情的不时出现和公共卫生的不确定性及严重性已经成为一个新的重大问题。我们战胜了"非典"疫情,有效防控了高致病性禽流感疫情的发生和蔓延,积极稳妥地应对了甲型流感,没有发生大规模传染性疾病。但是,目前仍有多种传染病尚未得到有效的遏制,重大传染病和慢性病流行仍比较严重。特别是农村卫生发展仍然滞后,艾滋病、结核病、肝炎、血吸虫病和地方病患者,大部分在农村,农村公共卫生面临传染病、慢性病和意外伤害并存的局面。全国职业病危害呈上升趋势,特别是矿工的尘肺病和化工厂的职业病尤为严重。制售假冒伪劣药品、医疗器械等违法犯罪活动尚未得到有效遏制,重大食物中毒事件及其引发的群体性事件时有发生。

(4) 社会安全面临新的挑战

我国经济社会发展进入了一个关键时期,各种利益关系错综复杂;同时,影响国家内部稳定和社会安全的因素依然存在,社会稳定领域面临的形势更加复杂严峻,主要体现在以下方面:第一,人民内部矛盾凸显;第二,刑事犯罪高发,违法犯罪活动日趋动态化、组织化、职业化、智能化和低龄化;第三,对敌斗争复杂,国内外极端势力制造的各种恐怖事件危及国家安宁,如西藏、新疆的打砸抢烧等暴力犯罪事件和"东突"恐怖活动等;第四,改革开放以来,境外涉我和境内涉外的突发事件也明显增多,如索马里海域中国商船被海盗劫持事件和从利比亚撤侨事件等。与此同时,全球化冲击带来的经济和金融风险也日益突出,我国的对外依存度越来越高,全球化进程是与经济社会转型同步进行的,这就使这类危机更加复杂多变。国际经济和金融领域的不稳定性对我国的经济社会的影响也越来越大,我国经济安全面临严峻的挑战。

本书主要是研究防汛防旱抢险专业队伍能力评价体系,故对于应急管理的对象的研究侧重于自然灾害中的水旱灾害以及其引起的次生灾害。

3) 我国当前应急管理的原则

2007年8月30日中华人民共和国第十届全国人民代表大会常务委员会第二十九次会议通过的《中华人民共和国突发事件应对法》第四条中明确规定:"国家建立统一领导、综合协调、分类管理、分级负责、属地管理为主的应急管理体制。"我国当前应急管理的原则主要有以下几点。

(1) 统一领导,综合协调

统一领导是应急管理的首要原则,突发事件应急管理往往需要在短期内做出统一的决策,因此要求管理权相对集中,实行统一集中的决策,这也是世界各国应急管理机构的主要特点之一。统一领导的内涵是指在各级党委的统一领导下,国务院是全国层面上的突发事件应急管理工作的最高行政领导机关,统一负责全国范围内的应急管理工作;地方各级人民政府是本行政区域范围内应急管理工作的行政领导机关与责任主体,统一负责本行政区域各类突发事件应急管理工作。在突发事件应对中,各级党委、政府的统一领导权主要表现为以相应责任为前提的决策指挥权、部门协调权。

(2) 分类管理,分级负责

对于不同种类的突发事件,各级政府都有相应的指挥机构及应急管理部门进行统一管理。具体包括:根据不同类型的突发事件特性,确定相应的管理规则,明确分类分级标准,开展预防和应急准备、监测与预警、应急处置与救援、事后恢复与重建等应对活动。一类突发事件往往由一个或者几个相关部门牵头负责,如防汛防旱、防震减灾、反恐、公共卫生等应急指挥机构及其办公室分别由水利、地震、公安、卫生等部门牵头,相关部门参加,协同应对。

中央政府主要负责涉及跨省级行政区划的,或超出事发地省级人民政府处置能力的特别重大突发事件应急响应和应对处置工作。分级负责中较高层级的政府负责较大规模或较大范围的突发事件处置工作,因为较高层级的政府具有更多的权限、更广泛的资源协调能力,能够开展跨区域、跨部门的应对工作。由于各级政府所管理的区域不同,掌握资源有所差异,应对的能力和侧重点不同。一般而言,越是高层级政府,应对能力越强。根据突发事件的影响范围和突发事件的级别不同,确定突发事件应对工作由不同层级的政府负责。

(3) 属地管理

《突发事件应对法》明确规定,"突发事件发生地县级人民政府不能消除或者不能有效控制突发事件引起的严重危害的,应当及时向上级人民政府报告。上级人民政府应当及时采取措施,统一领导应急处置工作。法律、行政法规规定由国务院有关部门对突发事件的应对工作负责的,从其规定,地方人民政府应当积极配合并提供必要的支持。"

应急管理体制的"属地管理为主"是应急处置的重要工作原则,它主要有两层含义:第一,突发事件应急处置工作原则上由地方负责,即由突发事件发生地的县级以上地方人民政府负责;二是法律、行政法规规定由国务院有关部门对特定突发事件的应对工作负责的,就应当以国务院有关部门管理为主。其核心是建立以事发地党委和政府为主、有关部门和相关地区协调配合的领导责任制。地方政府和事发部门远比更高层级的政府了解突发事件信息,更能够及时、准确地做出决策、实施救援。这是大多数国家进行应急处置的基本做法。

(4) 社会协同,公众参与

各级政府是应急管理的主要责任主体,在保证公众生命财产安全中发挥着核心的作用。同时加强公众对应急管理的有效参与也是应急管理体制有效运行的基础,《突发事件应对法》中明确规定,"县级人民政府及其有关部门、乡级人民政府、街道办事处应当组织开展应急知识的宣传普及活动和必要的应急演练","新闻媒体应当无偿开展突发事件预防与应急、自救与互救知识的公益宣传","各级各类学校应当把应急知识教育纳入教学内容,对学生进行应急知识教育,培养学生的安全意识和自救与互救能力","国家鼓励公民、法人和其他组织为人民政府应对突发事件工作提供物资、资金、技术支持和捐赠","国家鼓励、扶持具备相应条件的教学科研机构培养应急管理专门人才,鼓励、扶持教学科研机构和有关企业研究开发用于突发事件预防、监测、预警、应急处置与救援的新技术、新设备和新工具"。在各级政府的支持下,各个部门、企业和公众在应急管理领域的合作与参与,将形成一个共同治理的局面,这是应急管理体制建设所必需的。

2. 我国应急管理的发展过程

(1) 开始构建阶段(2003—2005年)

我国的应急管理体系建设开始于2003年,2003年春,我国从南到北经历了一场由"非典"疫情引发的从公共卫生到社会、经济、生活全方位的突发公共事件。在党中央、国务院坚强领导下,全国人民众志成城,取得了抗击"非典"的决定性胜利。在中国特色社会主义理论的指导下,党和国家及时总结我国经济社会发展中存在的不全面、不协调和不可持续性等因素,提出全面加强应急管理建设的重大命题。2003年7月,党中央、国务院召开全国防治"非典"工作会议,时任总书记胡锦涛同志在会上指出,"通过抗击'非典'斗争,我们比过去更加深刻地认识到,我国的经济发展和社会发展、城市发展和农村发展还不够协调;公共卫生事业发展滞后,公共卫生体系存在缺陷;突发公共事件应急机制不健全,处理和管理突发公共事件能力不强;一些地方和部门缺乏应对突发公共事件的准备和能力。我们要高度重视存在的问题,采取切实措施加以解决,真正使这次防治'非典'斗争成为我们改进工作、更好地推动事业发展的一个重要契机。"随后国务院提出"争取用3年左右的时间,建立健全突发公共卫生事件应急机制","提高突发公共卫生事件应急能力"。而几乎与抗击"非典"同时,我们党确立了全面、协调和可持续的科学发展观。党的十六届三中、四中、五中、六中全会都对全面加强应急管理工作、提高保障公共安全和处置突发公共事件的能力,做出部署、提出要求。可以看出在这个阶段,党和政府对应急管理认识得到了一个普遍的提高,成为了科学发展观产生的切入点和重要内容,我国也开始构建具有中国特色的应急管理体系。

(2) 应急管理体系形成与发展成熟阶段(2006—2015年)

2006年8月,党的十六届六中全会通过《关于构建社会主义和谐社会若干重大问题的决定》,正式提出了我国要按照"一案三制"的总体要求建设应急管理体系,这确定了我国的应急管理体系的整体框架。2007年,国务院下发《关于加强基层应急管理工作的意见》,全国人大常委会通过《突发公共事件应对法》,国务院分别召开了大型企业应急管理和基层应急管理工作会议,由国务院办公厅主管,中国行政管理学会主办的《中国应急管理》创刊,国务院办公厅首次公开发布《2006年我国突发公共事件应对情况》,对我国2006年突发公共事件应对工作进行了分析评估,与此同时,应急管理体系向各级政府和全社会延伸,全国31个省市区都成立了省级应急管理领导机构,国家防汛防旱、抗震减灾、海上搜救、森林防火、灾害救助、安全生产等应急管理专项机构职能得到加强,这一系列政策和措施,推动了各应急管理专项机构和办事机构的协调联动工作机制基本形成,自然灾害、事故灾害、公共卫生、社会安全四大类突发公共事件预测预警、处置救援、善后处理等运行机制逐步健全。党的十七大提出要进一步完善突发公共事件应急管理体系,"完善突发公共事件应急管理体制","坚持安全发展,强化安全生产管理和监督,有效遏制重特大安全事故","提高重大疾病防控和突发公共卫生事件应急处置能力","健全社会治安防控体系,加强社会治安综合治理,深入开展平安创建活动,改善和加强城乡社区警务工作,依法防范和打击违法犯罪活动,保障人民生命财产安全",这进一步指明了应急管理工作的重点和方向。

在2008年的雪灾和汶川地震之中,"一案三制"的应急管理体系发挥了重要的作用,然而也暴露了一些不足和漏洞。党中央、国务院深入总结了我国应急管理的成就和经验,查找了存在的问题,提出进一步加强应急管理的方针政策。同年,时任总书记胡锦涛同志10月8日在党中央、国务院召开的全国抗震救灾总结表彰大会上指出,"要进一步加强应急管理能力建设,大力提高处置突发公共事件能力,要认真总结抗震救灾的成功经验,形成综合配套的应急管理法律法规和政策措施,建立健全集中领导、统一指挥、反应灵敏、运转高效的工作机制,提高各级党委和政府应对突发事件的能力,要大力建设专业化与社会化相结合的应急救援队伍,健全保障有力的应急物资储备和救援体系,长效规范的应急保障资金投入和拨付制度,快捷有序的防疫防护和医疗救治措施,及时准确的信息发布、舆论引导、舆情分析系统,管理完善的对口支援、社会捐赠、志愿服务等社会动员机制,符合国情的巨灾保险和再保险体系。通过全方位推进应急管理体制和方式建设,显著提高应急管理能力,最大限度地减少突发公共事件造成的危害,最大限度地保障人民生命财产安全"。这使得我国的应急管理体系在此前基础上更进一步。在预案方面,我国1997年发布的《防震减灾法》发挥着地震防灾的预案功能,汶川地震后,2008年12月修订了该法,应对战略从"以地震预报为主战场"向"以预防为主,防御与救助相结合"的综合减灾转变,其中的"防震减灾规划""地震监测预报""地震灾害预防""地震应急救援""地震灾后过渡性安置与恢复重建"等细节条款不断完备,为应对地震灾害提供了体系化的方案,有助于其在面对地震灾害时发挥专项应急预案功能。2012年8月修订的《国家地震应急预案》对组织体系、响应机制、监测预报、应急响应、指挥与协调、恢复重建、保障措施等方面进行了完善,保证地震灾害紧急应对有依可循。除了地震灾害,其他方面也受此启发,相继展开了专项应急预案的广泛性、系统性建设。2011年12月,《国家通信保障应急预案》进一步完善;针对空气污染的应急预案将生态保护、企业环评、医疗保障、公共卫生、交通限制、学校教育等纳入其中,不再是单一的大气污染紧急应对。另外在应急体制方面也有所改善,由于从单一灾种出发、以相关部门为龙头,对灾害进行部门式分割管理的应急管理组织体制并不能保障突发事件的高效应对,故国家应急管理开始着手建立有分有合、追责有约的组织体系。在应急机制方面也日益完善,应急管理机制涵盖的方面更加全面,包含的内容更加丰富,运转效能更加优化,如应急监测预警机制、信息沟通机制、应急决策和协调机制、分级负责与相应机制等。在应急法制方面也实现了从有到全、从全到精的细化,汶川地震的发生加快了《防震减灾法》修订的进程,并且为修订工作提供了素材和经验。在此之后,各省市先后出台了应急管理办法,各领域也出台了相应的应急管理规定,并且开始关注跨地区应急管理的合作,并配以法律法规。

在这一阶段我国的应急管理体系主要是回答了要建设什么样的应急管理体系以及怎样建设比较完善的中国特色的应急管理体系,这一阶段在应急管理体系建设上所取得的成就,在实践中发挥了应有的作用,成为马克思主义理论库中的瑰宝,成为中国特色社会主义事业的重要组成部分。

(3) 应急管理体系的变革阶段(2016年至今)

2016年至今,在国家治理体系和治理能力现代化的战略目标的提出与社会矛盾变化的背景下,应急管理的变革提上日程。2016年习近平唐山调研考察时明确提出了"两个坚持、三个转变"应急管理能力变革新理论,其中"两个坚持"是指坚持以防为主、防抗救相结合,坚持常态减灾和非常态救灾相统一;"三个转变"是指从注重灾后救助向注重灾前预防转变,从应对单一灾种向综合减灾转变,从减少灾害损失向减轻灾害风险转变。

2017年1月,在党的十八届六中全会第二次全体会议上,习近平指出:"召开党的十九大,必须要有一个和谐稳定的社会环境",各级党委和政府要"抓重点、抓关键、抓薄弱环节,有效防控各类风险,确保不发生重大生产安全事故、重大公共安全事故、重大环境事故,确保国家政治安全"。同年2月17日,在国家安全工作座谈会上,习近平又特别强调:"要加强交通运输、消防、危险化学品等重点领域安全生产治理,遏制重特大事故的发生。"在这两个重要会议上,重大事故的防范被纳入国家安全的议程,这是史无前例的。未来,应急管理应该站位更高,即要站在维护国家安全的高度,增强使命意识、责任意识和担当意识。相对而言,国家安全是一个政治概念,而公共安全是一个社会概念。未来,应急管理部要以总体国家安全为指导,从维护国家安全的立场出发,探索、把握应急管理的科学规律,把较为抽象的政治责任具象化为扎实、细致的风险防范与应对突发事件的制度、政策。

在体制变革方面,2018年中共十九届三中全会通过《深化党和国家机构改革方案》,为防范化解重特大安全风险,健全公共安全体系,整合优化应急力量和资源,推动形成统一指挥、专常兼备、反应灵敏、上下联动、平战结合的中国特色应急管理体制,将国家安全生产监督管理总局的职责,国务院办公厅的应急管理职责,公安部的消防管理职责,民政部的救灾职责,国土资源部的地质灾害防治、水利部的水旱灾害防治、农业部的草原防火、国家林业局的森林防火相关职责,中国地震局的震灾应急救援职责以及国家防汛抗旱总指挥部、国家减灾委员会、国务院抗震救灾指挥部、国家森林防火指挥部的职责整合,组建应急管理部,作为国务院组成部门,主要职责是,组织编制国家应急总体预案和规划,指导各地区各部门应对突发事件工作,推动应急预案体系建设和预案演练。建立灾情报告系统并统一发布灾情,统筹应急力量建设和物资储备并在救灾时统一调度,组织灾害救助体系建设,指导安全生产类、自然灾害类应急救援,承担国家应对特别重大灾害指挥部工作,指导火灾、水旱灾害、地质灾害等防治,负责安全生产综合监督管理和工矿商贸行业安全生产监督管理等。公安消防部队、武警森林部队转制后,与安全生产等应急救援队伍一并作为综合性常备应急骨干力量,由应急管理部管理,实行专门管理和政策保障,采取符合其自身特点的职务职级序列和管理办法,提高职业荣誉感,保持有生力量和战斗力。应急管理部要处理好防灾和救灾的关系,明确与相关部门和地方各自职责分工,建立协调配合机制。

这一阶段体制和机制的变革改善了我国应急管理体系中存在的一些问题,创新了我国公共安全治理体系,翻开了中国特色应急管理体系新的篇章,这一改革将对政治发展、行政创新、社会治理体系优化发挥重要作用。

3. 应急管理能力评价研究现状

我国的应急管理能力评估比较薄弱,因此大部分学者提出的评估内容偏重于硬件支撑条件的建设,而且由于我国政府(包括地方政府)集中掌控的资源种类和数量都比较多,能力评估的内容繁多而复杂,很难直接套用国外现有的成果,因此,评估指标和评价方法的研究上呈现出了百花齐放的局面,主要表现在以下几个方面。

(1) 系统性不足,指标之间的关系不够明确

目前我国大多应急管理能力评价指标体系虽然将评价因素考虑得比较全面,但却没有考虑应急管理过程的逻辑顺序,指标间逻辑关系显得不够明确,缺乏系统体系;此外,目前的应急管理能力评价倾向于救灾、抗灾能力的构建,导致能力结构不协调,无法适应当前应急管理的发展需要。

(2) 绩效相关性不足,能力并未直接导向高绩效

虽然指标体系的完备性不断提高,但学者们并未证明哪些指标能真正带来高

组织绩效;并且在现有研究中,应急管理绩效的测量也局限于伤亡人数与灾害损失。

(3) 实践性不足,指标来源于经验借鉴并且指标的内涵不清晰,导致评价困难

目前研究中的评价,指标大多来源于理论演绎与国外经验借鉴,然而理论与实践的脱节,加之国内外应急管理发展的差异,指标体系能否指导地方政府实践还有待证明。因此,本书作者认为推动地方政府应急管理能力的提升,不在于是否构建了完备的能力指标体系,而在于能力指标体系是否指向高效地完成应急管理的任务,是否指向实现国家治理体系和治理能力现代化的战略与国家总体安全的使命。只有充分来源于应急管理实践,才能构建能真正产生高绩效的应急管理。

4. 当前我国应急管理存在的问题

(1) 综合协调能力不强

一方面体现在常态应急,由于"碎片化"的职能分散在各职能部门,导致应急系统重复建设、信息共享存在阻碍、缺乏统一的标准等;另一方面体现在非常态应急,由于职责边界不明确,推诿扯皮、大型综合性突发事件应对不足等问题时常发生,善后总结无法同一进行,部门间协调难度大。

(2) 能力结构的系统性不足

一方面体现在防灾减灾能力与救灾抗灾能力不协调,过于注重被动的"撞击-反应"式应急,即目前的应急管理一般都是在突发事件发生后进行的,对于突发事件的预警以及预测方面做得还不够好,依然存在着灾害具有不可预测性和非线性的隐含假设;另一方面体现在各部门、各地区的能力差异大,基层应急力量薄弱。

(3) 评价与考核机制不完善

由于"一窝蜂式"的应急管理特点,造成应急响应与善后处置成本巨大,并且上级政府只强调能够量化的指标,如伤亡情况、受损情况等,同时在对伤亡情况以及受损情况进行量化时只简单将其归因于抢险工作的完成情况而忽略了防灾减灾是否产生作用、应急响应与善后处置的效率等重要考核内容,缺乏对地方政府的行为导向。另外,对于个体的评价机制也不够完善,这导致很多个人不愿意冒险去抢险。因此,在当前发展趋势下,地方政府要胜任应急管理工作,必须实现应急管理能力与应急管理体制的变革方向相匹配,结合二者构建地方政府组织胜任力模型。

1.2.2　抢险队伍与抢险队伍能力建设研究综述

1. 防汛防旱抢险队伍

防汛防旱抢险专业队伍是指由政府相关部门领导的,具备防汛防旱抢险专业

能力的正式团队。抢险作为一种救援活动，是以抢险队伍作为执行主体展开的。在抢险活动中，各个环节的衔接和各种要素的调配，都需要由抢险队伍管理和推动，比如，抢险预案、计划和制度的制定、推动和实施以及抢险物资和信息的合理运筹。因此，抢险队伍在抢险活动中占有极其重要的地位。国内外学者也对抢险队伍建设进行了相关研究。

首先在我国抢险队伍的构成上，从横向来看主要包括5部分。第一是军队应急力量。军队是我国应急的重要力量，《中华人民共和国国防法》《中华人民共和国防震减灾法》《国家突发公共事件总体应急预案》等众多法律与预案都明确地指出了军队参与处置各类突发事件的职责和任务。具体来看，军队主要在应急指挥、情报信息支援、处置军事突发事件、应急救援处置与抢险救灾、专业技术支援、特种军事打击、交通运输保障等方面参与应急活动。第二是专业应急救援队伍。从类型上来看，专业队伍可分为综合性应急救援队伍、专职企业队伍、国家与地方专业应急队伍与2018年成立的各级消防救援队伍。专业应急救援队伍具有机动性高、专业性高、协调性高、信息化高与现代化水平高等特点。从具体的灾害事件来看，主要包括地震救援队、公共卫生救援队、矿山救援队、海上应急救援队、防汛抗旱抢险队、铁路事故救援队等多个专项救援队。第三是国际救援队。我国国际救援队重点在重大地震救援中的攻坚和指导上发挥作用，代表国家承担国际重大灾害事故的紧急救援任务。第四是专家队伍，由多类专家构成，分布在各抢险队伍中。第五是非专业队伍。我国非专业应急队伍主要由社区自治组织、企事业单位与志愿者构成。《突发事件应对法》明确规定，县级以上人民政府以及有关部门可以建立由成年志愿者组成的应急救援队伍。单位应当建立由本单位职工组成的专职或者兼职应急救援队伍。县级以上人民政府应当加强专业应急救援队伍与非专业应急救援队伍的合作，联合培训、联合演练，提高合成应急、协同应急的能力。具体如图1-3所示。

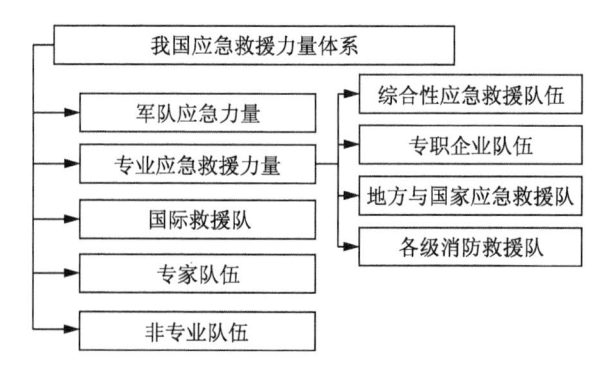

图 1-3　我国应急队伍体系

此外，还可以将我国防汛防旱抢险队伍分为专业队伍与非专业队伍。其中从纵向来看，专业队伍可分为省级抢险队伍、地级市抢险队伍、县级抢险队伍与各级消防救援队伍，这些队伍由各级防汛防旱指挥部领导、管理。非专业队伍主要由当地政府、村镇干部、联防队员、群众、应急志愿者、单位应急队伍与非专业武警部队构成。

从研究内容来看，国内关于抢险队伍的研究以介绍国外抢险队伍相关研究成果居多。多数学者均认为人数数量、抢险经验、技术能力以及协作水平等是衡量抢险队伍抢险能力的重要评价指标。同时，他们的研究还表明，国内抢险队伍存在数量较少、能力欠缺等问题，且抢险队伍的协作意识和合作能力也有待进一步加强。因此，他们积极倡导完善抢险队伍及体系的建设是急迫且重要的工作。此外，部分研究者认为我国抢险活动中社会参与存在不足，突出表现为志愿者数量较少，且缺乏相应的技术能力，因此，亟需引导社会力量积极参与。

西方国家的各级政府都非常重视抢险队伍的建设。如美国的联邦、州、郡、市都有自己的紧急抢险专业队伍，他们是灾害抢险的主要力量。在人员构成上，西方国家的抢险队伍呈现多样化特征，大都包含职业抢险人员和志愿抢险人员两类。在职责上，除了承担本职工作外，通常还需要承担专业相关性较强的其他抢险工作。在能力建设上，第一，西方国家通常对险情进行细分，形成险种目录，并附有包含各险种人员需求数量、物资设备需求数量等的详细说明；第二，针对各险种的能力要求，开展针对性的培训活动，且各类抢险人员必须通过专业科目考试，获得资格认证后才允许上岗，任务结束后应及时相互交流，总结经验，提高队伍抢险能力；第三，联合救援行动中，各参与单位根据职能区分为若干救援功能小组，协同开展工作。

2. 防汛防旱抢险能力

抢险能力是指成功处置险情，拯救群众的生命和财产，并最大程度降低经济损失，快速恢复现场秩序的能力。抢险能力事关抢险成败，因而得到研究者的关注。

西方国家多从抢险能力评价要素的角度对抢险能力进行细致的划分，所得出的能力维度是可量化测评的。美国的抢险准备能力评价体系列出了13项细分抢险能力，分别是法律、危险识别和评估、风险管理、物资管理、计划、指挥控制协调、通信和预警、行动程序、后勤装备、训练、演习、公众教育信息以及资金管理。日本公共团体抢险能力共划分为9个抢险能力维度，分别是危机的掌握与评估、减轻危险的对策、整顿体制、情报联络体系、器材与储备粮食的确保与管理、应急反应与灾后重建计划、居民间的情报流通、教育与训练以及应急水平的维持与提升。

国内学者对抢险能力进行了研究和维度划分，虽然表述不一，但大多是基于险情应对的时间先后次序。具体而言，部分研究者认为抢险能力由防灾能力、抗灾能力、救灾能力和恢复能力四种能力构成。其中,防灾能力是指防御自然灾害的能力;抗灾能力是指灾害发生瞬间,承灾体在灾害破坏情况下保持原状或接近原状的能力;救灾能力主要表现在于灾害的应急处理能力;恢复能力是指灾害发生后,承灾体恢复正常的能力。另有部分学者将抢险能力划分为预防与应急准备能力、检测与预警能力、应急处置与救援能力、事后恢复与重建能力。其中,预防与应急准备能力是指完成险情的预防工作和抢险准备工作的能力;检测与预警能力是指配备必要的设备和人员,对可能发生的险情进行实时监测,并提供预警信息供主管机构决策的能力;应急处置与救援能力是指在险情发生后,针对险情的性质、特点和危害立即组织人员采取应急与救援行动的能力;事后恢复与重建能力是指在抢险任务结束后,逐步将现场恢复到正常状态的能力。

1.2.3　团队胜任力研究综述

1. 胜任力

20世纪70年代前,企业与政府对组织成员的能力的识别还停留在"认知"层面的智力水平测量,研究者关注的重点是智力水平测量与提高。但是不断有研究发现,个体的智力水平并无法有效预测员工的绩效水平,这使研究者们的探索方向开始转变。工业革命以来,社会化劳动分工创造了众多的职业与岗位,为了提高各岗位的工作效率,科学管理之父Taylor开展了"工时研究"。这是在智力维度外,从技能维度来探索个体行为与高绩效的关系。

1973年McClelland教授在研究如何甄选美国驻外事务处信息员时,通过大量的研究发现,传统的人才测评不仅不能预示工作绩效的高低和个人生涯的成功,而且其方法常常对妇女、社会底层人士、少数民族不尽公平,并且在其论文 *Testing for competence rather than for intelligence* 中提出,真正影响个人绩效的是诸如"沟通技能""耐心""可调节的目标"等一些特征,进而将这些特征归纳为"胜任力"(Competence)。这充分弥补依据抽象智力水平判断个体工作能力的不足,将研究引向个体绩效差异的深层次行为与特征,但遗憾的是,McClelland教授在其文章中并没有给出明确的定义。在本书中,我们将胜任力定义为:与特定环境、目标和工作相关,能有效区分个体绩效差异的特征和行为。

胜任力理论一经提出很快掀起了理论研究的热潮,在员工绩效影响因素的探讨上,研究者关注的对象从一般性的智力能力向与环境工作和目标相关的个人行为与特征转变,为组织管理提供了新的研究方向,如有学者构建了基于胜任力模型的人力资源管理体系,使得胜任力模型开始"挑战"工作分析的基础性地位。胜任力模型是指:能够让个体带来高绩效的特征与行为的组合。与工作分析的"明确描述""准确测量""短期任务"和"工作导向"相比,胜任力模型的优势在于以组织战略与使命为构建基础,目的是员工的"行为导向""角色感知""长期绩效"和"战略导向",从而促进员工理解并执行组织战略。近来也有学者在对胜任力与工作分析的对比分析中提出,胜任力模型能够弥补工作分析对组织战略的关注与员工行为影响上的不足,管理者需充分结合二者的优势,来实现提高组织与员工绩效。

2. 团队胜任力

随着环境的变异性与任务复杂性提升,越来越多的工作无法由个体单独完成,而需要群体的力量。有研究表明,当完成某项工作需要多项知识、技能和能力时,团队通常要优于个体。从定义上来看,首先群体被定义为:为了实现某些具体目标而组到一起的两个或多个相互依赖、彼此互动的个体。工作团队被定义为:由利用积极协作、个人责任和集体责任以及彼此互补的技能来努力完成某个特定的共同目标的成员组成的群体。工作团队异于工作群体的原因是:工作群体的互动主要是为了共享信息和制定决策,以帮助每个群体成员更加有效率、有效果地从事他的工作,强调个体目标与责任;相反,工作团队同时强调个体与集体责任,团队而非个体目标。并且有研究表明,一个团队的凝聚力与目标一致性水平对绩效具有显著的影响,更充分地说明了团队的重要性。因此,本书所研究的团队胜任力是针对工作团队而非工作群体。

但是,并非所有的工作团队都能高效地实现共同目标,团队的内部特征是影响团队绩效的重要因素。在团队胜任力的研究之前,已有学者总结出了有效团队的特征。包括:清晰的目标、相关的技能、相互的信任、一致的承诺、良好的沟通、谈判的技能、合适的领导和内部与外部支持8大特征。而这些特征的形成来源于团队成员给团队带来的资源,这些资源包括知识、技能、能力与个性特征,即个体胜任力。那么如何组合个体胜任力来形成有效的团队,便是团队胜任力所要研究的问题。

在团队层面的研究不断证明了上述团队特征与团队绩效的关系,并有学者给出了一个这样的建议:提高团队绩效的一个必要途径是超越个体胜任力,并将他们在一个共同努力的方向上整合起来。近期在团队管理方面的研究发现,成功的团队大部分基于成功组合个体能力。同时,贝宾斯团队角色理论也指出,高效团队有赖于默契的团队协作,明确的角色间关系能有效提高协作水平。这种有效的角色间协作能够打破个体胜任力的边界,通过良好的互动实现个体无法实现的目标。因此,团队胜任力不是个体胜任力的简单相加,而是个体间互动而产生的有机组合。综合上述研究,本书将团队胜任力定义为:通过个体胜任力(知识、技能和认知等)与团队成员良好角色关系的糅和,而产生整体大于部分的能力。从定义上来看,团队胜任力是由功能胜任力（Functional Competency）与人际胜任力（Interpersonal Competency）两个方面构成。功能胜任力是指团队成员通过整合个体胜任力来共同解决问题的能力,它包括对知识、能力、技能、工作路径等的整合;人际胜任力是指团队成员能够与他人互动、合作来完成团队任务的能力。此外,团队胜任力包含三个假设条件:其一,组织决策者是理性的经济人,能够在当前环境、信息条件下有效地进行组织设计和团队构建;其二,团队内部处于应然的完美状态,这种状态能够最有效地实现团队目标;其三,团队能够得到充分的组织支持。

虽然团队胜任力的概念逐步成为成功团队的一个前提条件,但是目前国内外对于团队胜任力的研究还是十分不足。从国外学者的研究来看,Charles 提出构建团队胜任力模型的建议、革新、提升、发展等九项关键因素。Cinthia 认为团队胜任力包括三个维度:①团队有效任务绩效所需的知识、原则和概念;②有效执行任务所需的技能和行为;③团队成员鼓励有效团队绩效所持的相应态度。三个维度均由个体的认知能力、问题解决能力、组织能力、沟通、合作、动机等九项要素构成。在一个复杂的公私合作的案例研究中,Ruuska 和 Teigland 提出了四个促进团队绩效的胜任力:①共同发展一个清晰的团队目标;②雇佣一个具有强大知识能力与运营技巧的领导者;③采用边界对象来构建联合问题求解任务;④通过持续开放和平衡的沟通来确保对于"大图景"的理解。此外,Melkonian 和 Picq 深入研究了法国特种部队这一特殊界别的团队——这个部队在极端的环境中已经成功运作了几十年——基于团队的作战模式进行深入定性研究的基础上,详细介绍了作为特遣部队胜任力的六大要素:(1) 高个体专业知识;(2) 不同但是互补的专业知识的组合;(3) 基于共同参考框架和语言的共享价值观的构建;(4) 集体的即兴创作能力;(5) 团队记忆;(6) 个体与团队的承诺。然而国内学者主要针对高管团队、创业团队与研发团队进行胜任力研究,典型的有王建民构建的由思想观念、知识经验和行动能力所构成的高管团队胜任力;张振华构建的由创业导向、机会能力、关系协作能力、组织能力、承诺能力、学习能力、知识共享、创新能力 8 个维度构成的创业团队胜任力。

总之,前期的研究已经探究了团队胜任力的构成及其内部机理,并对不同类型的团队展开了针对性研究。但是,关于团队胜任力的核心概念、如何运用于实践,学者们还未形成统一的观点。因此,为了弥补当前研究的空白,本书明确了团队胜任力的内涵与假设,将团队胜任力运用于我国防汛防旱抢险专业队伍能力体系构建与评价的实践中,以提高专业队伍的抢险救援绩效。

1.3 主要任务

本书以团队胜任力为视角,探析防汛防旱抢险专业队伍的能力评价体系,研究新时代防汛防旱抢险专业队伍能力建设的实践和目标,针对防汛防旱抢险工作面临的新形势和新要求,在自然灾害理论、应急管理理论、胜任力理论、组织能力理论等相关理论研究和经验借鉴的基础上构建出防汛防旱抢险专业队伍能力评价指标体系和模糊综合评价模型。在此基础上,本书以江苏省防汛防旱抢险中心为例,首先,利用 Expert Choice 软件,采用层次分析法(AHP),逐步确定在近期、中期、远期三个阶段抢险专业队伍抢险能力各级评价指标的权重;其次,运用德尔菲法制定出 60 个抢险能力评价三级指标的 300 条团队胜任力视角下的防汛防旱专业队伍抢险能力评价标准;最后,按照自评、三级指标等级评价和综合评定三个步骤,对江苏省防汛防旱抢险中心的抢险能力进行了评价,并结合抢险能力评价的逻辑框架从不同角度、层次把握江苏省防汛防旱抢险中心的抢险能力的水平、结构和其他特点,对比"两个坚持""三个转变"的要求,进一步识别、归纳出江苏省防汛防旱抢险中心能力建设的突出问题和关键任务。综合以上,本书提出我国防汛防旱抢险专业队伍能力建设的方案与措施,旨在贯彻落实灾害风险管理思想、综合减灾理念和"两个坚持、三个转变"方针,以加强我国防汛防旱抢险工作为基本出发点,以提高我国防汛防旱抢险专业队伍工作能力为核心,以改革创新为动力,以强化政策指导、创新人才机制和构建工作体系为重点,全面提高我国防汛防旱抢险专业队伍工作的积极性、创造性和有效性,充分发挥防汛防旱抢险工作对于我国社会、经济发展的保障作用。

1.3.1　理论基础与经验借鉴

根据我国防汛防旱抢险专业队伍的具体特点,对防汛防旱抢险专业队伍、抢险专业队伍、团队胜任力进行概念界定,结合相关的自然灾害理论、应急管理理论、胜任力理论和组织能力理论,分析可借鉴的国内外防汛防旱经验、抢险预案的界定与实例、抢险专业设备的界定与操作规程,为防汛防旱抢险专业队伍能力评价和制定防汛防旱抢险专业队伍能力建设方案提供参考。

1.3.2　防汛防旱抢险专业队伍建设的现状分析

基于理论研究和经验借鉴,依据防汛防旱抢险专业队伍的工作内容,通过座谈、问卷调查、深度访谈、二手资料搜集,摸清我国防汛防旱抢险专业队伍建设概况,以及江苏省与大鹏新区防汛防旱抢险专业队伍建设状况,为防汛防旱抢险专业队伍能力评价体系和建设方案的研究奠定良好的基础。

1.3.3　我国防汛防旱抢险专业队伍的建设方向研究

紧扣我国防汛防旱抢险工作面临的形势和要求,分析我国防汛防旱抢险专业队伍建设的实际需求,围绕我国防灾减灾体系,分析得出防汛防旱抢险专业队伍的建设方向。

1.3.4 构建防汛防旱抢险专业队伍能力评价体系

防汛防旱抢险专业队伍能力评价体系是一个基于模糊综合评价方法的能力评价系统，其中的核心内容分别是防汛防旱抢险专业队伍能力模糊评价模型、防汛防旱抢险专业队伍能力评价指标体系、各防汛防旱抢险专业队伍能力评价指标的权重和各防汛防旱抢险专业队伍能力评价等级划分标准。因此，本部分主要从此四个方面开展研究。

1.3.5 综合评价江苏省防汛防旱抢险专业队伍的能力水平

首先江苏省防汛防旱抢险专业队伍进行自评，其次专家组根据自评结果进行实地考察和三级指标等级评价，再进行综合评定，得出三级指标、二级指标、一级指标和总体隶属度结果，分析评价结果，说明评价结果所能反映的江苏省防汛防旱抢险专业队伍的能力和水平，特别要指出薄弱方面，以便为江苏省防汛防旱抢险专业队伍建设提供指导。随后结合江苏省防汛防旱抢险专业队伍能力评价的结果分析的内容，提出江苏省防汛防旱抢险专业队伍能力建设的建议。

1.3.6 我国防汛防旱抢险专业队伍能力建设的方案与措施研究

结合江苏省防汛防旱抢险专业队伍与深圳市大鹏新区防汛防旱抢险专业队伍存在的问题与评价结果，以及我国防汛防旱抢险专业队伍面临的形势和主要建设方向，来提出方案与措施，具体包括四个方面：①指导思想、原则与目标；②主要任务；③实施步骤；④措施。

1.4 研究思路与方法

1.4.1 研究思路

研究思路见图1-4。

1.4.2 研究方法

1. 文献研究与文本分析

（1）文献研究法

本书采用文献研究法，目标有三：一是通过系统的文献梳理，查找理论界现有的研究结果，为本书研究提供扎实的理论基础；二是基于前人的研究结果，对此问

图 1-4 研究思路

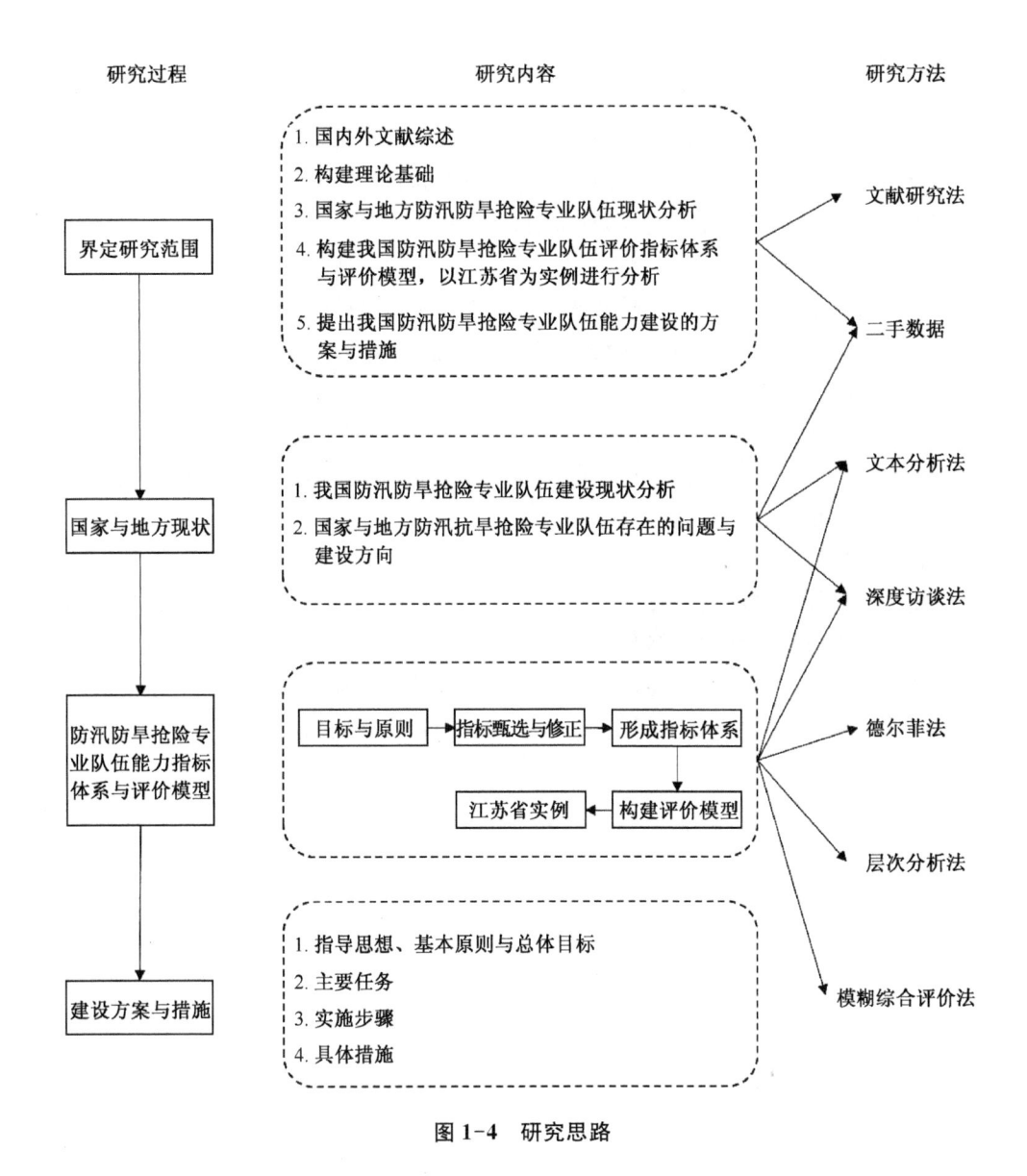

研究过程： 界定研究范围 → 国家与地方现状 → 防汛防旱抢险专业队伍能力指标体系与评价模型 → 建设方案与措施

研究内容：
1. 国内外文献综述
2. 构建理论基础
3. 国家与地方防汛防旱抢险专业队伍现状分析
4. 构建我国防汛防旱抢险专业队伍评价指标体系与评价模型，以江苏省为实例进行分析
5. 提出我国防汛防旱抢险专业队伍能力建设的方案与措施

1. 我国防汛防旱抢险专业队伍建设现状分析
2. 国家与地方防汛抗旱抢险专业队伍存在的问题与建设方向

目标与原则 → 指标甄选与修正 → 形成指标体系 → 构建评价模型 → 江苏省实例

1. 指导思想、基本原则与总体目标
2. 主要任务
3. 实施步骤
4. 具体措施

研究方法： 文献研究法、二手数据、文本分析法、深度访谈法、德尔菲法、层次分析法、模糊综合评价法

题进一步深化，避免研究内容的重复性，确保本书的价值；三是为问卷设计提供基本的素材。

（2）内容分析法

内容分析法是一种对于传播内容进行客观、系统和定量描述的研究方法。其实质是对传播内容所含信息量及其变化的分析，即由表征的有意义的词句推断出准确意义的过程。本书通过相关文本搜集来初步制定防汛防旱抢险队伍评价指标体系。

2. 实地调研

(1) 深度访谈法和头脑风暴法

通过专家访谈和头脑风暴，能够激发更多观点和想法，产生更多可选方案，使我们对研究问题有更为深入的认识和思考。同时也能进一步验证文献研究的结论并使得本文的调查问卷设计更为合理、清晰。

(2) 数量统计

数量统计法主要是指对问卷调查或统计局下载的数据进行统计分析，确定各变量之间的明确的数量关系，从而为后文分析做铺垫。

3. 德尔菲法

德尔菲法本质上是一种反馈匿名函询法。其大致流程是：在对所要预测的问题征得专家的意见之后，进行整理、归纳、统计，再匿名反馈给各专家，再次征求意见，再集中，再反馈，直至得到一致的意见。

4. 模糊综合评价法

模糊综合评价方法是一种基于模糊数学的综合评价方法。该方法根据模糊数学的隶属度理论把定性评价转化为定量评价，即用模糊数学对受到多种因素制约的事物或对象做出一个总体的评价。该方法具有结果清晰，系统性强的特点，能较好地解决模糊的、难以量化的问题，适合各种非确定性问题的解决。

第 2 章

理论基础与经验借鉴

2.1 理论基础

2.1.1 应急管理理论

1. 理论概述

1) 应急管理理论的概念及内涵

应急管理最早产生于军事和国家安全领域,随着经济社会的不断发展,层出不穷的突发事件严重威胁着社会的繁荣稳定,突发事件作为管理对象开始成为备受政府关注的一个热点。政府应急管理的对象是指各类突发事件,紧急突发事件往往会对社会稳定以及公民的生命和财产安全构成一定的危险,我们应该将保障公民权利放在应急管理的首要位置来加以关注。在《国家突发公共事件总体应急预案》中,根据突发公共事件的发生过程、性质和机理,可以将其分为四大类,分别是自然灾害、事故灾难、公共卫生事件和社会安全事件。而政府对这类突发事件进行的管理就是政府应急管理。可以认为,应急管理是指政府、民众和各种除政府之外的社会组织,为了应对突发事件而进行的一系列有计划、有组织的管理活动的总和,包括迅速地判断事件危险等级、果断排除威胁、减轻事件损失,以及为恢复社会秩序、查清事件原因、追究相关部门与工作人员的应急处置责任、制定并实施新的风险防范措施等。

应急管理的概念有广义和狭义之分,在应对突发事件的整个过程中,实际上可以分为两个阶段:第一个阶段是指一种非常态,具有一定风险的、特殊的管理阶段,这个阶段政府相关部门要紧急应对突发事件,做到果断判断危险来源、危险等级,并尽快排除危险和威胁,该阶段的主要特点突出体现在"应急"上,狭义上我们称之为"应急阶段"。由于应对突发事件需要政府部门采取与常态管理不同的紧急措施和程序,超出了常态管理的范畴,所以政府部门应急管理又是一种特殊的政府部门管理形态。第二个阶段即转入常态管理阶段,在这个阶段,危险与威胁已经过去,管理的基本目标已经回归到追求效率的管理常态目标上来。它与应急能力一起共同构成广义的应急管理概念。常态包括预防、准备和恢复三方面的应急管理工作,非常态包括响应阶段和执行阶段的工作。目前讨论的应急管理理论与事件,多指广义上的应急管理。

2) 应急管理阶段分类

应急管理是在应对突发事件的过程中,基于对突发事件的原因、过程及后果进行分析,有效利用社会各方面的资源,对突发事件进行有效准备、响应、执行和恢复的过程。这四个阶段前后相互关联、交织,共同构成一个循环系统。同时,每个阶段又彼此独立,每一阶段又是构筑在前一阶段之上,互相包含彼此关键性要素和目标。

准备阶段:指应对突发事件发生而开展的各种准备性工作,包括对灾前的制度建设、预案预警、人员保障、财务保障、物资储备、培训开发、科技创新等方面进行准备。

响应阶段:指对灾害事件做出快速有效反应,包括获取相关信息、启动应急预案、将抢险物资和人员送达现场的过程。

执行阶段:指贯彻落实防汛防旱预案,进行现场管理,以完成防汛防旱任务,达到预期效果的过程。

恢复阶段:防汛防旱任务结束后,恢复现场秩序,对设备、物资进行入库、初步维修和保养,总结经验教训,提高防汛防旱水平的过程。

3) 应急突发性事件的类别和特征

(1) 突发事件的类别

根据《中华人民共和国突发事件应对法》对于突发事件的分类,其所称突发事件是指突然发生,造成或者可能造成严重社会危害,需要采取应急处置措施予以应对的自然灾害、事故灾害、公共卫生事件和社会安全事件等四类事件。

(2) 突发事件的特征

突发性和不确定性。突发事件爆发的时间、规模、具体态势和影响深度,经常超出人们的意料之外,即事件突如其来。事件一旦爆发,其破坏性的能力就会被迅速释放,并呈快速蔓延的趋势,而且事件发展过程变化迅速,解决问题的机会稍纵即逝,如果不能及时采取应对措施将会造成更大的危害和损失。不确定性表现在其产生原因、变化方向、影响因素和后果等各方面无规则,难以准确地把握和预测。这种不确定性和人类理性的有限性使得人们在突发事件面前往往无所适从,同时也增大了人们的恐慌和不适感。

涉及主体的公共性和范围的广泛性。危机的内涵包含个体、组织和社会等各种主体,但突发事件则是专门指在公共范围内的危机事件,其影响和涉及的主体具有公共性。突发事件的直接涉及范围不一定是普遍的公众区域,但是事件却会因为迅速传播而引起公众的关注,如果处理不当就会导致公众心理恐慌和社会秩序混乱,导致公共损失。随着经济全球化和对外开放的扩大,我国与世界的联系也越来越紧密,一些突发事件在空间上波及的范围也越来越广。

事件的多样性和涉及领域的多元化。我国不仅自然灾害频发,而且随着社会的转型,政治、经济和社会等各个领域的突发事件也有所增多。突发事件的发生发展具有不同的情景,在表现形式上各有特色,事件的独特性导致难以照章办事,《中华人民共和国突发事件应对法》把突发事件大致归纳为自然灾害、事故灾难、公共卫生事件和社会安全事件大四类,但同样的事件发生的时间、地点、原因及变化发展的趋势又各不相同、千变万化,构成事件的多样性和涉及领域的多元化。

危害性和破坏性。随着突发事件的扩散力和传染力的增加,突发事件波及的范围不断扩大,给社会带来的危害也越来越大。这种危害的增大不仅表现在直接的生命和财产损失上,而且也表现在引起社会恐慌心、影响人们的正常生产生活秩序以及产生社会的混乱和不稳定上。人类对自然界的掠夺性和破坏性不断加剧,自然灾害的种类也在增加。我们面临着来自生物因素、核辐射、电脑病毒、疾病等的潜在威胁;不论什么性质和规模的突发事件,大都会不同程度地给社会造成恐慌、混乱和损害,造成不可估量的损失和社会危害。同时,突发事件给人们心理造成的负面效应也是无法用量化指标来衡量的。

社会性和群体性。随着我国经济建设、政治建设、文化建设、社会建设以及生态文明建设的全面推进和工业化、信息化、城镇化、市场化、国际化的深入发展,我国正处在经济转轨和社会转型的关键时期,许多深层次的矛盾和问题逐渐显现,诱发突发事件的社会因素也不断增多。近年来,劳资关系纠纷、房屋拆迁纠纷所引发的各种冲突呈上升趋势;重大交通事故、建筑事故、火灾、矿难频频发生;腐败案件、大案要案居高不下;社会不稳定因素增多,参与主体多元化;多种矛盾和问题相互交织,社会突发事件性质复杂,持续时间长。

信息的有限性。由于突发事件的随机性和不确定性,很多信息是随着事态的发展而演变的,而时间的紧迫使决策者掌握信息有可能不全,得到的信息不及时,并且在信息的反馈和处理过程中,信息的准确性和有效性也难以保证,导致信息失真,这是对决策者最严峻的考验。

4) 应急管理的基本原则

以人为本,减少危害。要切实履行政府的社会管理和公共服务职能,把保障公众健康和生命财产安全作为首要任务,最大程度地减少突发公共事件及其造成的人员伤亡和危害。

居安思危,预防为主。要高度重视公共安全工作,常抓不懈,防患于未然。增强忧患意识,坚持预防与应急相结合,常态与非常态相结合,做好应对突发公共事件的各项准备工作。

统一领导,分级负责。在党中央、国务院的统一领导下,建立健全分类管理、分级负责、条块结合、属地管理为主的应急管理体制,在各级党委领导下,实行行政领导责任制,充分发挥专业应急指挥机构的作用。

依法规范,加强管理。依据有关法律和行政法规,加强应急管理,维护公众的合法权益,使应对突发公共事件的工作规范化、制度化、法制化。

快速反应,协同应对。加强以属地管理为主的应急处置队伍建设,建立联动协调制度,充分动员和发挥乡镇、社区、企事业单位、社会团体和志愿者队伍的作用,依靠公众力量,形成统一指挥、反应灵敏、功能齐全、协调有序、运转高效的应急管理机制。

依靠科技,提高素质。加强公共安全科学研究和技术开发,采用先进的监测、预测、预警、预防和应急处置技术及设施,充分发挥专家队伍和专业人员的作用,提高应对突发公共事件的科技水平和指挥能力,避免发生次生、衍生事件;加强宣传和培训教育工作,提高公众自救、互救和应对各类突发公共事件的综合素质。

2. 我国的自然灾害应急管理体系

我国实行的是政府统一领导,部门分工负责,灾害分级管理、属地管理为主的减灾救灾领导体制。在国务院统一领导下,中央层面设立国家减灾委员会、国家防汛抗旱总指挥部、国务院抗震救灾指挥部、国家森林防火指挥部和全国抗灾救灾综合协调办公室等机构,负责减灾救灾的协调和组织工作。各级地方政府成立职能相近的减灾救灾协调机构。在减灾救灾过程中,注重发挥人民解放军、武警部队、民兵组织和公安民警的主力军和突击队作用,注重发挥人民团体、社会组织及志愿者的作用。

在长期的减灾救灾实践中,中央政府构建了灾害应急响应机制、灾害信息发布机制、救灾应急物资储备机制、灾情预警会商和信息共享机制、重大灾害抢险救灾联动协调机制和灾害应急社会动员机制。各级地方政府建立相应的减灾工作机制。

(1) 灾害应急响应机制

中央政府应对突发性自然灾害预案体系分为三个层次,即:国家总体应急预案、国家专项应急预案和部门应急预案。政府各部门根据自然灾害专项应急预案和部门职责,制定更具操作性的预案实施办法和应急工作规程。重大自然灾害发生后,在国务院统一领导下,相关部门各司其职,密切配合,及时启动应急预案,按照预案做好各项抗灾救灾工作。灾区各级政府在第一时间启动应急响应,成立由当地政府负责人担任指挥、有关部门作为成员的灾害应急指挥机构,负责统一制定灾害应对策略和措施,组织开展现场应急处置工作,及时向上级政府和有关部门报告灾情和抗灾救灾工作情况。

(2) 灾害信息发布机制

按照及时准确、公开透明的原则,中央和地方各级政府认真做好自然灾害等各类突发事件的应急管理信息发布工作,采取授权发布、发布新闻稿、组织记者采访、举办新闻发布会等多种方式,及时向公众发布灾害发生发展情况、应对处置工作进展和防灾避险知识等相关信息,保障公众知情权和监督权。

(3) 救灾应急物资储备机制

我国已经建立以物资储备仓库为依托的救灾物资储备网络,国家应急物资储备体系逐步完善。目前,全国设立了10个中央级生活类救灾物资储备仓库,并不断建设完善中央级救灾物资、防汛物资、森林防火物资等物资储备库。部分省、市、县建立了地方救灾物资储备仓库,抗灾救灾物资储备体系初步形成。通过与生产厂家签订救灾物资紧急购销协议、建立救灾物资生产厂家名录等方式,进一步完善应急救灾物资保障机制。

(4) 灾情预警会商和信息共享机制

建立由民政、国土资源、水利、农业、林业、统计、地震、海洋、气象等主要涉灾部门参加的灾情预警会商和信息共享机制,开展灾害信息数据库建设,启动国家地理信息公共服务平台,建立灾情信息共享与发布系统,建设国家综合减灾和风险管理信息平台,及时为中央和地方各部门灾害应急决策提供有效支持。

(5) 重大灾害抢险救灾联动协调机制

重大灾害发生后,各有关部门发挥职能作用,及时向灾区派出由相关部委组成的工作组,了解灾情和指导抗灾救灾工作,并根据国务院要求,及时协调有关部门提出的救灾意见,帮助灾区开展救助工作,防范次生、衍生灾害的发生。

(6) 灾害应急社会动员机制

国家已初步建立以抢险动员、搜救动员、救护动员、救助动员、救灾捐赠动员为主要内容的社会应急动员机制。注重发挥人民团体、红十字会等民间组织,基层自治组织和志愿者在灾害防御、紧急救援、救灾捐赠、医疗救助、卫生防疫、恢复重建、灾后心理支持等方面的作用。

3. **自然灾害的应急管理**

自然灾害是自然界发生的一种灾害现象,是在一定自然灾害背景下产生,超出人类控制和承受能力,对人类社会造成危害和损失的事件,是自然和社会综合作用的产物。所以自然灾害既具有自然属性也具有社会属性。一方面,自然属性主要表现在灾害由自然现象引起,自然现象的变异程度将直接决定灾害的严重程度。另一方面,社会属性表现在自然灾害会直接冲击人类社会的安全与稳定,是一个社会性事件,灾害暴发后将直接考验政府与社会应对灾害的综合能力。自然灾害事件指自然现象给人民生命财产安全、国民经济和社会稳定带来重大影响的、特殊的、不可预见的,同时可能产生严重不利后果的事件。自然灾害会对社会经济发展、国家稳定、人类的生活和生产造成巨大威胁。因此,所谓自然灾害应急管理是指政府、民众和各种除政府之外的社会组织,为了应对自然灾害事件而进行的一系列有计划、有组织的管理活动的总和,包括迅速地判断事件危险等级、果断排除威胁、减轻灾害损失,以及恢复社会秩序、查清灾害发生原因、追究相关部门与工作人员的应急处置责任、制定并实施新的灾害防范措施等。自然灾害应急管理工作要在政府主导下,充分调配好物质和人力资源,采用科学的管理方法和监测手段,对自然灾害事件的产生原因、发展过程进行评估分析,对灾害事件全过程进行积极的应对、控制和处理。

1) 台风灾害的应急管理

台风的应急管理主要包括预防预警信息的获取、预防预警的行动,根据不同的应急响应程度和具体的防御方案来采取相应的措施。

(1) 预防预警的信息

气象水文海洋信息。气象、水文、海洋部门应加强对灾害性天气与海洋环境的监测和预报,并将结果及时报送市和有关区县防汛指挥部。当预报即将发生严重洪涝灾害和台风暴潮灾害时,市和有关区县防汛指挥部应提早预警,通知有关区域做好相关准备。当江河发生洪水和台风暴潮来临时,水文和海洋部门应加密测验时段,及时报送测验结果,雨情、水情应在1小时内报到指挥部,重要站的水情应在30分钟内报到指挥部,为防汛指挥机构适时指挥决策提供依据。

水利工程信息。当江河出现警戒水位以上洪水,沿海出现超警戒潮位时各级提防管理单位应加强工程监测,并将地方、涵闸、泵站等工程设施的运行情况上报上级工程管理部门和同级防汛机构。

洪涝和台风暴潮灾情信息。洪涝和台风暴潮灾情信息主要包括:灾害发生的时间、地点、范围、受灾人口,以及群众财产、农林牧渔、交通运输、邮电通信、水电设施等方面的损失。

(2) 预防预警的行动

在行动前各地区、各部门应在汛前积极做好思想准备、组织准备、工程准备、预案准备、物资准备、通信准备、防汛检查和防汛日常管理工作,做好预防预警准备。

江河洪(潮)水预警。当江河即将出现洪(潮)水时,各级水文部门应做好水位预报工作,及时向防汛指挥机构报告水位、流量的实测情况和未来趋势,为预警提供依据；各级防汛指挥机构应按照分级负责原则，确定洪（潮）水预警区域、级别和水位信息发布范围，按照权限向社会发布；水文部门应跟踪分析江河洪（潮）水的发展趋势，及时滚动预报最新水情，为抗灾救灾提供基本依据。

雨涝灾害预警。当气象预报将出现较大降雨时，各级防汛指挥机构应按照分级负责原则，确定雨涝灾害预警区域、级别，按照权限向社会发布，并做好排涝的有关准备工作，通知低洼地区居民及企事业单位及时转移。

台风暴潮灾害预警。根据中央气象台发布的台风（或热带低压、热带风暴、强热带风）的信息，各区县气象部门应密切监视，做好未来趋势预报，将台风中心位置、强度、移动方向和速度等信息及时报告同级人民政府和防汛指挥部，按照有关规定适时发布预警信息。

（3）主要的防御方案

海塘防守及抢险方案。公用段由所在区县防守，企业段由所在企业防守，在防御标准内务必确保安全。在发布台风橙色预警信号后，沿海各区县、街道（乡镇）应立即组织主海塘外的暂住人员转移至主海塘内的安全地带。一旦海塘发生溃决时，沿海区县要迅速组织人员撤离至安全地段，潮退后立即组织抢险队伍封堵、修复。有关专业抢险队伍和武警部队按指令投入抢险。

防汛墙设防和抢险方案。公用段由所在区负责防守，企业段由所在企业负责防守。一旦发生溃决、漫溢、渗漏等险情，及时上报信息并采取相关行动。

地下工程设施方案。地下设施的防汛由所属单位及其有关主管部门负责，防止雨水倒灌，保障公共安全和城市正常运行。一旦出现雨水倒灌，要及时果断处置，按预案组织人员疏散。地铁的人员疏散、撤离方案由市交通管理部门负责实施。

绿化抢险方案。一旦发生人行道树倾斜或倒伏险情，按照"先重点、后一般"的原则，由绿化、市政（公路）部门实施抢险。

其他方案。危旧房由房管部门负责协调物业管理部门和业主及时修缮。当发布台风橙色预警信号后，危房居民由各区县、街道（乡镇）负责及时转移，房管、物业管理部门协助。空调室外挂机由各级房地部门督促物业服务企业加强安全使用检查，及时告知用户检查结果，消除隐患。户外广告设施由市市容管理部门在设计、制作、安装、维修等方面进行具体管理和质量监督，明确广告经营单位是户外广告安全的责任单位，制订突击检查和经常性安全检查措施，落实安全检查责任人和维修抢险队伍。

2）洪涝的应急管理

（1）洪涝灾害应急响应管理的目标

洪涝灾害紧急响应时期是一个过渡时期，一般认为紧急响应时期是受到洪涝灾害袭击和破坏后，到洪水退去生活秩序基本恢复正常，开始恢复重建工作时期之间的阶段。因此,紧急状态的响应管理主要目标是减少人员伤亡、降低财产损失,将洪涝灾害对人们的生产生活带来的影响减小到最低水平。

在灾害即将发生前和发生后采取的对策是为了尽可能挽救生命,保护财产安全,并减少灾害所引起的危害。这样灾害过程结束后,能让灾区通过尽可能短的灾害恢复重建阶段,恢复到正常的社会生活中去。当然,之后还要继续做一些工作:如开展救助活动;使一些救助活动转变为更加正规的恢复计划;使一些暂时性的措施转变为主要的恢复计划;评估所有紧急状态后的行动和要求,并把它们调整为一个完整的恢复计划等,将紧急救援时期和恢复重建时期衔接起来。

(2) 洪涝灾害应急响应时期的信息管理

灾情的搜集和报告。灾情发生后尽可能全面地为应急决策提供灾区当地的雨情、水情、影响范围、发展趋势等与紧急救助相关的各类灾情相关信息。县(市、区)、乡(镇)要及时组织有关部门和人员及时核查统计汇总灾害损失情况,并逐级上报,省级相关部门要把灾情及时向国务院及有关部门报告。

建立灾区巡查及直报制度。洪涝灾害发生后,对于危险地区和重点地区,除了尽快组织人员转移,还要组织安排人员昼夜不间断地拉网式巡查,一旦发现问题及时向以上各级部门通报处理。灾情直报制度是查灾报灾制度的一个极为有效的补充,作为查灾报灾系统来说,采用了各种高科技手段来保证灾情信息的及时、全面和准确,但作为一个宏观管理的灾情系统,对于一些局部地区,难免会出现一些遗漏。而就洪涝灾害本身的特点来说,在大的形势影响下,灾害发生往往始于一个极小的局部,然后迅速扩大,最后发展成为一个灾难性的后果,正所谓"千里之堤,溃于蚁穴"。而巡查直报制度解决了查灾报灾系统的最后一个问题。与查灾报灾系统类似,巡查直报制度也是一个完整的体系,由指挥、技术支撑和信息采集网络几个部分组成,功能与查灾报灾系统大体一致,在实际指挥和技术支撑方面可以与查灾报灾系统合一,从某种意义上来说可以看作是查灾报灾系统的有效延伸。

灾情信息的发布。灾情报告应当由指挥系统负责发布,由信息发布组(主要成员是各级民政部门救灾工作负责人)具体执行。在收集和掌握有关灾情信息后,决策指挥机构应该在尽可能短的时间内做出决策并将决策意见迅速逐级传达并执行;同时灾情应该通过新闻媒体向社会进行公布,可以起到安抚民心的作用,也能引起社会关注,动员社会力量来支援灾区。

(3) 洪涝灾害应急响应时期的紧急救援工作

总目标。紧急救援工作的目标是最大限度减少人员伤亡,尽可能使他们保持身体健康;为灾区受灾人口提供各类援助,帮助灾民恢复正常的生产生活。特别要关注那些最需要帮助的、最易受影响和贫困的弱势群体。

组织机构的构成。紧急救援的组织机构由指挥决策机构、综合协调机构和具体工作机构组成。就我国目前的状况来说,洪涝灾害的决策指挥机构是各级政府及职能部门。

紧急救援的主要内容。一是转移安置,发生突发性灾害对人的居住和生活造成威胁时,必须进行转安置,转移安置在农村一般由县(市、区)或乡级政府组织实施在城市由市政府组织实施。安置地点一般采取就近安置,安置方式可采取投亲靠友、借住公房、搭建与帐篷等。由政府发出转移安置通知或进行动员,安排运输力量,按指定的路线进行转移,保证转移安置地和灾区的社会治安。保障转移安置后灾民的生活,解决饮水食品、衣物的调集和发放。在灾区要防止次生灾害的发生。对转移安置灾民情况进行登记。转移安置情况及需解决的困难要及时逐级上报。二是紧急抢救、抢险行动。洪涝灾害来临后,很多地区将出现山洪暴发,河道水位猛涨,堤防出险,道路被毁,交通中断,无水无电等情况,这时需要组织部队武警部队及群众进行紧急抢救和抢险工作;同时组织交通、水利、电力、铁路、通信等有关部门对道路、桥梁、电力、通信等设施进行抢修。三是搜救。洪涝灾害过程中经常出现人员被洪水围困或被水冲走失踪的情况,这时一方面通知有关部门协调组织部队、武警部队和公安等有关部门对失踪和被困人员进行紧急搜救;另一方面划出危险区,将危险区内的人员尽快转移,并设置路障防止其他人员误入。四是紧急医疗救治。洪涝灾害过程中常发生人员溺水、人员被倒塌房屋砸伤、碰伤以及心理创伤等情况,这时应组织卫生系统医护人员对伤员进行紧急救治。五是调运和征用灾区急需的救援物资。对于灾区急需的救灾物资,如果救灾储备不足,紧急状态下采取征用或采购的办法,灾后由政府有关部门结算。救灾物资运输的道路、工具、经费,救灾物资的安全、保管、登记、发放、使用按有关规定办理。六是组织救灾捐赠。洪涝灾害往往给受灾地区造成很大破坏甚至是毁灭性的损害,这时可以根据灾区的急需情况确定捐赠物资的品种、数量,通过政府发文或新闻媒介,发动社会力量向灾区捐款捐物。民政部门和红十字会分别按有关规定负责管理捐赠款物的接收、分配、运输、发放工作。省级重点接收兄弟省(市、区)和境外捐赠,省内各市、县(市、区)之间捐赠由捐赠方直接捐给受赠方。

(4) 洪涝灾害应急时期可能出现的问题

在准备阶段缺乏足够的政策指导,导致组织机构不健全、缺乏响应计划等问题。由于计划过时,备用的组织水平低,公众减灾意识差以及对灾害规模上的预料误差,很可能导致应急响应行动准备不充分。对于有些在预案中没有考虑到的情况,或突发性的情况,决策机构可能会出现反应不及时,或决策失误,导致紧急处置失败。

运行系统不健全,缺乏备用的职能机构(如紧急行动中心),缺少经过试验、有实践经验的响应系统,遇到某些全国性的特殊事件(如节假日),很可能使响应系统行动缓慢。

基础设施建设及通讯设备落后而且分布不均,抗灾能力不强;关键设施如供电设备、通讯设备的破坏,都可能加剧灾害侵袭后果和危险。在多灾地区或一些地方大量聚集人员和车辆,可能严重阻碍响应行动。

在信息的收集和集中、信息评价、制定决策、决策与信息的传播等工作中可能出现信息处理差的情况。传播媒介的安排不适当可能给灾害管理部门带来麻烦。

公众减灾意识差,主要表现在涉及对灾区的要求时,有时会出现不理解地方计划和安排的情况,可能给灾害管理部门带来各种困难。

3) 防旱抗旱措施

自然界的干旱是否造成灾害,受多种因素影响,对农业生产的危害程度则取决于人为措施。世界范围各国防止干旱的主要措施有:兴修水利,发展农田灌溉事业;改进耕作制度,改变作物构成,选育耐旱品种,充分利用有限的降雨;植树造林,改善区域气候,减少蒸发,降低干旱风的危害;研究应用现代技术和节水措施,例如人工降雨、喷滴灌、地膜覆盖、保墒,以及暂时利用质量较差的水源,包括劣质地下水以至海水等。

2.1.2 胜任力理论

1. 胜任力概念内涵

胜任力是美国著名心理学家麦克利兰教授提出的重要人才管理理论。在胜任力概念被提出后,胜任力涵盖范围有多种不同说法。很多学者也提出了各自的胜任力定义,大体可以分为两种观点。一种观点认为胜任力是潜在持久的个人特征。认为胜任力是一个人所拥有的导致在一个工作岗位上取得出色业绩的潜在的特征,它可能是动机、特质、能力、自我形象或社会角色或他所使用的知识实体等等。或将胜任力定义为能将某一工作或组织、文化中有卓越成就者与表现平平者区分开来的个人的潜在的、深层次特征,它可以是动机、特质、自我形象、态度或价值观、某领域知识、认知或行为能力。任何可能被测量或计数的并且能区分优秀与一般绩效的个体的特征都属于胜任力范畴。还有一种观点从行为的角度来看待胜任力。这种思路将胜任力看作一种维度,是一类行为,这些行为是具体的、可以观察到的、能证实的,并能可靠地和合乎逻辑地归为一类的。胜任特征是可观察的行为或行为指标,这些行为指标聚集成一个中心主题或信息再形成胜任特征。

员工个体所具有的胜任力有很多,但企事业机构所需要的不一定是员工所有的胜任力,因此不是所有的知识、技能、能力和特质都属于企业所需要的岗位胜任力。企业会根据岗位的要求以及组织的环境,明确能够保证员工胜任该岗位工作、确保其发挥最大潜能的胜任特征,并以此为标准来对员工进行挑选。这就要运用胜任力模型分析法提炼出能够对员工的工作有较强预测性的胜任力,即员工最佳胜任力(如图 2-1 所示)。

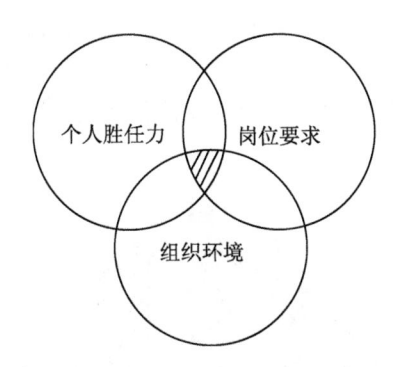

图 2-1　员工胜任力与岗位和组织环境关系

2. 胜任力模型内涵

胜任力模型是指担任某一特定的任务角色所需具备胜任力条目(构成要素)的集合。它包括不同的动机表现、个性与品质要求、自我形象与社会角色特征以及知识与技能水平。这些行为和技能必须是可衡量、可观察、可指导的,并对员工的个人绩效以及企业的成功产生关键影响。

$$CM = \{CI_i \mid i = 1, 2, 3, \cdots, n\}$$

CM 表示为胜任力模型,CI 表示为胜任力条目,CI_i 表示为第 i 个胜任力条目,n 表示为胜任力条目的数量。

国外学者如 Spencer 等人在 1993 年提出了多种不同的胜任力模型,成为目前胜任力的经典模型,被广泛应用。

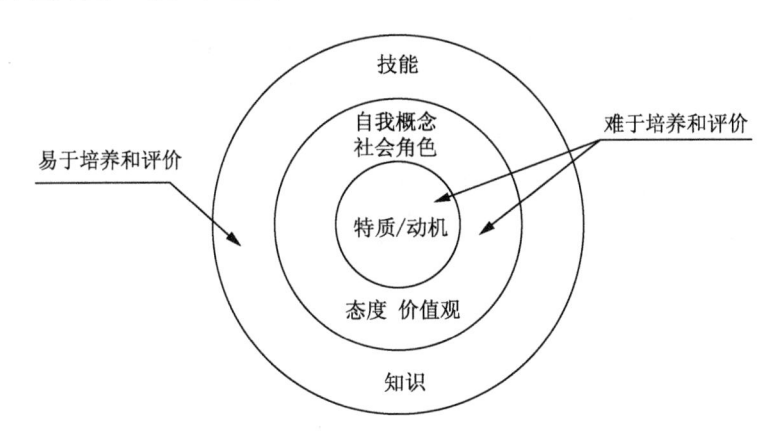

图 2-2　胜任力的洋葱模型

这些模型包括冰山模型、洋葱模型和胜任力辞典等。他们将胜任力区分成特质、动机、自我概念、知识与技能等五种基本特质。其中，动机是指一个人对某种事物持续渴望并进而付诸行动的念头；特质是指身体的特性以及拥有对情境或信息的持续反应；自我概念是指一个人的态度、价值及自我印象；知识是指一个人在特定领域的专业知识；技能是指执行有形或无形任务的能力。

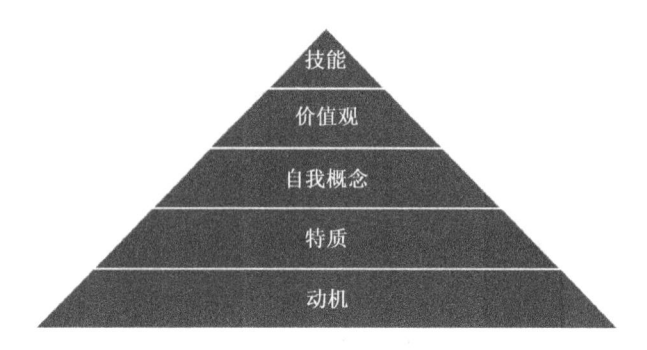

图 2-3　胜任力的冰山模型

胜任力辞典界定了通用的岗位能力要素和模型，根据能力层次不同，划分为一级能力和二级能力，甚至三级能力等。

表 2-1　胜任力辞典

一级能力	二级能力
成就与行动	成就导向，重视秩序、品质与精确，主动性，信息收集
协助与服务	人际理解，顾客服务导向
冲击与影响	冲击与影响，组织知觉力，关系建立
管理	培养他人，命令，果断与职位权力的运用，团队合作，团队领导
认知	分析式思考，概念式思考，技术/专业/管理的专业知识
个人效能	自我控制，自信心，灵活性，组织承诺
其他个人特色与能力	职业偏好，准确的自我评估，喜欢与人相处，写作技巧，远见，与上级沟通的能力，扎实的学习与沟通方式，恐惧被拒绝的程度较低，工作上的完整性；法律意识，安全意识，与独立伙伴/配偶/朋友保持稳定关系，幽默感，尊重个人资料的机密性等

胜任力模型的设计和再造，根据不同的工作性质和特点，不同的时空范围、目标、需求，区分为以下四种模式。

（1）岗位性胜任力模型

这是胜任力模型中范围最狭窄的一种模型，仅适用于一般工作岗位，如起重机械操作工、酒店客房服务员、仓库保管员、人事劳资员、财务出纳员等。该模型对于操作性和服务型岗位比较适用，可以对这些岗位人员开展相关的选拔、培训、考评等管理活动。

(2) 功能性胜任力模型

该模型是根据专业性非常强的某类岗位人员的成功实践，总结归纳出来的胜任力模型，市场营销、技术研发、财务管理、物流管理、工业工程管理、质量控制、人力资源管理等人员的胜任力模型均比较适合该模型。

(3) 角色性胜任力模型

该模型是从组织中员工个人所扮演的角色出发，通过深入比较研究，总结概括出来的一种胜任力模型，它跨越了某类岗位人员的专业性和单一性，是对功能性胜任力模型的进一步提升，如企业家的胜任力模型、职业经理的胜任力模型乃至各级主管人员的胜任力模型。

(4) 组织性胜任力模型

该模型是从企业发展远景和目标出发，与企业的经营理念紧密结合，为满足公司总体战略的发展需要而确立起来的胜任力模型。它高于其他层次的胜任力模型，以角色性模型为基础，涵盖了企业的所有职能和业务部门，适用于在企业内不同工作领域、不同层次和不同岗位上工作的所有人员。

3. 胜任力模型在人才管理中的应用

胜任力模型可以贯穿于防汛防旱部门人力资源管理活动中的各个模块。它分别为防汛防旱专业人员的工作分析、人员招聘、人员考核、人员培训以及人员激励提供了有力的依据，它是现代人力资源管理的新基点。

(1) 岗位工作分析

传统的工作分析较为注重工作的基础要素，而基于胜任力模型的工作分析，则研究工作绩效优异的员工，突出与优异表现相关联的特征及行为要素，结合这些人的特征和行为定义这一工作岗位的职责内容，它具有更强的工作绩效预测性，能够更有效地为选拔、培训员工以及为员工的职业生涯规划、薪酬设计提供参考标准。

(2) 岗位人员选拔

传统的防汛防旱专业人员选拔一般比较重视考察人员的知识、技能等外显特征，而没有针对难以测量的核心的动机和特质来挑选员工。深层次的胜任特征，又不是简单的培训可以解决的问题，这对于组织机构来说是一个重大的失误与损失。相反，基于胜任力模型的选拔正是帮助防汛防旱部门找到具有核心的动机和特质的员工，既可以避免由于人员选拔偏差所带来的不良影响，也可以减少防汛防旱的培训支出。胜任力模型在预测优秀绩效方面远比与任务相关的技能、智力或学业等级分数等更为合适。

(3) 员工培训

培训的目的与要求就是帮助员工弥补不足,从而达到岗位的要求。而培训所遵循的原则就是投入最小化、收益最大化。基于胜任特征分析,针对防汛防旱岗位要求结合现有人员的素质状况,为员工量身定做培训计划,帮助员工弥补自身"短木板"的不足,有的放矢,突出培训的重点,省去分析培训需求的烦琐步骤,杜绝不合理的培训开支,提高了培训的效用,取得更好的培训效果,进一步开发员工的潜力,为开展防汛防旱工作带来更好表现。

(4) 薪酬体系

随着经济知识化、信息化,以及灾害救援工作的紧迫性和挑战性,防汛防旱工作小组或团队成为组织结构的基本单位。同一个救灾团队的员工彼此之间没有很清晰的职责划分,大家共同协作,共同对团队救援工作负责,岗位说明书由原来细致地规范岗位任务和职责,转变为规定岗位的工作性质、任务以及任职者的能力和技术等。相应地,薪酬体系也经历了以职位为基础到注重个人能力的变化,其中宽带薪酬体系就反映了关注个人能力差异的设计思想。在这种薪酬体系下,防汛防旱人员的能力可以全面提升,适应多种救灾和防灾工作要求,工作内容更加丰富。防汛防旱部门也可以对工作进行灵活安排,压缩编制,充分发挥每个人的潜力,降低人员成本。

(5) 绩效考核

胜任力模型的前提就是找到区分优秀与普通人员的指标,以它为基础而确立的绩效考核指标,是经过科学论证并且系统化的,正是体现了绩效考核的精髓,真实地反映防汛防旱人员的综合工作表现。让工作表现好的员工及时得到回报,提高防汛防旱员工的工作积极性。对于工作绩效不够理想的员工,根据考核标准以及胜任力模型通过培训或其他方式帮助员工改善工作绩效,达到优秀表现,促进防汛防旱工作更加高效地开展和落实。

2.1.3 组织能力理论

1. 组织能力评价必要性

绩效是指组织期望的为实现其目标而展现在不同层面上的能够被组织评价的工作行为及其结果。组织的资源优势、能力优势最终体现在它的绩效水平上,所以通过对组织绩效的分析,可以进一步验证其所拥有的资源。

对组织能力进行系统分析和综合评价,有利于科学认识自身的组织能力与发展状况,制定合理的发展战略,保持和提高竞争优势,从而获得最佳的经济效益和社会效益。

目前,我国防汛防旱抢险专业队伍尚未建立起一套统一的、系统的绩效管理体系。为了更加全面、科学地对防汛防旱抢险专业队伍进行管理,根据对抢险队伍的考核的特点,建立防汛防旱抢险专业队伍能力评价体系能够帮助抢险队伍增强对自身的了解,从能力的角度来完善绩效管理体系。

2. 政府组织的能力构成

根据组织能力相关理论,一般来说我们可以将组织能力划分为环境感知能力、学习能力、组织协调能力、流程再造能力和组织创新能力,而对于政府及其招标的社会队伍来说,社会绩效也是对于其组织能力的一个综合考量。对于具体的政府机构而言,其能力的考评需要根据具体的业务范围来确定。

(1) 环境感知能力

在动态和复杂的环境下,组织应主动适应经济发展和社会环境的变化,增强利用新技术的弹性,加快提高自身的服务水平,迅速将新的生产活动领域纳入服务范围。环境感知能力强,表现为政府组织对环境变化有高度的敏感性。

(2) 学习能力

面对动态和复杂的环境,政府组织需要从大量的自身和他人经验中总结学习,需要对社会中新事物进行学习,以提高自身的服务水平和服务能力。从组织能力构成的角度出发,并根据学习能力的层级性和差异性特征,学习能力可以分为:学习意识的提升与共享等隐性知识的学习能力;重新思考组织架构、规范与流程,并提出改进意见的学习能力;通过学习方法或思维方式的改进,用新的观点看待动态环境的能力。

(3) 组织协调能力

组织协调,即组织内及组织间的分工协作关系的动态调节。组织协调能力直接关系到组织运行的效率和目标的实现。对于组织而言,一方面,必须协调内部的资源配置和成员之间的关系,以维持内部系统的正常运转;另一方面,还需要协调组织与外部环境的关系。前者属于"内协调"或"内适应",后者属于"外协调"或"外适应"。

(4) 组织流程再造能力

组织流程就是组织的管理流程;组织流程再造是整体流程的优化重组,即对组织流程进行设计、监控、重组和优化的能力。

(5) 组织创新能力

组织的创新能力是衡量一个组织能力的重要指标。组织创新,是指组织中的管理者和其他成员,为使组织系统适应外部环境的变化,或满足组织自身内在成长的需要,对内部各个子系统及其相互作用机制、组织与外部环境的相互作用机制进行创造性地调整、开发和完善的过程。

(6) 组织社会绩效

政府组织能力最终表现在对社会发展的贡献上。政府组织的社会绩效主要从以下几个方面体现出来：资源运用能力、资源获取能力、资源配置能力和资源整合能力。

3. 政府组织能力评价方式

在能力评价过程中，不同的评价主体可以客观真实地反映组织的能力水平，也更有利于对组织的能力进行管理。在对组织主体的评价方式的选择中，通常有组织自我评价、专家评价和服务对象评价。其中组织自我评价通常是组织高层、中层和基层中对组织相关业务了解的组织成员，根据组织能力的评价体系对组织能力进行打分；专家评价通常是指相关专家根据对组织的具体调研和相关数据对组织能力进行打分；服务对象评价是指政府及其招标机构的服务对象对服务效果的感知。在本书中，我们主要采用的是前两种评价方法，由于防汛防旱抢险专业队伍的服务对象较为广泛，不适用于我们的研究。

2.2 经验借鉴

2.2.1 美国三级自然灾害应急管理体系

美国自然灾害应急管理体系，为国家—州政府—郡政府三级管理体制，应急救援一般采用属地原则和分级响应原则。美国的灾害应急管理由国土安全部负责，具体由紧急事务管理局（FEMA）负责全面协调灾害应急管理工作，国家级主要负责制定灾害应急管理方面的政策和法律，组织协调重大灾害应急救援，提供资金和科学技术方面的信息支持，组织开展应急管理的专业培训，协调外国政府和国际救援机构的援助活动等。州政府主要负责制定州一级的应急管理和减灾规划；建立和启动州级的应急处理中心；监督和指导地方应急机构开展工作；组织动员国民警卫队开展应急行动；重大灾害及时向联邦政府提出援助申请，地方政府（主要县、市级）承担灾害应急一线职责，具体组织灾害应急工作。

美国自然灾害应急管理具体分为减灾措施—灾前准备—应急响应—灾后重建四个环节。具体工作如表 2-2 所示。

表 2-2 美国自然灾害应急管理环节表

应急环节	主要工作
减灾措施	通过制定一些联邦和地方减灾计划和措施，努力减少和排除灾害对人民生命财产的影响
灾前准备	提供应对各种灾害的技术支持，建设灾害监测预警系统，建立灾害服务信息迅速传播的平台和工作机制；对建筑设施摸查排查；建设必要的应急避难场所，做好灾害公共卫生、医疗等应急准备；全国广泛开展灾害应急知识培训、灾害应急演示、防灾科普教育等

续表

应急环节	主要工作
应急响应	协调各级政府、各个部门进行救援,组织人员紧急转移,加强灾情的评估及预测,迅速科学评估灾害影响程度,紧急调配设备、队伍、资源应对灾害等
灾后重建	给灾后受害者提供紧急的临时性的安置建设;灾后重新规划,恢复重建,根据灾情及时提供救灾资金;进行各种灾后保险赔偿等

1. 减灾措施

通过制定一些联邦和地方减灾计划和措施,努力减少和排除灾害对人民生命财产的影响。

2. 灾前准备

提供应对各种灾害的技术支持,建设灾害监测预警系统,建立灾害服务信息迅速传播的平台和工作机制;对建筑设施摸查排查;建设必要的应急避难场所做好灾害公共卫生、医疗等应急准备;全国广泛开展灾害应急知识培训、灾害应急演示、防灾科普教育等。

3. 应急响应

协调各级政府、各个部门进行救援,组织人员紧急转移,加强灾情的评估及预测,迅速科学评估灾害影响程度,紧急调配设备、队伍、资源应对灾害等。

4. 灾后重建

给灾后受害者提供紧急的临时性的安置建设;灾后重新规划,恢复重建,根据灾情及时提供救灾资金;进行各种灾后保险赔偿等。

2.2.2 日本自然灾害应急管理体系

日本政府建立了专门的自然灾害应急管理决策和协调机构,从社会治安、自然灾害等不同方面,建立了以内阁首相为危机管理最高指挥官的危机管理体系,负责全国的危机管理。日本政府建立了全国"危机管理中心",指挥应对所有危机。在日本许多政府部门都设有负责危机管理的处室。一旦发生紧急事态,一般都要根据内阁会议决议成立对策本部;如果是比较重大的问题或事态,还要由首相亲任本部长,坐镇指挥。在这一危机管理体系中,政府还根据不同的危机类别,启动不同的危机管理部门。以首相为会长的中央防灾会议负责应对全国的自然灾害,其成员除首相和负责防灾的国土交通大臣之外,还有其他内阁成员以及公共机构的负责人等。

日本中央防灾会议是综合防灾工作的最高决策机关,会长由内阁总理大臣担任,下设专门委员会和事务局。中央防灾会议的办公室(事务局)是 1984 年在国土厅成立的防灾局,局长由国土厅政务次官担任,副局长由国土厅防灾局长及消防厅次长担任。各都、道、府、县也由地方最高行政长官挂帅,成立地方防灾会议(委员会),由地方政府的防灾局等相应行政机关来推进自然灾害对策的实施(如图 2-4 所示)。许多地区、市、町、村(基层)一般也有防灾会议,管理地方的防灾工作。各级政府防灾管理部门职责任务明确,人员机构健全,工作内容丰富,工作程序清楚。

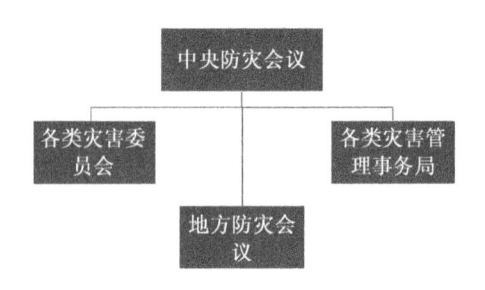

图 2-4 日本自然灾害应急管理体系图

2.2.3 加拿大逐步升级的自然灾害应急管理体系

加拿大于 1988 年成立了加拿大应急准备局目前已经升级为加拿大公共安全和应急准备部(PSEPC),它的使命是"为确保加拿大的安全和防护而应对各种国家危机、自然灾难以及安全紧急事件","集中化的指导与协调,分散化的执行与反应"是这一机构行使职责的基本原则。加拿大每个省和地区都有相应的紧急措施组织(EMO)。

加拿大政府要求,任何紧急事件首先应由当地官方部门进行处置,比如医院、消防部门、警察机关和市政当局等,如果需要协助,可向省或者地区紧急事件管理组织请求。如果紧急事件不断升级以致超出了省或地区的资源能力,可向加拿大政府寻求援助。从各省或地区到加拿大政府的请求通过"关键基础设施保护和紧急事件准备办公室"进行协调。从省或地方请求的提出,到国家层面做出反应,以及资源的调集和专家的到位,往往只需要几分钟就可完成。

加拿大政府对公众参与应急管理的态度是:让每一个人明白在遇到紧急状况应该做什么;当个人不能应对时,应立即向政府求助,政府必须迅速做出响应,并提供必要的应急资源和保障。为了让公众了解、支持和积极参与,加拿大政府每年五月份举行一次由省、地区政府、自治市、非政府组织、志愿者以及教师等人共同参与宣传的"紧急事件准备宣传周",大张旗鼓地向公众传播应急知识和信息,以提升公众参与应急管理的能力。专门从事应急教育和培训的加拿大应急准备学院从 1951 年至今一直担当着培养应急人才的任务。目前,该学院每年开设 100 多门课程,接收 3 000 多名来自政府和私营企业的代表进行应急教育。

2.2.4 抢险预案的界定与实例

防汛防旱抢险预案包括国家、省、市、县四级,一般由各级防汛防旱抢险指挥部进行预案设计。一般来说,预案包括:防灾体系;机构与职责;预防、检测与预警;应急响应、应急保障措施;人员转移方案;善后处置;宣传、培训及演习;预案管理;相关责任人及联系方式。本书结合深圳市大鹏新区的预案,给出了一个具体的实例,详细内容见附件3。

2.2.5 抢险专业设备的界定与操作规程

近年来,根据我国防汛防旱应急抢险任务的实际需求,各省水利厅加强了防汛防旱抢险队伍的建设,配备了现代化的防汛防旱抢险专业装备,主要包括应急排水车、冲锋舟、柴油机泵组、电动潜水泵、发电机和照明器材这六方面,大大提高了防汛防旱应急抢险能力。

目前,国内大多数防汛抢险队伍选择的防汛应急排水车为NJJ5110TDY型应急排水车,下文将以此型号的应急排水车为例介绍其操作步骤。该型防汛应急排水车选用的是东风汽车底盘,总重量达12吨,涉水行驶深度达600mm,可满足复杂洪涝积水区域的应急排水抢险工作要求。防汛应急排水车主要由整车底盘、液压系统、发电机组、排水系统和照明警示系统五个部分组成。

冲锋舟舟体材料大多由玻璃纤维增强塑料(俗称"玻璃钢")、胶合板和橡胶布等组成,多用船外机驱动。常见型号有TZ588型、TZ590型、TZ600型、WH598型等。目前,我国防汛抢险队伍主要配备WH598型冲锋舟。下文冲锋舟的操作规程均以WH598型冲锋舟为例。

近年来,柴油机泵在防汛防旱抢险工作中发挥着重要作用,在发生洪水、暴雨灾害时,柴油机可用于农田、居住区、圩区等出现内涝积水险情时排除涝水;发生旱情时,可以为农田补水灌溉、为水产养殖补水。在当前的防汛防旱抢险工作中,常用的柴油机泵组中柴油机型号主要有495型和295型两种,均为四冲程柴油发动机,主要结构基本相同,水泵型号主要有300HW-8,300HW-12,14HB-40型卧式混流泵,基本结构相同,进出水管道有硬管、软管、波纹管等。

电动潜水泵是将电机与叶轮组合成井筒式结构潜入水中运行的一种水泵,具有结构紧凑、运输快捷、安装简单等特点。目前,防汛防旱抢险队伍中配备较广的电动潜水泵为QH和QF系列的12寸电动潜水泵,其泵体都是由井筒式外壳、干式电机、滤水网、吸水喇叭、叶轮、电源线、信号线等组成。

在防汛防旱应急抢险中,针对电力欠缺现象,机动抢险队伍配备了多种型号、多种功率的发电机组,以满足应急抢险过程中电动潜水泵、专业抢险电动工具、特种照明器材等设备的电力需求。目前,防汛防旱队伍中配套的发电设备有小型汽油发电机、大功率柴油发电机组等。小型汽油发电机一般功率为5千瓦以下,主要用于生活照明等范围。大功率柴油发电机组主要有75千瓦,200千瓦,250千瓦三种输出功率的机型,都是采用房箱轮式结构,运输方便、输出稳定,广泛应用于各种应急抢险中。下文主要介绍这三种型号发电机组的操作要领。

在面对突发洪涝灾害时,为了快速有效地缓解灾情,抢险队员需要争分夺秒完成各种防汛应急抢险任务,通宵达旦进行抢险安装作业。这就需要充足的照明,来有效保障抢险队员的人身安全,提高安装工作效率。目前多支防汛抢险队伍主要装备的照明器材有海洋王全方位自动泛光照明灯塔、海洋王全方位移动照明灯塔和英格索兰全方位移动照明灯塔等。下文以海洋王全方位自动泛光照明灯塔为例,介绍其操作要领。

1. 应急排水车操作规程

防汛应急排水车的操作规程一般分为启封、安装、启动、运行、停机、封存六大部分。

1) 启封

防汛应急排水车经过长时间封存后,进入汛前准备阶段或应急使用时,需要做好应急排水车的各项启封工作。防汛应急排水车的启封工作主要分为汽车的启封和发电机组的启封。

(1) 汽车的启封

首先需要检查汽车各轮胎胎压,确保轮胎气压在4千克每平方厘米左右;接着需要反复按压液压顶摇臂将汽车驾驶室顶起,检查或加注汽车发动机机油、冷却液、燃油,检查并清洁发动机;然后正确安装汽车启动蓄电池,闭合蓄电池电源总闸,汽车蓄电池是由2个电压为12伏、容量为150安时的蓄电池串联组成;最后将汽车发动机排气管解封,启动汽车发动机预热运行20分钟以上。

(2) 发电机组的启封

发电机组启封的主要工作就是对机组中的大功率柴油机进行解封,解封工作具体有柴油机排气管解封,检查或加注柴油机机油,检查或加注防冻液,根据气温加注不同型号的燃油,对整个发电机组的燃油供给系统、调速系统、电路控制系统等进行清洁检查,正确安装发电机组启动蓄电池。发电机组启动蓄电池是由2个电压为12伏、容量为200安时的电瓶串联组成。需要特别注意启动蓄电池的连接方法,在安装蓄电池时必须先接正极后接负极,在拆除蓄电池时,必须先拆负极后拆正极,否则在连接或拆除启动马达正极桩头时容易造成电击事故。

2) 安装

根据防汛抢险任务要求,抢险队员安全驾驶防汛应急排水车到达目的地后,需要展开一系列的安装工作。

首先根据现场排水情况选择安全场地架设应急排水车。启动汽车发动机,操作空档和驻车动作后,让汽车处于空挡怠速状态,踩下汽车离合器,按下液压泵取力器按钮;松开汽车离合器,汽车发动机动开始驱动液压泵产生液压;抢险队员根据地面情况,选择钢板、枕木等支撑块放置于四只液压支撑腿下;操纵液压阀控制手柄,使排水车车轮离地,并使水平仪内的汽泡基本居中。架设好应急排水车后,便可关闭汽车发动机,打开警示灯。

然后安装进水管和出水管。随车携带的进水管为采用法式保尔快速接头的树脂波纹管,它的直径为200毫米,单根长度为6米;出水管为采用铝合金旋转接头的塑胶软管,它的直径为150毫米,单根长度为25米。安装进水管时,使用专用加力手柄将滤网装置、波纹管、排水泵进水口依次连接,将吸水端投入水中。安装出水管时,先将塑胶软管与排水泵出水口连接,再展开软管,根据输水距离续接软管,注意四根出水软管铺设时不能交叉和打折。

最后安装接地线。选择应急排水车周围安全位置,先将接地线连接至排水车接地桩头,再将接地桩植入60厘米深的地下。接地线的安装不能妨碍抢险队员行走和操作。

3)启动

(1)启动前准备工作

防汛应急排水车在完成安装工作后,进入启动前准备工作阶段。

首先打开排水车四周工作门,检查发电机组中柴油机的机油。检查机油时,先抽出柴油机机油检测尺用纱布擦净,再将检测尺完全插入后取出,确认机油油位在检测尺最小值和最大值之间,多放少补。

接着检查冷却液水位。检查冷却液时,需拧开发动机散热器上盖,查看冷却液水位并加满,切忌不能在柴油机运行中或刚停机后打开散热器上盖,这样容易造成烫伤事故。

然后检查燃油及燃油系统。查看燃油箱油位显示器,加满发电机组燃油箱。通过往复按压柴油机手油泵,依次排除输油管道、燃油滤清器、供油泵中的空气。

最后检查并安装发电机组启动电瓶,闭合蓄电池开关闸;断开发电机组中发电机机体上的电源输出总开关;打开应急排水车发电机组控制柜,将紧急停机按钮旋转复位;打开启动钥匙,按照电子显示屏指示检查电压、启动蓄电池电压等参数。

(2)发电机组的启动

发电机组由PLC智能系统自动控制启动,抢险队员打开启动钥匙,旋转开关至"自动"位置,查看液晶显示屏的启动电压、运行小时等信息,确认无故障显示后便可长按绿色启动按钮3~5秒,发电机组会按照程序进行预热,10秒倒计时后启动,如果启动不成功会采取延时保护,等待20秒后再次启动。发电机组启动成功后,通过控制面板检查相关运行技术参数,其中蓄电池充电电压应在25~27伏,发电机组发电频率为50赫兹,发电电压应在380伏左右,柴油机转速为1 500转/分,水温应在85摄氏度左右。

（3）排水泵的启动

发电机组启动成功并预热运行5分钟后,打开发电机电源输出总开关。

第一步,把小型潜水泵投入水中,从发电机组输出插座接电,启动小型潜水泵分别在排水泵泵体和真空泵不锈钢水箱内灌满水,然后关闭小型潜水泵、关闭排水泵注水阀门。

第二步,打开排水泵运行控制箱,闭合主电源空气开关。

第三步,按下控制箱启动按钮,启动排水泵后检查电压、电流是否正常。

第四步,按下真空泵按钮,启动真空泵后观察真空压力表,当指示压力达到0.03~0.04兆帕时,再次按下真空泵按钮关闭运行,排水泵即可正常运行出水。

第五步,检查进、出水管有无渗漏,出水软管有无弯曲打折,出水口有无固定。

4) 运行

防汛应急排水车发电机组和排水泵启动成功且正常运行后,需要做好运行管理工作,设置好警示隔离标志,做好运行记录工作。

发电机组的运行管理主要是检查发电机组相关运行状态信息。发电机组运行状态信息可通过控制面板显示屏查看,应定时进行检查记录,其中电瓶充电电压应在25~27伏,发电机组发电频率为50赫兹,柴油机转速1 500转/分,工作电压应在380伏左右,水温应在85摄氏度左右等。发电机组运行期间还需定期检查柴油机输油管路有无渗漏,检查或添加燃油、机油。

自吸排污泵的运行管理主要包括定期检查输水软管有无破损渗漏,出水口处堤面有无冲刷坍塌现象,进水口处有无漂浮物堵塞,进入口水位过低时更换吸水头等。

5) 停机

在防汛防旱应急排水任务完成或出现故障等情况下,就需要进行停机操作。应急排水车的停机操作分为正常停机和紧急停机两种。

正常停机操作要求首先按下排水泵停机按钮并断开位于水泵控制箱内的电源空气开关,然后关闭发电机电源输出总开关,最后长按发电机组停机键3~5秒,发电机组会自动怠速运行60秒后停机。应急排水任务完成,操作停机后,断开发电机组蓄电池总闸,拆卸进水管和出水管,并做好清洁、整理、装车等回收工作。

在出现重大故障或紧急情况时应执行紧急停机操作,如发电机组电流、电压、机温等严重超标;柴油机管路破裂;发电机组发出急剧异常的震动或敲击声;观察到可能发生危害到应急排水车、操作人员安全的火灾、漏电或其他自然灾害等突发情况。紧急停机是指通过按下发电机组控制面板内的紧急停机按钮或切断发电机组柴油机供油,来实现应急排水车的快速停机。实现停机操作后,根据故障现象,逐一对排水泵、发电机组进行故障排查和检修。

6) 封存

应急排水车在防汛防旱应急抢险任务执行完成后,需要做好入库封存工作。首先清洗应急排水车、进水管和出水管,将进水管和出水管晾干后装车。接着将自吸排污泵泵壳和真空泵不锈钢水箱中的残留水排尽;然后根据应急排水车运行管理记录,做好汽车、发电机组和水泵机组的维护保养工作;最后将应急排水车整齐排放入库,关闭汽车启动蓄电池开关。

拆卸发电机组启动蓄电池和汽车启动畜电池,并对汽车和发电机组排气管进行封罩。

2. 冲锋舟操作规程

1) 启封

冲锋舟在经过非汛期长时间封存后再度启用时,需要对冲锋舟进行清理、检查和测试,对发现的问题进行维修处理,以确保其性能稳定可靠。

(1) 舟体的启封

舟体启封工作需要仔细进行,及时发现船体隐患,确保使用安全。应按以下步骤进行。

①对舟体进行清洗去除污垢。

②检查船体是否有破损、艉板是否有开裂、艉板固定螺栓是否有松动,如果发现问题应修理后再使用。

(2) 发动机的启封

发动机启封时,主要是检查发动机性能是否可靠,检查工具、配件等是否完好齐全。一般按下列步骤实施。

①检查发动机配套工具是否齐全,应包括一只备用火花塞、一把火花塞套筒、一把12—14呆扳手、一把两用(十字、一字)螺丝刀、一把电锁钥匙、一只油箱、一根油管。

②检查发动机油箱是否完好,呼吸阀拧开是否通畅,拧紧是否密闭。

③在进入主汛期前冲锋舟将进入战备状态,需要将发动机安装到试验台进行水中测试,发现问题及时修理,确保发动机安全可靠随调随用。

2) 安装

当突发洪涝灾害时,将冲锋舟快速运输到现场后,迅速将舟体下水安装发动机,在安装时必须小心操作,防止发动机、配件、螺栓等滑落水中。安装时按下列步骤进行。

①选择水深较浅的岸边或码头将冲锋舟吊运到水面，并系好缆绳。

②两名操作手从舟内将船外机抬起，引向舟的艉板以外。

③将悬挂支架卡入艉板，移动船外机至艉板中心，注意对好固定螺栓孔位，并将固定螺栓插好。先用手旋紧固定螺杆，再用扳手旋紧固定螺栓螺母。

④合适的纵倾角有助于提高冲锋舟性能和燃油经济性。通过将纵倾角插销插入到不同的孔位来改变发动机纵倾角，并进行试航测试来确定最佳的纵倾角。

⑤发动机的安装高度极大地影响冲锋舟行驶阻力。如果安装过高，会产生气蚀现象，降低推力。如果安装过低，水阻将会增加，从而降低发动机效率。因此要检查发动机安装高度，确保防汽蚀板垂直高度在船底以下25毫米以内。

3）启动

发动机启动前，做好各项检查工作，是航行稳定、高效、安全的重要保障。启动前先按下列步骤进行准备。

①按汽油与机油50∶1的比例兑好燃料油并加满油箱。

②按照油管上的箭头标记，将箭头指向的一端接在发动机进油口上，另一端接在油箱上，拧开油箱呼吸阀，按压油管中间的挤压式油泵进行泵油直到泵满。

③放下发动机并锁定航行锁柄，检查机械各部件的连接和固定情况。

做好启动前准备工作后，按下列步骤进行启动。

①转动手柄，使箭头指向"慢速"位置，将离合器手柄放在"空挡"，转动手柄，使箭头指向"起动"位置，拉出阻风门杆调整风门，以提高启动时的燃油浓度。

②将航行锁放在"锁紧"的位置，先慢拉起动绳待卡住启动盘并拉紧后，再快速拉出启动绳。重复以上拉绳动作，直至启动成功为止。

③启动后，立即推回风门拉杆以打开风门。注意检查冷却水、排气情况。确认发动机工作正常后，即可挂挡驾驶冲锋舟开始执行任务。

4）停车

冲锋舟在应急抢险任务完成后靠岸，并按下列步骤停车。

①转动调速手柄至"慢速"位置，将离合器手柄放在"空挡"位置。

②拔出钥匙或按下熄火按钮，保持到发动机停车为止。

③船外机结束行驶后，应先关闭电锁，拆除油管，将发动机搬离水面后锁定定位销，或拆除发动机至包装箱内。

④油箱需拧紧呼吸阀放置在安全地点，防止汽油溢出或挥发引起火灾。

5）封存

冲锋舟在主汛期结束后，由于长期不再使用，为保障长期闲置期间设备仍能保持良好的技术状态，需要进行一系列的封存工作。冲锋舟的封存包括舟体封存和发动机封存两部分。进行冲锋舟舟体的封存时,要做好清洗、检测、修理等准备工作;进行冲锋舟发动机的封存时,一定要做好严格的测试,禁止将存在故障的发动机封存,确保各配件、工具等齐全。

3. 柴油机泵组操作规程

柴油机泵组的操作可分为启封、起动、运行、停机、封存五大部分。

1) 启封

柴油机泵组的启封是指将封存状态的柴油机和水泵重新启用时要进行的一系列工作,内容包括柴油机启封和水泵启封两方面。

(1) 柴油机的启封

柴油机的启封应按以下步骤进行。

①清洁发动机,打开进、排气口防尘罩。

②检查输油管道各接头部位松紧度,防止漏油。

③人工盘动皮带轮慢慢旋转,观察曲轴连杆和燃油泵凸轮轴以及柱塞的运动,应无卡滞或不灵活的现象。并将调速手柄由低速到高速位置来回移动数次,观察齿条与芯套的运动应无卡滞现象。

④加注机油和冷却液。

(2) 水泵的启封

水泵的启封应按下列步骤实施。

①用清水灌入水泵蜗壳将叶轮轴淹入水下,拨动水泵皮带轮进行冲洗。

②检查并调整填料松紧。

③检查并加注轴承润滑油。

2) 架设

柴油机泵组的架设有分体安装和机泵一体化两种方式。

(1) 柴油机泵组分体安装

柴油机泵组分体安装是指柴油机与水泵未通过特定装置进行刚性组合,在架设现场利用机脚木和木桩进行固定的安装方式。这种架设方式柴油机与水泵位置安排较为灵活,对场地的适应能力较强。

分体安装应按下列步骤进行。

①根据进出水位置要求,选择或整理出一块较平整且不小于2米×2米的场地,应保证水泵叶轮轴心线至进水侧水面的高差不能超过水泵的最大吸程。

②将柴油机和水泵移动至场地适当位置并安装好机脚木,注意水泵跟柴油机的转动方向,本书所述的柴油机与水泵安装时应位于皮带的两侧。

③根据水泵进水口至水面距离确定需要的进水管节数,连接好进水管和莲蓬头,注意每个节头之间需要垫压两片皮垫,拧紧螺丝确保进水管路不漏气。将进水

管道送入水中，注意将莲蓬头的止水页轴线垂直于水面。在进水管上端连接一个90°弯头，调整进水管方向与角度将弯头嵌入连接到水泵进水口法兰内。

④出水管可以采用硬管、软管或波纹管与水泵连接。三种管路可根据地形、输水距离等因素进行选择。

⑤打好固定木桩，安装皮带，调节松紧使皮带张紧适当。

(1) 柴油机泵组一体化安装方式

柴油机泵组一体化后，可以降低机组安装工作量，提高架设速度，使机组运行更加稳定高效。

机泵一体化安装应按下列步骤进行。

①按分体安装的选地步骤选择好场地。

②先将一体化机架移至场地适当位置，再将柴油机、水泵安装到机架上，注意水泵皮带轮与柴油机皮带轮应位同一平面。或者将安装好的一体化柴油机泵组直接运输、吊装到现场架机位置。

③按分体安装步骤安装好进水管路。

④按分体安装步骤安装好出水管路。

⑤安装皮带，并通过皮带调节螺栓调节皮带张紧度。

3) 启动

柴油机泵组的启动包括柴油机启动前的一系列准备工作和启动方法，其步骤如下。

(1) 检查机油

先取出机油检测尺用纱布擦拭干净，再将机油检测尺完全插入后取出，观察机油油位是否在机油检测尺的上、下刻线之间，低于下刻线时应补充机油，高于上刻线应放掉部分机油。

(2) 检查或准备冷却水

如果是自带散热器的柴油机，在冷机时打开散热器上盖观察冷却水水位，水位低或看不到水位时应补充冷却水；如果是无自带散热器的柴油机，需要将柴油机冷水泵进水口连接至水泵泵壳顶部的注水口，在注水口处连接一水量调节阀以控制冷却水的供水量，同时注意在启动柴油机前应预先将进出水管内灌满冷却水，防止启动柴油机泵组时水泵来水迟缓导致柴油机机体无法冷却。

(3) 连接柴油机输油管并排除油路空气

将输油管连接至柴油机进油口，松开输油泵进油管螺丝，待柴油滤清器内充满柴油后将螺丝拧紧；然后松开柴油泵上端的平头螺母，连续按压输油泵泵油杆，直至平头螺母处柴油连续流出且无气泡为止，最后将放气螺丝拧紧，拧紧输油泵泵油杆。

排空油路空气后,还要将各缸喷油器上的高压油管接头松开,通过手摇或电瓶驱动柴油机运转使所有高压油管正常喷油。

(4) 连接电瓶

先将电瓶的正极连接至柴油机启动马达的正极桩头上,再将负极连接到柴油机机体上。电瓶接线时要注意正负极不能接反,否则会导致电机反转,容易烧坏启动电机;接线时必须先接正极再接负极,否则在连接正极时由于正极桩头跟起动桩头靠得很近,扳手容易触碰到两个桩头导致放电产生火花,而且在未按下减压阀门时接通启动电路,启动电机运转阻力大,很容易烧坏电机。

(5) 柴油机启动

分离柴油机离合器,将调速手柄放在中速位置,打开电锁,将减压手柄扳至减压位置,按住起动按钮,待起动电机带动柴油机空转数圈后,迅速松开减压手柄,柴油机启动成功后松开起动按钮。如果不能一次起动成功的,须间隔1分钟左右待启动电机冷却后再进行启动。由于天气寒冷,无法启动时,可使用热水作为冷却水或将机油放出加热至80~90摄氏度后再重新加入曲轴箱内。

旧式495型柴油机没有起动电锁、起动按钮等装置,需要使用起子将起动电机的起动桩头跟正极桩头短接来进行起动。

(6) 启动水泵

柴油机正常运行后,闭合柴油机离合器,输出动力驱动水泵运转,调整柴油机调速器慢慢加大油门至适当位置。

(7) 给水泵灌水

混流泵在启动前需要预先从泵壳顶部的注水口或直接从出水管灌水,直至水泵叶轮被水淹没,以保证水泵能正常抽真空,待进水管内的空气被抽空后,水泵便开始出水工作。

4) 运行

柴油机泵组正常运行后,要每间隔1小时检查柴油机和水泵的运行状况,出现异常时要及时果断处理。

柴油机在运行中应注意判断柴油机的排烟和声响是否异常,定时检查机油压力、机油温度、冷却水温、充电电流是否在正常范围内,冷却水是否正常循环。

水泵在运行中要定时检查水泵轴承润滑油位是否在正常范围,缺少时要及时补充;检查轴承的温升,一般不得高于环境温度35摄氏度且最高不能超过75摄氏度;检查各螺栓是否因振动而松动;注意检查水泵填料盖处水滴是否成滴状间断漏出,如果水滴太慢或没有则说明填料密封太紧,轴承得不到充分润滑和降温,水滴太快说明填料密封太松,漏水过多会降低水泵效率,可通过调整填料盖上的紧固螺母使水滴速度达到要求。

5）停机

柴油机泵组在停机前应先缓慢降低柴油机油门,使水泵出水逐渐减少直至停止出水为止,防止快速停机时水管内的大量存水突然倒流对机组造成冲击掀翻机组,分开柴油机离合器让柴油机在中、低速空转2～5分钟后,扳动停车手柄切断供油直至柴油机完全停止后再松开。停机后应再摇动柴油机使喷油器内充满柴油,防止冷却后油嘴堵死。

6）封存

在汛期应急抢险任务完成后,柴油机和水泵将长期不再使用,应在完成柴油机和水泵的维修保养工作后,按规定进行封存。

柴油机的封存工作应按下列步骤实施。

①放出机油、冷却水及柴油。

②清洗曲轴箱、油底壳及滤油网,冲洗冷却系统。

③将过滤过的CD 10W—30机油加热到100～150摄氏度,直至泡沫完全消失为止,然后将脱水处理过的机油加入油底壳,至机油标尺的上刻线,摇动曲轴,使整个润滑系统充满机油。

④从气缸盖上的喷油器孔口向气缸内加入少量上述脱水机油,然后摇动曲轴,使机油附着在活塞、活塞环、气缸套及气门密封面上。

⑤机体外表面涂上防锈油,注意橡胶及塑料零件上不能涂油。

⑥将柴油机存放在通风良好、干燥清洁的室内;将柴油机排气口、水箱加水口、加机油口等密封封盖,防止灰尘落入。

水泵封存的工作应按下列步骤实施。

①对水泵泵壳外部喷涂防锈漆,泵壳内部及水泵叶轮涂防锈油。

②将水泵轴承润滑油加满,在封存期间每个月应将泵轴转动数圈。

③将水泵存放在通风干燥的室内,并用防尘布罩住。

4.电动潜水泵操作规程

（1）启封

电动潜水泵经过长期封存再度启用时,需要对潜水泵及控制柜进行一系列的检查与检测工作,对发现的问题要及时维修处理,确保电动潜水泵性能稳定可靠。

①移除水泵进出水防尘罩,拨动水泵叶轮,检查轴承润滑是否良好。

②检查水泵电源线、信号线及接线头的标识是否完好。

③使用兆欧级电阻表,俗称"摇表",检测潜水泵相线与相线间的电阻。检测数据要求相与地在冷态电阻应大于20兆欧,在热态电阻应大于1兆欧;接地电阻应小于4欧。

④使用万用表检测信号线通断路情况,XL组和YS组完好情况下应为断路,

WC组完好情况下应为通路。

⑤检查控制柜外形及零部件有无损伤,接插件有无松动或脱落。

⑥连接好电源及控制线路,开机试运行,发现故障的纳入汛前维修保养计划。

(2) 安装

所有物资分类运输至装机现场后,应按照下列步骤进行安装。

①首先在潜水泵出水口连接数节铁制输水硬管,并将潜水泵电源与信号线固定在输水硬管的上方,防止安装过程中碰撞导致电源与信号线破损;然后使用吊装机械将泵体吊运放置水中,同时注意稳定好泵体姿态,确保泵体下部的支脚着地。如果泵体倾斜可能导致泵体内的泄漏检测浮球无法正常工作。

②潜水泵下水后先检查水泵电缆线相与相间绝缘程度、相与地间绝缘程度、信号线的通断路情况。然后继续连接硬管至堤顶或坝头后,连接两个45°弯头调整出水方向。如果还需要向更远距离输水的,可以选择使用软管或波纹管继续延长至出水口位置。

③选择与潜水泵距离适当、平坦坚固的地面放置控制柜。安装和放置控制柜时需要做好固定、挡雨、防潮等保护措施。在需要设置二级电源控制柜时,应考虑在变压器与潜水泵控制柜之间靠近潜水泵控制柜的位置,同样需要注意做好固定、挡雨、防潮等保护措施。

④在变压器与二级电源控制柜间布设电源电缆,需要用万用表测量电缆线各相之间、相与地之间是否绝缘,如果检测发现有短路现象,应及时更换电源电缆。同时在连接电源电缆输出端与输入端接线桩头时,要严格按照三相色标标识(黄、绿、红)对应接线,否则会造成潜水泵反向转动。

⑤将潜水泵电源电缆、信号线连接至水泵控制柜。水泵电源电缆从控制柜底部圆孔穿入控制柜内,按照三相标识将水泵电源电缆与控制柜水泵接线桩头逐一连接紧固,并连接好地线(直接启动方式为U,V,W,自耦降压启动方式有U_1,V_1,W_1和U_2,V_2,W_2两组接线)。在紧固接线桩头前应使各接头相互平行,防止距离过近导致短路或放电。螺栓紧固要适当,过松容易产生电火花,过紧则容易损坏丝牙。信号线应按照线头标识与控制柜信号接线板标注对应连接。如果是"一控五"的自耦降压启动控制柜需要注意将潜水泵的电源电缆与信号线连接到对应的接线组。

⑥连接控制柜电源电缆。在接线之前必须确认二级电源控制柜未合闸。水泵控制柜电源进线接线时需按照色标或者标记(L1黄色,L2绿色,L3红色)对应连接,连接的操作要求与水泵电源线连接操作要求相同。

(3) 启动

在电动潜水泵进场安装与电源电缆接线完毕,并检查无误后,即可启动潜水泵。电动潜水泵的启动应按下列步骤进行。

①通知二级电源控制柜处工作人员合闸送电。送电后首先用电笔检测潜水泵控制柜外壳是否带电，确认没有带电后再继续操作。

②闭合潜水泵控制柜内的总电源空气开关，检查面板电压表读数是否在380伏左右(342～418伏)。如果电压不在规定范围内，应联系供电部门进行处理。

③旋转潜水泵控制柜运行模式开关至"手控"模式，按下"运行"按钮启动潜水泵。如果发现潜水泵运转，但是不出水，一般是因为潜水泵反转，此时应立即停机处理。首先断开潜水泵控制柜总电源空气开关，必要时还需断开二级控制柜电源开关，然后将水泵电源线的任意两相互调后重新开机。

④电动潜水泵启动运行后，必须检查控制柜各故障指示灯状态、电流和电压表读数是否正常。26千瓦12寸潜水泵电流应在44安左右，30千瓦12寸潜水泵电流应在50安左右。每台电动潜水泵启动运行后，应检查与观察5分钟，方可启动下一台电动潜水泵，由于电动潜水泵启动电流较大，多台潜水泵同时启动，容易导致变压器、电源电缆过载。

（4）运行

电动潜水泵架设安装完毕后，抢险值班人员应在潜水泵正常运行过程中，定期监测所有设备的运行状态，还需要注意场地的安全保护措施。具体需要做好以下工作。

①在电动潜水泵作业区域设置明显的施工作业标志，在电动潜水泵和控制柜周围，设置电力危险隔离区和警示标志。严禁非工作人员进入作业区接触设备。

②抢险队员在操作与检查完潜水泵控制柜后应锁好控制柜门，防止非工作人员误操作或触碰引发安全事故。

③抢险值班人员必须每隔2小时检查并记录电动潜水泵的运行状态，检查潜水泵控制柜内故障灯是否亮起，电流表、电压表读数是否正常。对出现故障的电动潜水泵和控制柜做好登记标识工作。

④抢险值班人员巡查时需注意电动潜水泵进水口附近是否有漂浮物，潜水泵出水流量是否正常。如果潜水泵进水口附近有漂浮物时，应及时清理，防止漂浮物被吸附到潜水泵进水滤网上而堵塞进水口。如果潜水泵出水量偏小或者出现过载故障时，应立即停机，检查潜水泵进水滤网是否被杂物堵塞。

（5）停机

在防汛防旱应急抢险任务结束撤场或者发现电动潜水泵运行异常需要停机时，应按以下步骤进行操作。

①用测电笔检查潜水泵控制柜外壳是否带电，确定无漏电情况后才能继续操作。

②按下潜水泵控制柜操作面板上的"停机"按钮,旋转运行模式开关至"停"状态。

③打开潜水泵控制柜操作面板,断开主电源空气开关。

④停机操作后应将控制柜门关闭并锁好,防止非工作人员误操作造成事故或损坏。

⑤在防汛防旱应急抢险任务结束撤场拆机时,必须先逐台停机卸除负载,然后断开变压器空气开关并拆除电源电缆。

(6) 封存

为了保持电动潜水泵及配套设备的优良性能,在防汛防旱任务结束后,应及时做好电动潜水泵的入库封存工作。电动潜水泵入库封存应按下列步骤进行。

①对使用过的电动潜水泵及配套设备进行清洗。

②对电动潜水泵和控制柜进行检测,发现故障的要做好记录和标识。

③检查潜水泵电源电缆线和信号线有无破损,接线标识是否破损或丢失。

④对电动潜水泵进行防锈处理。

⑤对电动潜水泵的电源电缆线进行盘绕,同时对接线端子进行密封包扎,防止水汽沿电缆线进入电机降低绝缘电阻。

⑥电动潜水泵应整齐排列,保持水平状态,放置于清洁、干燥、无振动、通风良好的仓库内。同时将潜水泵进出水口进行封罩,防止灰尘等进入。

⑦电动潜水泵在封存期间,应定期进行除尘工作,保持整洁;每月必须将潜水泵电机主轴转动数圈,防止机械密封动、静环互相粘附。

5. 发电机组操作规程

发电机组的操作规程一般分为启封、启动、运行、停机、封存五大部分。

1) 启封

发电机组经过长时间封存后,进入汛前准备阶段或应急使用时,需要做好发电机组的启封工作。

首先检查发电机组轮胎胎压,确保轮胎气压在4千克每平方厘米左右;对柴油机排气管解封;加注润滑黄油。

接着揭开机组防尘遮布并进行清洁工作,按照柴油机机油油位要求加注机油;加注防冻冷却液;根据气温加注不同型号的柴油。

然后对整个发电机组的燃油供给系统、调速系统、电路控制系统等进行清洁检查。

最后正确安装好启动蓄电池。发电机组启动蓄电池是由2个电压为12伏、容量为200安时的蓄电池串联组成,在进行蓄电池接线时,要求蓄电池的正、负极必须与启动马达正、负极桩头对应连接,否则会造成启动马达烧毁,同时必需按照正确的顺序接线,先接正极后接负极,在拆除蓄电池时,先拆负极后拆正极,否则在连接或拆除启动马达正极桩头时容易造成电击事故。

发电机组启封后主要通过两种方式进行运输,长途运输可采用货车整机吊装运输的方式,这种运输方式需要做好发电机组的整机固定和轮胎固定工作,防止松脱;短途运输可采用外挂牵引方式,这种运输方式需要连接好发电机组的方向牵引机构和警示灯,并且必须低速行驶以防失控。

2) 启动

(1) 启动前准备工作

发电机组通过运输到达防汛防旱应急抢险现场后,首先需要对发电机组开展固定工作。根据输电距离选择开阔平整的场地,打开机组四周箱门,固定四只车轮或架设支架使发电机组保持相对水平。如果发电机组在较大倾斜面运行,发电机组的运行振动会影响整机固定安全,长时间运行还会加大发电机组磨损,导致供油、冷却水、机油等相关仪表失准。75千瓦和200千瓦的发电机组可以在前后轮下安装木块固定四轮,250千瓦的发电机组可通过机械式支撑杆进行固定。最后根据应急抢险现场输电距离,选择和安装好输出电源电缆,并做好发电机组的接地工作。在用电负载较多的情况下还可以安装二级控制柜,这样能够让专用抢险设备的使用更加安全,输电操作更加便捷。

(2) 启动前检查工作

发电机组到达应急抢险现场安装固定后,进入启动前检查工作阶段。

第一步,检查发电机组柴油机机油。检查机油时,先抽出柴油机机油检测尺,用纱布擦净后重新将检测尺完全插入机油检测口,再次拔出确认机油油位是否在检测尺最小值和最大值之间。

第二步,检查冷却液水位。检查冷却液时,需拧开柴油机散热器上盖,查看并加满冷却液,切忌不能在柴油机运行或刚停机后打开散热器上盖,这样容易造成烫伤事故。

第三步,查看燃油箱油位显示器,给油箱加满燃油。

第四步,排除柴油机输油管路中的空气。通过柴油机手油泵的上下往复按压,依次排除输油管道、燃油滤清器、柴油机供油泵中的空气。

第五步,打开发电机组控制柜,将紧急停机按钮旋转复位,打开启动钥匙,按照电子显示屏指示检查启动蓄电池电压等参数。

(3) 启动

发电机组完成启动前各项准备工作后便可进行启动。这三种发电机组有两种启动方式:手动启动和程序自动启动。75千瓦发电机组采用的是手动启动方式,它需要人工测量启动电压,使用启动钥匙旋转至预热处,并保持5秒后旋转钥匙至启动位置,触发启动机高速转动带动柴油机主轴旋转,使柴油机启动成功。如果等待 10 秒后柴油机未能成功启动,则需要等待 20 秒左右后再进行启动操作,直至柴油机正常启动运转。切忌频繁启动,这样会导致启动机烧毁或造成启动蓄电池欠压而无法启动发电机组;200 千瓦和 250 千瓦发电机组采用的是程序自动启动方式,打开钥匙后,液晶显示屏上可以显示发电机组的启动电压、运行小时等信息,确认无故障显示后便可按下开机按钮,发电机组会自动进行预热,10 秒倒计时后启动,如果启动不成功会延时 20 秒后再次启动。

3）运行

发电机组启动成功并正常运行后,需要检查发电机组运行技术参数。200 千瓦和 250 千瓦发电机组通过控制箱液晶显示屏便可检查相关运行技术参数,其中蓄电池充电电压应在 25～27 伏之间,发电机组发电频率为 50 赫兹,柴油机转速为 1 500 转/分,工作电压应在 380 伏左右,水温应在 85 摄氏度左右等。75 千瓦发电机组也可通过相关仪表检查电压、电流、水温等运行技术参数。

发电机组带动负载设备正常运行时,必须要设置好相关警示隔离标志,并对输出电源电缆做好保护措施。抢险值班人员需要每小时检查并记录机组输电技术参数和柴油机工作状态,确保供电安全。发电机组应避免长时间低负荷或者空载运行,因为这种运行状态下效率低,经济性差,同时会造成柴油机缸体积碳等问题。

4）停机

在防汛防旱应急抢险任务结束和发电机组出现故障等情况下,需要对机组进行停机操作。发电机组的停机操作一般分为正常停机和紧急停机两种。

正常停机操作应首先卸除负载,断开机组控制箱内总电源输出空气开关,然后进行停机操作。75 千瓦发电机组停机时需要手动调整柴油机供油泵调速手柄,使柴油机在怠速状态下工作 60 秒钟后,推动柴油机供油泵上的停车手柄实现发电机组停机。200 千瓦和 250 千瓦发电机组停机时只需按下停机按键,发电机组控制系统会自动调整柴油机转速至怠速状态,柴油机工作约 60 秒后自动停机。发电机组成功停机后,需要关闭发电机组启动钥匙并切断启动蓄电池电路,关闭柴油机输油阀,并记录运行数据。

紧急停机操作一般是在发电机组出现电流、电压、机油温度等运行参数严重超标;柴油机供油泵系统失灵,发生柴油机飞车;柴油机输油管路破裂;发电机组发出异常的震动或敲击声;观察到可能发生危害到机组、操作人员安全的火灾、漏电或其他自然灾害等突发情况时,需要抢险队员果断执行操作。75 千瓦发电机组的紧急停机操作要求抢险队员直接推动柴油机供油泵上的停车手柄,切断柴油泵供油实现柴油机停车;200 千瓦和 250 千瓦发电机组的紧急停机操作要求抢险队员按下控制箱内紧急停机专用按钮实现停机,如果不能实现停机,则需要切断柴油机供油管路。发电机组实现紧急停机后,根据故障现象,进行排查检修。

5) 封存

发电机组在防汛防旱应急抢险任务完成后,需要做好入库封存工作。首先按照发电机组运行记录对整机进行维护保养,如清洁发电机组,更换机组轮胎,更换柴油机机油、机油滤清器、空气滤清器等;接着根据维护保养发现的或运行记录中记载的故障现象,进行逐一检查维修;然后拆卸启动蓄电池,并定期对电池进行维护;最后根据外观情况可以开展油漆、防尘工作、柴油机排气管封罩,完成入库封存。

6. 照明器材操作规程

1) 启封

海洋王全方位自动泛光照明灯塔经过长时间封存,进入汛前准备阶段或需要应急使用时,需要做好照明灯塔的启封工作。启封工作包括以下几方面内容。

①清洁发电机组、伸缩气缸、灯盘等,检查各部件外观是否完好,发现损坏及时维修更换。

②根据机油检测尺的油位标记加注四冲程汽油机机油。

③加满燃油。

2) 进场准备

海洋王全方位自动泛光照明灯塔运输至防汛防旱应急抢险施工现场后,应按下列顺序开展好进场准备工作。

①选择安全场地,固定机组。根据施工照明的需要,选择一块平整的场地,确保在灯盘升高范围内无障碍物,放置机组并锁定车轮固定装置,特殊情况下使用木块等物体进行车轮固定。

②安装机组接地线。从机组接地桩头处连接一根地线,将接地杆植入地下20厘米。

③安装伸缩气缸。应先将伸缩气缸安装到机组支架上,再将伸缩气缸竖立对接好锁定销使其固定,最后用橡胶气管把伸缩气缸进气口和气泵出气口连接好。

④安装灯盘。先将灯盘安装至伸缩气缸的顶部接头对接好定位销,并拧紧固定螺栓;再将伸缩气缸顶端电源接头与灯盘的电源接口连接,连接时应注意电源接头的定向凹槽。

⑤调整照明方向。根据施工现场照明需要调整好灯盘及每盏灯的角度。

⑥将总电源插头插入发电机组总电源插座。将灯盘和气泵的电源插头插入发电机组输电插座上。

3) 启动

(1) 启动前检查

海洋王全方位自动泛光照明灯塔进场安装完成后,应在启动前要做好以下检查工作。

①检查发动机机油。拧开发动机机油盖(机油盖也是机油检测尺),用干净的纱布擦干机油检测尺上的机油,将机油尺重新插入再拔出后观察机油油位是否在上下刻线之间。检查后多放少补,确保机油适量。

②检查燃油。根据燃油箱油位标尺,检查或加注汽油,并将输油管路上的燃油开关打开。

③检查并关闭负载。检查并关闭发电机组电源输出总开关和输电插座上的电源开关。

(2) 启动运行

在完成进场准备和检查工作后,便可启动发电机组,架设照明灯塔,具体操作步骤如下。

①打开发电机组启动开关。

②关闭或打开阻风门。在天气寒冷或首次启动时,关闭阻风门可以提高发动机气缸内的燃油浓度,提高启动成功率。

③启动发电机组。先缓慢拉动汽油机启动拉绳使其绷紧,再快速拉出启动绳,使汽油机成功启动。汽油机启动不成功,应再次拉动启动绳直至启动成功。

④发电机组启动成功后,应打开阻风门,使发电机组正常工作。观察电压读数是否稳定在220伏,待电压稳定后打开输出电源总开关。

⑤升灯塔。打开气泵插头电源开关和启动开关,启动气泵。气泵工作向伸缩气缸泵入空气使其上升,待灯盘上升至工作高度后关闭气泵开关和电源插头开关。在气泵工作过程中应注意气泵工作气压。

⑥灯塔照明。打开灯盘电源插头开关,照明灯开始工作。也可根据照明工作需要使用遥控器控制灯盘各照明灯的开关。

4) 运行

海洋王全方位自动泛光照明灯塔在工作过程中需要定期检查机组运行状态和照明情况。检查的内容如下。

①设置警示隔离区,禁止非工作人员接触机组,确保安全运行。

②定期检查燃油。不足时要及时添加,防止因断油使发电机组停机,中断照明影响施工安全。

③注意定期观察汽油机运转是否稳定,输出电压是否在220伏等,如果发现异常应及时停机并排除故障。

④定期检查发电机组固定是否松动,防止机组工作中因振动导致松动,造成灯塔移动或倾倒事故。

5）停机

在完成应急抢险照明任务后进行停机操作。停机操作要求首先关闭四盏照明灯,再关闭发电机组输出电源总开关,最后关闭发动机组启动开关完成照明灯塔的停机工作。如果应急抢险照明任务结束撤场,就需要将发电机组、伸缩气缸和灯盘拆卸装箱。完成照明灯塔停机后,首先按压伸缩气缸底部放气阀,依次拉出自下往上的一、二、三节气缸上的锁定销,排除伸缩气缸内的空气,使灯盘随伸缩气缸缓慢下降至底端。然后松开灯盘的锁定螺栓和电源插头,拆卸灯盘,将四盏照明灯旋转复位进行装箱。最后松开伸缩气缸锁定螺栓,将伸缩气缸和输气管拆卸装箱(拆卸气管时注意按压气嘴上的蓝色套圈,拔下气管)。

照明设备出现故障时需要抢险队员果断判断,迅速关闭发电机组启动开关实现照明设备的停机。

6）封存

在应急抢险任务完成或汛期结束后,海洋王全方位自动泛光照明灯塔需要做好相关入库封存工作。在入库封存时应做好以下几个方面。

①清洗照明灯塔包装箱、发电机组、伸缩气缸、灯盘。

②对发电机组、伸缩气缸和照明灯头进行维修保养。

③更换发动机机油。重新加注机油后,应启动发电机组,使发动机各摩擦部件充分润滑。

④放空燃油,并启动汽油发动机使油路中的燃油全部耗尽,防止在长期封存期间燃油变质导致汽油发动机故障。

⑤清点照明灯塔各部件,装箱入库,整齐排放。

2.2.6 借鉴经验总结

(1) 借鉴美国的三级自然灾害应急管理体系的成功经验,逐步完善我国的自然灾害应急管理体系。一旦发生自然灾害,直接涉及的一级要迅速做出反应,而不是事事都是高层领导冲在灾害最前线,当然,领导在第一线也起到了鼓舞士气、团结一致战胜灾害的重大作用。

(2) 借鉴日本和加拿大的管理体系的工作经验,利用多种方式,对公众进行危机管理教育,进行应对重大危机的培训实践,广泛宣传相关法律法规和应急预案,特别是预防、避险、自救等知识,增强公众的危机意识、社会责任意识,提高自救、互救能力,形成全民动员、预防为主、全社会防灾减灾的良好局面。

(3) 借鉴具体的防汛防旱抢险预案,界定相关专业设备与操作规程,能直接促进相关抢险队伍完善预案体系,明确防汛防旱在准备、响应、执行与恢复阶段的具体工作,快速学习、规范专业设备的使用,从而直接提高抢险队伍快速处置灾害的能力。

（4）在自然灾害的信息发布方面，要及时、准确、客观、全面。要在灾害发生的第一时间向社会发布简要信息，随后发布初步核实情况、政府应对措施和公众防范措施等，并根据灾害处置情况做好后续发布工作。信息发布形式主要包括授权发布、散发新闻稿、组织报道、接受记者采访、举行新闻发布会、官方新媒体等。这意味着社会公众有了获得权威信息的渠道。

（5）积极参与外界的应急交流，加强地区和国际的应急合作。从大的范围来看，我国各地区和世界各国普遍面临着包括水旱灾害、气象灾害和森林草原火灾等人类可能面临的各种自然灾害，尽管国与国之间、地区与地区之间有着明显的边界限制，但很多自然灾害如气象灾害并没有边界的局限。面对共同面临的挑战和威胁，各地政府和民众根本的选择就是加强合作与交流，形成合力，共同应对。

第3章

我国防汛防旱抢险专业队伍建设现状分析

3.1 总体情况分析

3.1.1 我国防汛防旱抢险总况

1. 自然地理

1）地理位置

我国地处亚洲东部、太平洋的西岸。中国半球位置：东半球和北半球。中国的经纬度位置：中国领土南北跨越的纬度近50度，大部分在温带，小部分在热带，没有寒带。

中国陆地边界长2.2万多公里，东邻朝鲜，北邻蒙古，东北邻俄罗斯，西北邻哈萨克斯坦、吉尔吉斯斯坦、塔吉克斯坦，西和西南与阿富汗、巴基斯坦、印度、尼泊尔、不丹等国家接壤，南与缅甸、老挝、越南相连，东部和东南部同韩国、日本、菲律宾、文莱、马来西亚、印度尼西亚隔海相望。

我国幅员辽阔，导致我国气候具有多样性，不同地区的旱涝灾害情况差异巨大。

2）地形地貌

中国地势西高东低，山地、高原和丘陵约占陆地面积的67%，盆地和平原约占陆地面积的33%。山脉多呈东西和东北—西南走向，主要有阿尔泰山、天山、昆仑山、喀喇昆仑山、喜马拉雅山、阴山、秦岭、南岭、大兴安岭、长白山、太行山、武夷山、台湾山脉和横断山等山脉。西部有世界上海拔最高的青藏高原，平均海拔4 000米以上，素有"世界屋脊"之称，珠穆朗玛峰海拔8 844.43米，为世界第一高峰。在此以北以东的内蒙古、新疆地区、黄土高原、四川盆地和云贵高原，是中国地势的第二级阶梯。大兴安岭—太行山—巫山—武陵山—雪峰山一线以东至海岸线多为平原和丘陵,是第三级阶梯。

3) 河流水系

中国河流湖泊众多,这些河流、湖泊不仅是中国地理环境的重要组成部分,而且还蕴藏着丰富的自然资源。中国的河湖地区分布不均,内外流区域兼备。中国外流区域与内流区域的界线大致是:北段大体沿着大兴安岭—阴山—贺兰山—祁连山(东部)一线,南段比较接近于200毫米的年等降水量线(巴颜喀拉山—冈底斯山),这条线的东南部是外流区域,约占中国总面积的2/3,河流水量占中国河流总水量的95%以上,内流区域约占中国总面积的1/3,但是河流总水量还不到中国河流总水量的5%。

(1) 河流

中国是世界上河流最多的国家之一。中国有许多源远流长的大江大河。其中流域面积超过1 000平方千米的河流就有1 500多条。中国的河流,按照河流径流的循环形式,有注入海洋的外流河,也有与海洋不相沟通的内流河,其数据见表3-1。

表3-1 我国主要河流简表

河流名称	长度(公里)	流域面积(平方公里)	流量(立方米/秒)
外流河			
太平洋水系			
黑龙江	3 420	1 620 170	8 600
松花江	1 927	545 000	2 530
嫩 江	1 089	28 3000	824
乌苏里江	890	187 000	2 000
绥芬河	254	10 004	60
图们江	520	33 168	268
鸭绿江	795	63 788	1 005
辽 河	1 430	164 104	302
滦 河	877	44 945	149
海 河	1 090	264 617	717
黄 河	5 500	752 443	1 820
洮 河	669	31 400	172
大黑河	274	13 679	5.7
汾 河	695	39 400	53

续表

河流名称	长度(公里)	流域面积(平方公里)	流量(立方米/秒)
外流河			
太平洋水系			
渭河	818	107 340	292
沂河	322	11 555	122
淮河	1 000	185 700	1 110
长江	6 300	1 807 199	31 060
雅砻江	1 500	129 930	1 800
大渡河	1 070	90 700	2 033
岷江	735	135 788	2 752
嘉陵江	1 119	159 710	2 165
乌江	1 018	86 815	1 650
澧水	372	18 872	553
沅江	1 060	88 815	2 158
资水	590	28 899	797
湘江	817	96 738	2 288
汉水	1 532	150 710	1 792
赣江	744	82 068	2 054
钱塘江	494	54 349	1 484
瓯江	338	17 543	615
闽江	577	60 992	1 980
九龙江	258	14 741	446
韩江	325	34 314	942
浊水溪	186	3 155	176
下淡水溪	159	3 257	228
珠江	2 210	452 616	11 070
柳江	730	54 205	1 521
郁江	1 162	90 720	1 700
桂江	437	19 025	569
北江	468	38 362	1 260
东江	523	25 325	700

续表

河流名称	长度(公里)	流域面积(平方公里)	流量(立方米/秒)
外流河			
太平洋水系			
鉴江	211	9 433	270
南渡河	340	6 841	180
元江	640	39 840	634
澜沧江	2 153	161 430	2 354
印度洋水系			
怒江	2 013	124 830	2 000
雅鲁藏布江	2 057	240 480	4 425
北冰洋水系			
额尔齐斯河	546	50 860	342
内流河			
乌伦古河	715	22 032	35.6
伊犁河	441	65 000	410
玛纳斯河	406	4 056	40.5
阿克苏河	419	35 871	195
塔里木河	2 137		
喀什噶尔河	507	11 500	61.9
叶尔羌河	1 037	48 100	203
和田河	1 090	28 232	142
车尔臣河	527	18 119	16.4
格尔木河	419	15 477	23.5
疏勒河	540	20 197	26.4

资料来源：中国政府网。

(2) 湖泊

中国湖泊众多，共有湖泊 24 800 多个，其中面积在 1 平方公里以上的天然湖泊就有 2 800 多个。湖泊数量虽然很多，但在地区分布上很不均匀。总的来说，东部季风区，特别是长江中下游地区，分布着中国最大的淡水湖群；西部以青藏高原湖泊较为集中，多为内陆咸水湖。我国主要湖泊数据见表 3-2。

表 3-2　我国主要湖泊简表

湖名	所在省区	面积(平方公里)	湖面高程(米)
青海湖	青海	4 583	3 196
鄱阳湖	江西	3 583	21
洞庭湖	湖南	2 740	33.5
太湖	江苏	2 425	3.1
呼伦池	内蒙古	2 315	545.5
洪泽湖	江苏	1 960	12.3
纳木错	西藏	1 940	4 718
色林错	西藏	1 640	4 530
南四湖	山东	1 266	35.5～37.0
博斯腾湖	新疆	1 019	1 048

资料来源:中国政府网。

4) 气候

我国幅员辽阔,南北和东西跨度极大,导致我国气候有三大特点:显著的季风特色、明显的大陆性气候和多样的气候类型。

(1) 显著的季风特色

我国绝大多数地区一年中风向发生着规律性的季节更替,这是由我国所处的地理位置主要是受海陆的支配所决定的。由于大陆和海洋热力特性的差异,冬季严寒的亚洲内陆形成一个冷性高气压,东部和南部的海洋上相对形成一个热性低气压,高气压区的空气要流向低气压区,就导致我国冬季多偏北和西北风;相反夏季大陆热于海洋,高温的大陆成为低气压区,凉爽的海洋成为高气压区,因此,我国夏季盛行从海洋向大陆的东南风或西南风。由于大陆来的风带来干燥气流,海洋来的风带来湿润空气,所以我国的降水多发生在偏南风盛行的夏半年5—9月。可见,我国的季风特色不仅反映在风向的转换,也反映在干湿的变化上。形成我国季风气候特点为:冬冷夏热,冬干夏雨。

降水量是指一定时段内从天空降落到地面上的液态或固态水,未经蒸发、渗透、流失而在地面上积聚的水层深度,单位为毫米。

我国降水量的季节分配与同纬度地带相比,在副热带范围内和美国东部、印度相似,但与同纬度的北非相比,那里是极端干燥的沙漠气候,年降雨量仅110毫米,而我国华南地区年降雨量在1 500毫米以上,撒哈拉沙漠北部地区降水只有200毫米,而我国长江流域年降雨量可达1 200毫米,黄河流域年降雨量600多毫米,比同纬度的地中海多 1/3,而且地中海地区雨水集中在秋冬。由此可见,我国东部地区的繁荣和发达与季风给我们带来的优越性不无关系。

我国全国平均年降水量为 630 毫米,呈自沿海向内地、自东南向西北递减的特点;东部沿海地区年降水量高达 1 500~2 000 毫米;长江中下游地区、淮河、秦岭一带和辽东半岛经常发生洪涝灾害;而西北部的黄河上、中游及内陆地区年降水量为 100~200 毫米;新疆塔里木盆地、吐鲁番盆地和柴达木盆地年降雨量不足 50 毫米,盆地中心不足 20 毫米,这些地方干旱是影响生产生活最严重的自然因素。

季节分配方面,春季降水:长江流域中下游占全年 30%~45%,新疆占 30%~35%,全国其他地区小于 20%;夏季降水:长江中下游、华南和新疆部分地区占全年 50%以下,其他地区都大于 50%;秋季降水:西南地区占全年 25%,其他地区不足 20%;冬季降水:长江中下游、华南大部、新疆地区占全年 10%~15%,其他地区都在 10%以下。

(2) 明显的大陆性气候

由于陆地的热容量较海洋为小,所以当太阳辐射减弱或消失时,大陆又比海洋容易降温,因此,大陆温差比海洋大,这种特性我们称之为大陆性。我国大陆性气候表现在:与同纬度其他地区相比,冬季,我国是世界上同纬度最冷的国家,一月份平均气温东北地区比同纬度平均要偏低 15~20 摄氏度,黄淮流域偏低 10~15 摄氏度,长江以南偏低 6~10 摄氏度,华南沿海也偏低 5 摄氏度;夏季则是世界上同纬度平均最热的国家(沙漠除外)。七月平均气温东北比同纬度平均偏高 4 摄氏度,华北偏高 2.5 摄氏度,长江中下游偏高 1.5~2 摄氏度。

(3) 多样的气候类型

我国幅员辽阔,位于 53°N 以北的漠河,属寒温带,位于 3°N 的南沙群岛,属赤道气候,而且高山深谷、丘陵盆地众多,青藏高原 4 500 米以上的地区四季常冬,南海诸岛终年皆夏,云南中部四季如春,其余绝大部分四季分明。

2. 社会环境

中国是世界上人口最多的国家。2013 年底,在中国大陆上居住着 136 072 万人,约占世界总人口的 19%。中国每平方公里平均人口密度为 143 人,约是世界人口密度的 3.3 倍,且中国人口分布很不均衡:东部沿海地区人口密集,每平方公里超过 400 人;中部地区每平方公里为 200 多人;而西部高原地区人口稀少,每平方公里不足 10 人。

我国经济持续增长,以 2017 年为例,初步核算,全年国内生产总值 827 122 亿元,按可比价格计算,比上年增长 6.9%。分季度看,一季度同比增长 6.9%,二季度增长 6.9%,三季度增长 6.8%,四季度增长 6.8%。分产业看,第一产业增加值 65 468 亿元,比上年增长 3.9%;第二产业增加值 334 623 亿元,增长 6.1%;第三产业增加值 427 032 亿元,增长 8.0%。

3. 汛旱灾情

近几年,全国平均降水量 630 毫米,呈自沿海向内地、自东南向西北递减的特点。东南沿海的广东、广西东部、福建、江西和浙江大部以及台湾等地区年降水量为 1 500~2 000 毫米;长江中下游地区为 1 000~1 600 毫米;淮河、秦岭一带和辽东半岛年降水量为 800~1 000 毫米;黄河下游、渭河、海河流域以及东北大兴安岭以东大部分地区为 500~750 毫米;黄河上、中游及东北大兴安岭以西地区为 200~400 毫米;西北内陆地区年降水量为 100~200 毫米;新疆塔里木盆地、吐鲁番盆地和柴达木盆地不足 50 毫米,盆地中心不足 20 毫米。由于国内存在的地域差别以及年降水量的变化,在特殊年份及部分地区,汛旱灾情有所不同,下面是 2013—2017 年的汛旱灾情数据。

2013 年,全国共有 340 余条河流发生超警戒水位洪水,其中 65 条河流发生超保证水位洪水,23 条河流发生超历史实测记录洪水。黑龙江发生流域性大洪水,其中,黑龙江下游洪水超 100 年一遇,嫩江上游洪水超 50 年一遇,第二松花江上游洪水超 20 年一遇;辽河流域浑河上游发生超 50 年一遇特大洪水;珠江流域北江、长江流域沱江上游发生大洪水。西北地区大部分发生冬春连旱,西南地区发生冬春旱及夏伏旱,其中云南部分地区连续 4 年受旱,江南、江淮、江汉部分地区发生严重的高温伏旱,黄淮海冬麦区发生秋旱。

2014 年,全国七大江河干流中仅长江上游发生超警戒水位洪水,有 343 条中小河流发生超警戒水位洪水,62 条中小河流发生超保证水位洪水,21 条中小河流发生超历史实测记录洪水,其中湖南沅江发生超 20 年一遇洪水,广东北江发生超 10 年一遇洪水。北方冬麦区及湖北、四川、云南等地发生冬春旱,东北南部、华北及黄淮部分地区发生严重夏伏旱。

2015 年,全国七大流域中珠江干流西江、太湖、淮河发生编号洪水,太湖水位持续超警戒 35 天。全国有 336 条中小河流发生超警戒水位洪水,74 条中小河流发生超保证水位洪水,15 条中小河流发生超历史实测记录洪水。2015 年,全国干旱总体偏轻,全年作物因旱受灾面积、人畜因旱饮水困难数量均较常年同期明显偏少。北方冬麦区发生冬春旱,西南、华南局部地区出现春旱和夏旱,华北大部、东北大部发生夏旱。

2016 年,长江流域发生 1998 年以来最大洪水,长江干流监利以下河段及洞庭湖流域、鄱阳湖流域超警戒线水位历时 8~29 天;太湖流域发生历史第 2 高水位的流域性特大洪水,太湖超警戒水位累计达 61 天;海河流域南系发生 1996 年以来最大洪水;淮河干流和珠江流域西江干流发生超警戒线水位洪水。全国有 473 条河流发生超警戒线水位洪水,118 条河流发生超保证水位洪水,51 条河流发生超历史实测记录洪水。北方冬麦区发生春旱，东北、西北等部分地区发生夏伏旱。

2017年，长江、黄河、淮河、松花江、珠江干流西江共发生10次编号洪水。长江发生中游区域性大洪水，洞庭湖水系湘江、资水、沅水同时发生流域性大洪水；黄河支流无定河发生超历史纪录洪水；松花江支流温德河发生超保证水位洪水。华西地区秋汛明显，北方江河凌情平稳。全国有471条河流发生超警戒水位洪水，96条河流发生超保证水位洪水，20条河流发生超历史实测记录洪水。东北、华北地区发生春旱，东北西部、华北北部、西北东部和南方部分地区发生夏伏旱。

近几年，全国水旱灾害总体偏轻，局部较重。以2017年的数据为例，全国30省（自治区、直辖市）发生不同程度洪涝灾害（天津未受灾），洪涝灾害受灾人口、死亡人口、农作物受灾面积、倒塌房屋、直接经济损失占当年GDP百分比等主要洪涝灾害指标分别比2007—2016年的平均值少30%以上，因灾死亡失踪人数为1949年以来最低。湖南、吉林、广东、广西、江西、湖北、陕西7省（自治区）洪涝灾害较重，直接经济损失占全国的76.7%。全国26省（自治区、直辖市）发生干旱灾害（北京、天津、上海、浙江、海南未受灾），因旱作物受灾面积、粮食损失、经济作物损失、饮水困难人口分别比2007—2016年的平均值少30%以上，因旱作物受灾面积占全国的67.3%。

4. 防汛防旱抢险工作

国家防汛抗旱总指挥部各成员单位、各流域防汛抗旱指挥部和地方各级防汛抗旱指挥部门认真落实党中央、国务院决策部署，按照习近平总书记提出的防灾减灾"两个坚持、三个转变"要求，积极应对江河洪水、暴雨山洪、城市内涝和高温干旱等灾害，开展防汛防旱减灾工作。以2017年为例，我国防汛防旱抢险工作主要体现在以下几个方面。

一是超前安排周密部署，压紧夯实防汛责任。国家防总年初及时组织开展气象年景和雨情汛情研判分析，先后召开全国防汛防旱工作视频会、全国水库安全度汛视频会、全国抗旱工作视频会等，对防汛防旱防台风工作做出全面部署。6月26日和7月13日2次召开全国防汛系统视频会议，传达贯彻习近平总书记、李克强总理重要指示批示精神，对做好主汛期防汛防旱防台风工作进一步做出安排部署。会同国土资源部、住房和城乡建设部、国务院国有资产监督管理委员会、中国地震局、国家旅游局、国家能源局等部门，分别就山洪地质灾害防御、城市洪涝灾害防范、中央企业安全度汛、水利防震减灾、汛期旅游安全和水库水电站安全度汛等做出具体安排，对汛期安全生产、黄土高原地区淤地坝安全度汛等提出明确要求。国家防总调整充实了组成单位和人员，向社会通报了全国防汛防旱行政责任人名单，指导地方加强基层防汛防旱指挥长培训和责任落实，并派出专家赴地方指导和授课。实行地方省级河长包流域的防汛"双包责任制"，相关省级领导及时赴责任片区一线指导防汛工作。

二是深入检查有效整改,扎实做好汛前准备。国家防总组成9个检查组,赴大江大河和重点地区对防汛防旱防台风准备工作进行检查,对检查发现的问题,"一省一单"提出整改时限和要求;对农村、山区和城乡接合部的防汛责任落实进行重点督察;组织17个国家防总成员单位对本部门、本行业防汛防旱工作进行检查。提早批复长江上中游水库群联合调度方案,组织相关流域防总细化长江三峡、黄河小浪底、汉江丹江口等骨干水库汛期调度计划。全面完成了2016年全国17.57万处水毁工程修复和长江干堤50处一般险情整治任务,以及2017年汛前排查出的长江中下游37处崩岸的应急处置工作。各流域防总和防指及时组织防汛抗旱检查,修订完善方案预案,补充物资储备,落实抢险队伍,开展应急演练,全面做好迎汛度汛各项准备工作。

三是加密监测预报预警,加大指导支持力度。国家防总于3月初提早进入应急值守状态,实时监测全国雨情、水情、汛情、旱情,加强联合会商分析,及时与有关流域防总和省级防指视频连线会商,做出安排部署,先后启动7次Ⅲ级应急响应和12次Ⅳ级应急响应,针对暴雨预警、台风防御等发出140多个通知,派出300多个工作组,商财政部安排特大防汛抗旱补助费36.9亿元,向湖南、广东、山西等省紧急调运防汛抗旱物资,指导支持地方做好抗洪抢险和抗旱减灾工作。各流域防总、地方各级防指加强预测预报,强化应急值守,积极开展局地暴雨、江河洪水、山洪泥石流、台风灾害和城市内涝防御工作,全国共提前转移危险区群众701万人,有力保障了人民群众生命安全。

四是加强库群联调,科学防控长江洪水。2017年,汛前统筹调度长江上中游40座大型水库群,腾出防洪库容560亿立方米。7月上旬长江上游发生1号洪水和7月中旬发生2号洪水过程中,科学调度水库群适时拦蓄洪水。三峡、武都、亭子口水库削峰率分别达到28%、53%、33%,降低岷江、嘉陵江中下游干流,长江重庆江段洪峰水位0.8米至4米,避免了嘉陵江南充、北碚江段超过保证水位,保障了三峡以下长江干流不超警戒水位,有效缓解了防汛抗洪压力。

五是加强水沙联调,统筹黄河防洪减淤。在黄河上游2次编号洪水过程中,根据洪水特征和工程现状,上游实施龙羊峡、刘家峡水库联合调度,合理拦洪削峰;中下游实施三门峡水库敞泄,小浪底水库水位降至汛限水位以下18.23米,拦洪削峰和排沙减淤,累计排出泥沙3.35亿吨,保障了下游滩区群众安全。

六是强化预警主动避险,减少山洪灾害损失。受局地短历时、超标准降雨影响,2017年山洪灾害发生较为频繁。国家防总、水利部继续加强山洪灾害防治非工程措施建设,联合中国气象局发布山洪预警信息123期,为基层超前部署山洪灾害防御工作提供了有力支撑。及时派出工作组,参加四川茂县、重庆巫溪等山体滑坡灾害的应急处置,指导加强堰塞湖上下游水文监测,科学制定应急抢险和人员转移方案,及时排除险情。各级水利部门不断完善基层山洪灾害预警转移避险方案,细化转移时限、逃生路线和避险地点,强化应急演练,提高群众防灾自救能力。通过县级山洪灾害监测预警平台,累计发布预警 5.3 万多次,向相关防汛责任人发送预警短信 2 300 万余条,启动预警广播 14.2 万余次,为受威胁群众及时转移争取了主动,有效避免了人员伤亡。

七是开源节流多措并举,扎实开展抗旱减灾。国家防总、水利部密切关注旱情发展变化,多次进行专题会商,先后派出 20 多个工作组分赴重旱区督促指导抗旱工作。各有关地区科学调度抗旱水源工程,制定节约用水计划,开展应急拉水送水,累计投入抗旱劳力 2 380 万人次,开动机电井 267 万眼、泵站 4.3 万多座,完成抗旱浇地面积 4.3 亿亩次,有力保障了农业灌溉和城乡居民用水需求。

八是有关部门协作配合,形成强大工作合力。国家防总各成员单位各司其职,密切配合,全力做好防汛抗旱防台风相关工作。中共中央宣传部、国家新闻出版广电总局等组织新闻媒体加强防汛抗旱宣传,充分反映各地干部群众的防汛抗旱减灾举措,营造良好舆论氛围。国家发展和改革委员会及时安排水利、气象投资,支持防灾减灾等工程建设。公安机关出动警力,紧急抢救受灾人员 1.63 万人,转移安置群众 53 万人。民政部启动应急响应 16 次,下拨资金 22.58 亿元,向灾区调拨帐篷 2.9 万顶、衣被 11.6 万床(件)等物资。各级国土资源主管部门派出专家 6 900 余人次,排查地质灾害隐患 42 万多处,处置灾情险情 2.2 万起。交通运输部安排资金 3.24 亿元用于公路、航道抢修保通工作,救助海上遇险人员 510 人、遇险船舶 14 艘。解放军、武警部队出动兵力及车辆、机械、舟艇等,解救转移群众 18 万余人,加固堤坝超过 150 千米,发挥了主力军和突击队重要作用。

面对严峻的汛情、旱情、灾情,在党中央、国务院的坚强领导下,国家防总、流域防总和地方各级党委政府认真开展防汛防旱各项工作。经过努力,大江大河干堤无一决口,大中型水库无一垮坝,江河湖库险情得到有效控制,有力保障了人民群众生命安全、供水安全和重要设施安全,最大限度减轻了水旱灾害损失。全年共解救洪水围困群众 524 万人、减少洪涝受灾人口 2 631 万人、减淹耕地 16 286.7 平方千米、避免粮食损失 925 万吨、避免城市受淹 67 座次,减灾效益达 535 亿元。抗旱挽回粮食损失 2 200 万吨,经济作物损失 156 亿元,解决了 404 万人、315 万头大牲畜的因旱临时饮水困难。

3.1.2　我国防汛防旱抢险专业队伍现状

20 世纪 90 年代以前,我国没有组建专门的防汛机动抢险队,抗洪抢险主要是临时组织队伍,特别是依靠解放军、武警部队和民兵预备役来开展。由于是临时组织,缺乏专业技术和专用机具,抢险能力较低,难以胜任技术性强、抢险难度大的防洪抢险。1997年,我国在七大江河和重点海堤地区开展防汛机动抢险队建设,特别是中央补助投资的重点防汛机动抢险队建设起到了很好的示范作用。截至2018年,我国已建成由解放军抗洪抢险专业应急力量、武警部队应急救援力量、地方防汛防旱抢险队伍、流域机构防汛抢险队伍构成的防汛防旱抢险专业队伍体系。国家级防汛防旱应急保障力量由16支抗洪抢险专业应急部队,以及武警部队应急救灾力量构成,分别由所在部队建设和管理,发生严重洪涝干旱灾害需要调动队伍时,按照动用军队参加地方抗洪抢险救援行动有关规定执行;地方各级防汛防旱抢险力量由3 979支防汛抢险队伍和16 523支抗旱服务队伍组成,主要依托当地的水利工程管理和施工单位组建,所在地防汛防旱指挥部实施调用。

各地共建有防汛抢险专业队伍3 979支、队员87.42万人,拥有挖掘机、推土机、吊装设备、运输车辆、潜水设备、排涝设备、舟船等各类装备设备。其中,省级防汛抢险队伍205支队员2.7万人;市级防汛抢险队伍501支队员10.1万人;县级防汛抢险队伍3 273支队员74.62万人。全国各级抗旱服务队伍16 523支,其中省级15支、市级144支、县级2 422支、乡镇级13 942支,队员共计12万人,累计仓储面积130万平方米,拥有应急拉水车、打井洗井设备、移动灌溉设备、移动喷滴灌节水设备、输水软管和简易净水设备等各类抗旱物资设备。

国家级抗洪抢险队伍是抗洪抢险重要力量,承担特别重大、重大洪涝险情排除,水库堤防决口堵复,重要防洪设施抢修,洪水围困人员解救等任务。地方各级防汛抗旱应急队伍主要以所属区划分,必要时各级抢险队伍相互协同共同作战。其中,省级队伍主要承担省(区、市)范围内较大及以上洪涝险情灾情抢护控制、受困人员转移、防汛物资储备以及调运等;市级队伍主要承担市辖行政区域范围内较大及以上洪涝险情的抢护、排涝、洪水围困人员转移以及防汛物资调运等;县级队伍承担县域范围一般或较大洪涝险情灾情的抢护、人员转移、拉水送水、抗旱设备维修供应、技术服务以及其他应急防汛防旱减灾等任务。

各级防汛防旱抢险专业队伍实行快速反应军事化、抢险技术专业化、队伍装备现代化,在历次抗洪抢险抗旱减灾作战中发挥了主力军作用,成功应对了江河、水库等水利工程重大险情,紧急解救和转移危险区域人员,组织应急抗旱供水等,保护了人民生命财产安全,有效减轻了灾害损失。但是具体来看,还存在着以下的不足。

1. 专业应急救援队伍不足,不能满足我国发展需要

目前,我国处置各种突发事件的应急救援队伍种类比较齐全,但各种应急救援队伍的力量离实际需求还有很大差距。专家测算,要基本达到全国灾害事故应急救援的实际需求,全国应急救援队伍需要有25万到30万人,其中国家级综合应急

救援机动力量应至少 5 万人。而从目前我国 2018 年新成立的国家综合性消防救援队伍来看,现有消防救援队执勤人数平均不足 20 人,远远低于每队 30 人的最低标准,而我国《城市消防站建设标准》第三十六条规定:各站人员配备数量为二级普通消防站 15~25 人,一级普通消防站 30~45 人,特勤消防站 45~60 人。我国公安现役消防部队现有编制人员占全国总人口的比例不到万分之一,而世界上多数国家的专业队伍人数都平均在总人口的万分之十以上。

2. 应急救援队伍资金与装备投入不足

我国目前应急救援装备配备方面普遍存在数量不足、技术落后等问题,缺乏针对性强、特殊专用的先进救援装备,不能满足处置各种灾害事故的需要。而且我国目前用于专业救援的一些特勤装备主要集中在大、中城市的特勤大中队,其他普通消防站专业救援器材相对缺乏。同国外发达国家相比,我国现有区域应急救援装备配置的布局远远不能适应经济社会发展和人民群众日益增长的消防安全需求。

3. 盲目建设,应急救援队伍的人员缺乏一定的资质

各级政府在组建应急救援队伍的时候,对本区域灾害类型规模进行评估,没有制定科学的应急救援人员数目确定方法,多是为了完成上级的任务而未经科学合理论证就仓促组建,没有从实际上真正落实上级文件精神,没有将应急救援队伍建设真正落到实处。而且不少组建的应急救援队伍缺乏一定的培训、技能和资质,不适应从事应急救援任务的需要,而是为了应付上级检查而成立的。如果以这种形式来建设应急救援队伍的话,当灾难来临时,应急救援队伍很难发挥它应起到的作用,很难应对当地救灾的需求。

4. 救援力量分散,协同能力差

在长期的实践中,在发生重特大事件时,启动相关联席机制,多部门联合参与救援处置,这看似节约了大量人力、物力资源,实际上容易造成各自为政,不能有效整合资源的后果。应急管理的力量分散到各个系统,专业条块分割严重,各应急指挥系统、信息平台、管理机构繁杂。由此带来的问题是各部门在能力建设上都有边界壁垒,或是信息接收处理、预判预警、事前监控能力不足,或是缺少有效的救援队伍。具体来讲:一方面,容易造成各管理机构重复建设,职能单一、机关人员臃肿等后果,同时受编制影响,部分机构属于兼职或者临时机构,容易造成应急处置与救援行动滞后;另一方面,单部门应急管理的预警、监控信息单一,缺乏辅助配套信息,多部门信息共享链接不顺,信息资源不能有效统筹;第三,各职能部门的相关应急标准规范不统一,互不兼容,难以实施一体化调度和指挥,在参与处置特大突发事件时,因部门之间交流合作的机会少,参战救援队伍的隶属、组成,救援人员的综合素质各不相同,加之平时很少进行针对性训练,在实际救援过程中,容易出现工

作被动、人员忙乱、定位欠准确、职责不明晰等现象;第四,应急物资储备效率低,应急物资储备库在地域分布上重合较大,在数量种类上容易造成不全面或者过剩的情况,不利于统一协同配合,不能有效发挥各方面应急资源的优势。

3.2 江苏省防汛防旱抢险专业队伍建设状况

3.2.1 江苏省防汛防旱抢险总况

1. 自然地理

江苏省是我国东部的沿海省份,其省会位于南京。全省总面积达 10.72 万千米,占全国面积的 1.12%,省域面积介于东经 116°18′—121°57′,北纬 30°45′—35°20′。从地理区位上看,江苏位于东部沿海的中部,海岸线长达 954 公里;居长江、淮河的下游,境内地势平坦,多平原湖泊,少丘陵山地,大运河纵贯南北,水陆交通都十分便利。江苏省北接山东,南连上海和浙江,西邻安徽,东临黄海,溯江而上,又可达皖、赣、湘、鄂、川五省,地理位置十分优越,是中国东南沿海地区最重要的经济开发区之一。

全省整体地势呈现出平衍低洼的特点,主要为长江三角洲和黄淮冲积平原。除北部边缘、西南边缘为丘陵山地外,自北而南分别为黄淮平原、江淮平原、滨海平原、长江三角平原。全省平原面积约占 68.8%,丘陵山地占 14.3%,河湖水域等水面率为 16.9%,素有"水乡江苏"之称。除了宁镇丘陵、宜深山区和山东丘陵向南延续的侵蚀残丘外,绝大部分土地高程都在 50 米以下,是全国最低平的省区之一。江苏省湖泊众多,水网密布,海陆相邻,江苏全省的水面积达到 16 637 平方千米。与湖北、湖南、江西等省份相比,江苏湖泊面积占比更大,分布更广。其主要的水网区在太湖水系的中下游,里下河腹部和洪泽湖、高邮湖和滨湖地区。经江苏入海的有沂、沭、泗河,淮河和长江。这些河流的集水面积是 213.7 万平方千米,占全国入海河川集水总面积的 49.4%。其多年平均入海总径流量占全国入海总水量的 55.1%。也就是说,全国入海河流流域近一半面积以上的径流,全国入海总水量的一半以上是经过江苏入海的。

由于受地势的影响以及水位变幅的严格限制,江苏省总贮水量很小,洪水的容蓄量也很低。这样的状况导致:在平时,大河经此地入海有航运舟楫之便、灌溉取水之利;到汛期时,江苏是最大的"洪水走廊",洪灾的威胁巨大,泄洪和排水困难。

2. 社会经济

江苏是人口密度最高的省区,是垦殖指数最高的省份之一,是耕地中灌溉面积最高的省（直辖市、自治区）之一，是工农业产值最高的省（直辖市、自治区）之一，国民生产总值是全国最高的省市之一，是一个典型的人口大省、经济大省、资源小省。资料显示江苏省的总人口低于四川、河南、山东等省份，但人口密度是最高的省份之一。耕田面积很大，全国垦殖指数（即耕地与总土地面积之比）较高。全国垦殖指数高于50%的省份仅有三个，江苏省是其中之一。垦殖指数在30%～40%的有安徽、河北、辽宁、山西4省；在20%～30%的有吉林、台湾、湖北、湖南、陕西、浙江6省；在10%～20%的有江西、广东、黑龙江、四川、甘肃、福建等7省，其余的都在10%以下。江苏省在耕地中灌溉面积占8%，是除上海和新疆以外全国农田灌溉比重最高的。

上述这些最基本的情况大体决定了江苏既是气候温和、雨量适中、物产丰富的地区，又是地势低洼、径流贫瘠的地区，既是一个经济发达地区，又是一个水旱灾害频发的地区。

3. 水旱灾害

气候上，江苏省位于亚洲大陆东岸中纬度地带，兼有大陆性和海洋性特点。在高空西北环流和太平洋副热带高压两种大气环流的控制下，雨量较丰。季风气候明显，是我国南方热带、亚热带向北方暖温带、温带气候过渡地带，具有冬干冷，夏湿热，春温秋暖，四季分明的特征。对全省的地区差别上，人们常突出苏南和苏北的差别。苏南多春雨和梅雨，苏北多夏雨，春雨连绵，易患涝渍，夏雨集中，易形成洪涝。具体来说，当地降水产流上的差别大于降水的差别。在汛期降水量上，苏南苏北大体接近，主要差别体现再在非汛期内。近年常使用的干旱指数，即蒸发能力和年降水量之比 E/P，苏北与苏南、苏中都接近于1，而前者大于1.0，后者小于1.0，二者差别虽然不是很大，但其间大体有一界线。按现行习惯分区，前者属半湿润地区，后者属湿润地区。

年均降水总量780～1 160毫米，南部多于北部、沿海多于内陆、呈东南向西北递减趋势。全省降水量最多地区为太湖地区南部、宜溧山地及长江口一带，在1 100毫米以上，江淮之间950～1 100毫米，徐州西部降水量最少，在800毫米以下。7至9月是台风最多季节，常出现区域性暴雨和特大暴雨，发生洪涝灾害的几率最大。此外，由于省内存在的地域差别以及年降水量的变化，在特殊年份及部分地区，也时常出现旱灾情况。降水时间分布不均匀是全国各地区的共同特点，江苏省也属于突出显著的地区之一。以1949年之后的资料分析，全省降水径流变化率高于黄河。季节之间的变化也大，旱涝相继是经常出现的现象，2015年到2017年江苏省洪涝灾害基本情况如表3-3所示。

表 3-3　2015 年到 2017 年江苏省洪涝灾害基本情况

地区	年份	2015	2016	2017
受灾范围	县(个)	76	74	16
	乡镇(个)	642	514	158
	村(个)	4 277	3 139	877
	街道(个)	143	104	43
	居委会(个)	911	711	102
受灾人口(万人)		586.32	256.77	29.14
损坏房屋(万间)		22.46	2.15	0.09
倒塌房屋(万间)		0.19	0.11	0.01
道路积水最大水深(米)		2.50	2.50	0.85
直接经济损失(亿元)		146.684	107.419	4.539

从表 3-3 可以看出,2017 年洪涝灾害的受灾范围、受灾人口、损坏房屋数量、倒塌房屋数量、道路积水最大水深以及所带来的直接经济损失相较于 2016 和 2016 年都呈现明显的下降趋势,达到了这三年的最低数值。

但是由于地势平缓,不能建造高坝大库,平原湖泊水位许可变幅小,调蓄性能甚低,不足以补救丰枯悬殊的特点,洪涝时须及时大量排水,干旱接踵出现又无水可济。自然条件的限制突出了防汛防旱工作在江苏经济社会发展中占有特殊重要的地位,直接关系到全省经济社会持续健康发展和人民生命财产安全。

4. 防汛防旱抢险工作

江苏省现已基本形成了防洪、排涝、灌溉、降渍、挡潮五大水利工程体系。众多的水利工程设施在历次的抗洪抗旱斗争中,发挥了极其重要的作用,取得了巨大社会效益和经济效益。但江苏省在加强工程建设的同时,还采取了非工程和工程措施相结合,加强防汛防旱队伍建设,提高社会防灾减灾能力。到目前为止全省共组建了近 10 支国家级防汛防旱抢险队伍,配备了大量的专业设备和救灾物资。防汛防旱抢险队伍成功完成了 2003 年淮河特大洪水、2006 年苏北里下河地区特大洪涝、2007 年淮河大洪水、2008 年滁河大洪水、2011 年高淳和溧水及江浦干旱等防汛抗旱抢险救灾任务,2013 年还完成了支援浙江省余姚市抗台抢险排涝工作。

3.2.2　江苏省防汛防旱抢险专业队伍现状

1. 基本情况

江苏省防汛防旱抢险中心(以下简称中心)始建于 1966 年,(原名为江苏省灌溉动力管理二处,于 2014 年 11 月更名为江苏省防汛防旱抢险中心),为江苏省水利厅直属事业单位,位处南京市六合区东门外,与宁扬、宁通公路相临,交通便利,地理位置优越。中心占地 77 亩,周围自然环境优良、视野开阔;中心内水榭亭台、绿树成荫、景色宜人,充分体现了抢险中心的文化氛围和单位风貌。为了适应江苏省防汛排涝工作需要,不断提高抗洪抢险的机动能力,提高防汛抗旱水平,江苏省防汛防旱指挥部根据江苏全省防汛形势,于 1998 年 4 月决定在南京市六合区设立省级防汛机动抢险队,委托江苏省灌溉动力管理二处具体承办筹建工作。

中心抢险队自建队以来,按照"行动军事化、技术专业化、装备现代化"的要求,每年汛前进行钢木土石组合坝、子堤架设,装配式围井封堵管涌,冲锋舟水上运输救护等等科目的实战训练,抢险队伍纪律严明,作风过硬、业务精湛。中心防汛抢险队伍机动灵活,抗灾效益显著,有着固定工程不可替代的作用。先后参与 1999 年新沂河海口抢险,2000 年句容救灾,2011 年骆马湖大堤抗旱,高淳抗旱,江浦、溧水、溧阳抗旱,2013 年高淳抗旱,浙江余姚市抢险排涝,2014 年泗洪县排涝,2015 年常州市、江宁地区排涝等多项抗旱排涝抢险任务,发挥了高效、机动、快速的防汛抢险作用。累计运送抢险物资 1 300 多万元,抢救灾民 15 000 多人次,共排涝水达 102 亿立方米,排除农田涝水达 5 100 多万亩,社会效益显著,成为江苏省抗旱排涝、抢险救灾的"主力军"。足迹遍布全省,还对兄弟省份的防汛救灾进行了支援,最大限度地减少了自然灾害给工农业生产和人民生活带来的损失,保护了广大人民群众的生命财产安全,创造了巨大的社会效益和经济效益,得到了省厅、省防指及灾区政府和老百姓的一致好评。

目前中心专门从事防汛防旱抢险的职能部门有抢险队、抗排队、物资储备站,如图 3-1 所示。

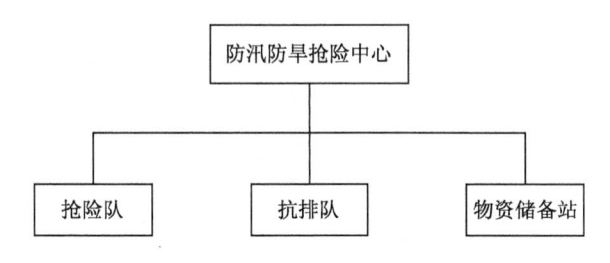

图 3-1　防汛防旱抢险的职能部门图

抢险队的主要职责有:负责组织、执行中心防汛抢险任务;承担防汛抢险设备的管理、维修、养护项目的实施;负责中心防汛抢险能力建设。抗排队的主要职责有:负责组织、执行中心抗旱排涝任务;承担抗旱排涝设备的管理、维修、养护项目的实施。物资储备站的主要职责有:负责组织、执行中心防汛抢险物资调度任务;

负责防汛抢险物资的仓储管理和能力建设。

中心现有职工366名,在职职工160人,离退休职工206人。其中可动员出机的抢险队员共有90人,其中抢险队20人、抗排队34人、水政监察员6人、物资储备站11人、机关19人,拥有专业技术职称的21人、技师12人。在职员工的职责包括两个方面:第一,承担防汛防旱应急抢险及物资储备工作;第二,参与防汛防旱业务技术培训。所有在职员工都接受规范严格的抢险知识技能教育与培训,参加防汛抢险训练与演习,达到抢险中心各项要求的员工才能称为一名合格的抢险专业队员。在防汛期间,所有在职员工必须服从抢险中心的统一调度与其他各项安排,积极投身于防汛抢险任务当中去。

现有的抢险装备包括抗旱排涝设备、抢险机械、起吊装卸设备、水上救援装备。抗旱排涝设备有:128台套柴油机泵、78台套电动泵、5辆防汛应急排水车、3辆抗旱运水车、2台250千瓦发电机组、2台200千瓦发电机组、2台50千瓦发电机组。抢险机械有:1台CAT320C挖掘机、1台CAT305挖掘机、1台轮式挖掘机、1台160推土机、1台ZL50装载机、1台凯斯滑移式装载机。起吊装卸设备有:1辆20吨汽车吊、4台3吨叉车、1台7吨叉车。水上救援装备有:35艘冲锋舟、25套救援发射器、5 250件救生衣。专用工具有:电动工具和配套小型发电机、气动工具和配套气泵。中心后勤装备主要有1辆餐车、7台移动式照明灯塔、4套泛光工作灯组件、55套帐篷、100只睡袋。

近年来,省防汛防旱抢险中心党委深入学习贯彻党的十九大精神,加大改革力度,规范内部管理,转变职工思想观念,改观精神面貌,全面提升中心的社会服务功能。在江苏省水利厅党组的正确领导下,抢险中心正以开拓创新、与时俱进的精神面貌,迎接新的机遇与挑战。

2. 取得的成绩

目前,江苏省省、市、县三级防汛防旱队伍共88支,主要由防汛机动抢险队、防汛排涝队、抗旱服务队(部分地区为抗旱排涝队)组成。88支防汛防旱队伍共有人数2 850人,其中在编人员1 582人。省防汛防旱队伍共有仓库面积9.85万平方米,现固定资产价值2.9亿元,主要抗旱设备11 091台套,抽排能力达1 548平方米每秒,浇地能力82.66万亩每天,应急送水能力591.75吨每次。在人员数量、抢险设备、抢险能力方面都已经具备了相当的规模与实力。

在预案方面,各个抢险队伍在抢险准备方面做到了"防汛、防旱、防台、抢险"为一体的四手准备。以上一年的培训演练以及执行抢险任务的情况为基础,结合新一年度的水文预测形势,对防汛抢险的预案进行灵活机动的调整与完善。在预案的具体内容上,对各项分工进行细化,包括组织保障、应急响应的程序以及各类设备的调用等。同时,对于员工的学习培训与实战演练,各个单位也给予了高度的重视。根据抢险队员在培训与实战演练当中的表现,对所有的队员在技术素质、业务技能、政治素养、组织纪律等方面进行综合评估,促进更高水平的抢险队伍的建成。在预案完备、可操作性强的前提下,各个抢险专业队伍在实施抢险救灾的实践中做到了以最快的速度调运设备、架机、实施救援,加快整个抢险队伍防汛抗旱工作的效率。除了人员以外,在设备维护与仓库管理方面,各个抢险队伍也逐渐形成了规范化的管理。对存放设备的仓库在职人员会进行定期的清理,将物资设备存放到合适的地点。调整存放不恰当的设备,使仓库得到最大程度的利用。定期对设备进行巡视、检查、保养和调试,并组织专人对大型器械进行维护,为防汛抗旱工作提供最充分、最安全的设备保障。

3. 存在的问题

在"安全第一,常备不懈,以防为主,全力抢险"的工作方针的指导下,中心的防汛抢险训练逐渐加强,抢险救灾专业水平逐步提升,逐渐适应了复杂多样、棘手的防汛防旱抢险形势。每一名抢险队员都具备了合格的专业能力,展现了中心"拉得出、打得响、抢得住"的工作目标。但是,与此同时中心在日常的抢险工作中仍然暴露出了一定的问题,需要做进一步的改进。这些问题主要体现以下四个方面。

(1) 人员保障能力不足

在人员保障方面,中心的人员的保障力度较小,还存在人手不足的问题。目前中心在职职工共 95 人,可出机人数达 90 人,在今年常州和南京两地防汛任务中,实际出机共 85 人,10 人留守配合调度。就目前的实际情况来看,中心人员的规模只能对抗一般规模的旱涝灾害。当灾害的影响力度进一步增强,影响范围进一步扩大时,现有的人员储备量将不足以应对相应的抢险工作与抢险任务。面对这样的情况,中心要做的一方面是继续招聘年轻职工以维持目前的队伍规模,保证基本工作的顺利完成;另一方面要采用新技术、新装备,提高机械化水平,从而达到减少人员需求的目的。除此之外,还需要进一步探索、研究其他补充人力短板的途径。

(2) 部分老旧装备亟须淘汰

在设备装备方面,中心的部分老旧装备急需淘汰。目前中心拥有的装备中 14 寸电动潜水泵由于过于笨重,装卸、运输和现场安装非常不便,流量方面(14 寸泵 1 000 立方米每小时重 1 000 千克,同功率的 12 寸泵 800 立方米每小时重 350 千克)相较于 12 寸电动潜水泵也没有明显优势,重量却是 12 寸泵的 2.85 倍。从专业的抢险图示中可以发现,实际上在历年的防汛防旱任务中,总是优先使用 12 寸电动潜水泵,14 寸电动潜水泵的使用率较低。

(3) 设备安装现场机械化保障不够

除了以上这些静态的不足之外,在动态的抢险过程当中,中心也存在设备安装现场的机械化保障不够的问题。虽然目前中心有少量的挖掘机、汽车吊、装载机等机械设备,但是大规模防汛防旱任务中,机泵安装位置多,并且一般较为分散,依靠自身难以满足设备安装对挖掘机、吊车等机械设备的需求。在这一方面,更多地需要依靠地方安排大型机械保障设施安装的顺利进行。

(4) 沟通不畅

除安装现场的机械化保障不足之外,中心在执行抢险任务时与地方也存在沟通不畅的问题。执行的部分防汛排涝任务过程中,部分设备已装车,有的甚至已经运到当地后又被退回。即使未被退回的设备,组织分配设备到各排涝点的过程也较为延迟。在设备安装过程中部分地方不能及时配合解决安装位置勘查、调用机械吊装机泵等问题。

出现上述问题的原因我们可以从两个方面进行分析与探讨,一方面是抢险人员抢险经验的匮乏,部分受灾区域遭受到规模空前的洪涝灾害时,相关的抢险救灾人员的抢险经验匮乏;另一方面是由于金字塔结构的层级制领导体系导致的沟通迟滞现象,指挥体系层次过于繁杂,从而导致的上下级沟通不便。在很多的抢险救灾行动中,抢险中心派出的抢险救灾人员需要自上而下一层一层地与相关负责人员联系。经过多层的辗转之后才能与当地一线的具体负责人员就抢险的实际情况进行沟通,这样的组织结构与沟通方式很难产出高效的沟通,有碍于抢险关键问题的及时解决,贻误最佳救灾时机。

3.3 大鹏新区防汛防旱抢险专业队伍建设状况

3.3.1 大鹏新区防汛防旱防风现状

1. 自然地理

(1) 地理位置

大鹏新区 2011 年 12 月 30 日正式揭牌成立,位于深圳东南部,三面环海,东临大亚湾,与惠州接壤,西抱大鹏湾,遥望香港新界。辖区面积 607 平方千米,其中陆域面积 302 平方千米,约占深圳市六分之一,海域面积 305 平方千米,约占深圳市四分之一。

(2) 地形地貌

大鹏新区地形东北高、西南低,地势属低山丘陵滨海区。该区以古火山遗迹和海岸地貌为主体,兼有代表性的火山岩相(层)剖面、古生物埋藏地、古文化遗址、断层褶皱构造、瀑布跌水、崩塌地质遗迹、海底珊瑚礁等。

新区山峦林立,层次分明,横亘绵延,主要山系为梧桐山系、排牙岭山系和七娘山系。其中梧桐山系为东西向延伸形成的一道天然屏障,将大鹏半岛与深圳其他地区分隔。南澳境内的七娘山海拔高度 867 米,峰峦秀丽、云雾缭绕,是深圳境内仅次于梧桐山的第二高山。

(3) 河流水系

深圳市境内河流自西向东划分为三个水系,分别为珠江口水系、东江水系和粤东沿海水系。大鹏新区水系属于粤东沿海水系,按照各水系分区可划分为大鹏湾水系和大亚湾水系。

大鹏半岛境内河流坡陡流短,其径流量、流量、洪峰与降水量密切相关,都属于雨源型河流。据统计,新区境内集雨面积大于 1 平方千米的河道共 64 条,总长约 197 千米,其中大鹏湾水系 30 条,大亚湾水系 34 条。具有明显河道特征且集雨面积大于 5 平方千米的河道共 13 条,总长度约 35.79 千米。流域面积大于 10 平方千米的独立入海河流共 3 条,分别为葵涌河、王母河和东涌河。

葵涌办事处内河流有葵涌河、乌泥河和溪涌等 20 多条河流,其中葵涌河是大鹏新区最大的一条河流,集雨面积 42.80 平方千米。葵涌河发源于葵涌办事处的径心河和罗屋田河,自北向南,先后经三溪河和西边洋河汇流,由沙鱼涌汇入大鹏湾海域。

王母河、鹏城河是大鹏办事处内最重要的河道。王母河发源于求水岭,贯穿整个大鹏墟镇的王母、布新、水头等社区,流域面积 16.30 平方千米,河长 8.16 千米,在水头村进入大亚湾。鹏城河发源于大鹏办事处的钓神山,穿过大鹏所城汇入大亚湾,流域面积 11.38 平方千米,河长 2.96 千米。

南澳办事处境内的河流较多,均为山区入海河流,较大的河流有东涌河、南澳河、新大河等,各河径流量分配极不均匀,为雨源型河流。东涌河发源于南澳七娘山,属于海湾水系,流经南澳办事处,流域面积 15.36 平方千米,河长 5.66 千米,流入大亚湾。南澳河发源于青山,在南澳湾汇入大鹏湾,河道全长约 1.71 千米,流域面积 8.63 平方千米。新大河起源于南澳青山,自北向南,注入大亚湾,河长 3.6 千米,流域面积 12.68 平方千米。各办事处主要河流情况见表 3-4。

表 3-4　大鹏新区各办事处主要河流情况

办事处	河流名称	流域面积 (平方千米)	河长(千米)	防洪标准 (重现期,年)	所在流域
葵涌办事处	葵涌河	42.80	6.92	50	大鹏湾
大鹏办事处	鹏城河	11.38	2.96	50	大亚湾
	王母河	16.30	8.16	50	大亚湾

续表

办事处	河流名称	流域面积（平方千米）	河长(千米)	防洪标准（重现期,年）	所在流域
南澳办事处	新大河	12.68	3.6	50	大亚湾
	南澳河	8.63	1.71	50	大鹏湾
合计		91.79	23.35		

注:本表中数据摘自《深圳市防洪潮规划修编及河道整治规划——防洪潮修编规划报告(2014—2020年)》

(4) 气候条件

大鹏新区属亚热带海洋性季风气候区,四季温和,雨量充足,日照时间长,夏季常受东南季风影响。

气温:年平均气温22.3摄氏度;最低月份为1,2月,气温为15摄氏度左右;最高月份为7月,28摄氏度左右;极端最低气温0.2摄氏度,极端最高气温38.7摄氏度;年平均相对湿度80%。

蒸发:年平均陆地和水面蒸发量分别900毫米和1 350毫米,年日照量为2 120.5小时,年辐射总量为127.78千卡每平方厘米。

风向、风速:夏季盛行东南风,冬季以东北风为主,年平均风速2.6米每秒,最大风速大于40米每秒。

降雨:全区降雨集中在4—9月,第一阶段为4—6月,该阶段降雨以锋面雨为主,称为前汛期;第二阶段为7—9月,该阶段降雨主要由热带天气系统如台风造成,称为后汛期。根据南澳雨量站(1964—2014年)资料统计,多年平均年降水量为2 125毫米,最大年降水量3 163.5毫米(2001年),最小年降水量1 211.7毫米(1977年),降雨年内分配很不均匀,其中4—10月降水量占年降水量的90%。

2. 社会经济

大鹏新区下辖葵涌、大鹏、南澳三个办事处,25个社区居委会,134个居民小组。根据《深圳市大鹏新区社会发展统计监测》(2016年第4季),截至2016年末,大鹏新区管理服务人口16.24万人。

2016年全区生产总值307.42亿元,比上年同期增长7.0%。规模以上工业企业总产值457.84亿元,规模以上工业企业增加值176.54亿元,同比增长5.5%。全年累计完成社会消费品零售总额56.04亿元,全区完成固定资产投资73.84亿元,全口径税收总收入实现65.41亿元。全年接待旅游客数1 039.36万人次,同比增长3.9%;实现旅游业总收入48.80亿元,同比增长9.3%。其中,国内旅游收入48.11亿元,比上年增长9.1%;国际旅游收入0.69亿元,增长17%。

新区是深圳的生态"基石",森林覆盖率达到76%,海岸线长133.22千米,拥有大小不等的54个黄金沙滩,环境优美。新区是深圳的文化之根,辖区内的大鹏所城,被誉为鹏城之根,是深圳又名鹏城的由来,也是深圳市唯一的全国重点文物保护单位。新区是深圳的能源重镇,有大亚湾核电站、岭澳核电站、岭东核电站等重点能源项目,2016年全年累计发电量达5 212 646万千瓦时。

3. 主要自然灾害

大鹏新区位于深圳市东部,属亚热带海洋性季风气候区,暴雨发生频率高,受台风影响较为频繁,高温热浪等极端天气时有发生。据历史资料统计,平均年降雨量为1 830毫米,降雨日数144天,暴雨日数为9.0天,大暴雨日数2.2天;平均每年影响新区的台风有4.2次,最多年份为9次,最少年份为1次,台风多发期在7—10月,最早的台风期为4月,最迟的台风期为12月。

(1) 洪涝灾害

大鹏新区属亚热带海洋性季风气候区,降雨充沛,且河流属于雨源型河流,坡短流急,汇流极快,洪水迅速生成,低洼地带容易迅速形成积水内涝。因此,大鹏新区的暴雨灾害较为严重。

2008年6月13日至14日,大鹏新区遭遇强降雨,降水强度大且持续时间长,造成新区25处水浸,多处受淹,受淹时长达6小时,受灾群众1万人以上,损失较大。

2014年新区记录了三次大暴雨,最严重强降水过程有:"3·30"大暴雨、"5·11"特大暴雨、"5·17"局地特大暴雨。

2015年较为严重的强降水过程有:"5·20"局地大暴雨、"5·23"大暴雨、"7·24"局地大暴雨等,其中"5·20"暴雨局地大暴雨过程,大鹏新区西涌站最大1小时滑动雨量109.5毫米,最大3小时滑动雨量220.4毫米,期间深圳市气象台在东部海区和南澳办事处发布了暴雨红色预警信号。5月新区雨量普遍超过500毫米甚至达到600毫米,集中多发且区域性集中的强降水对城市交通和市民出行造成严重影响,对市民生命财产安全和城市运行安全均造成不同程度威胁。

2016年是大鹏新区降雨量偏多的年份,仅上半年,就出现了"3·21""4·10""5·10""5·20"等多次强降雨过程,半年内平均降雨量为1 289.9毫米,较近五年同期增多60%,较去年同期增多150%,多次且连续的强降雨过程导致新区出现不同程度的内涝积水,三防形势十分严峻。

从历史资料来看,大鹏新区的洪涝灾害具有以下三个主要特点。一是,洪灾的时间分布不均。洪灾在年内发生的时间为4—10月,主要集中在6—8月。二是,全局性洪灾少,局部性洪灾多。深圳市日降雨量大于300毫米的范围一般为200~300平方千米,大于200毫米的范围在300~500平方千米。洪灾一般发生在暴雨中心的范围,表现出很强的局域性。三是,洪灾出现快,历时短,抗洪抢险难度大。大鹏新区地处沿海地区,部分地区为低山丘陵,地势较陡,加上河流雨源性特点,洪水随降雨暴涨暴落。因洪灾产生快,给抗洪抢险工作带来较大的难度。

(2) 台风灾害

大鹏新区位于深圳市东部,地处热带、亚热带季风气候区,是我国沿海遭受台风影响较为频繁的地区。据历史资料统计,平均每年影响我市的台风有4.2次,最多年份为9次,最少年份为1次,台风多发期在7—10月,最早的台风期为4月,最迟的台风期为12月。

1949—2015年登陆深圳市风力12级以上的台风达13次。2008年9月第十四号台风"黑格比"造成东部海堤受损严重,南澳办事处境内的月亮湾、水头沙、西涌、东涌、东山海堤,大鹏办事处的鹏城、下沙、水头海堤及王母河入海口挡潮闸,鹏城河入海口挡潮闸及葵涌办事处境内的官湖东、西段、溪涌海堤等都不同程度受损,海堤挡墙及水闸进出口翼墙局部开裂、坍塌,海堤损毁全长约8千米,对人民生命财产安全造成严重影响。

近年来每年都有强台风登陆,影响的范围和程度都比以往更加显著。

2014年"威马逊"为建国以来最强登陆台风,对深圳市也造成一定影响。2015年主要是"莲花"和"彩虹"的影响,其中"彩虹"是1949年以来10月登陆广东最强的台风,给深圳市造成了严重风雨影响,深圳市气象台发布了2008年以来持续时间最长的台风蓝色预警信号。受"彩虹"登陆影响,全市普遍记录到6—8级最大阵风和暴雨到大暴雨降水,其中西涌天文台等沿海站最大阵风达到10级,大鹏新区坝光站记录到特大暴雨(日雨量251.7毫米)。

2016年的8月2日"妮妲"于3时35分在深圳大鹏半岛沿海登陆,登陆时中心附近最大风力14级(42米每秒),8月1日17时市三防指挥部启动Ⅰ级应急响应,大鹏新区同步启动Ⅰ级应急响应。本次台风防御工作中,新区动员各级行政力量,发动基础设施管养单位,转移人员7 685人,集中安置2 075人。2016年10月21日的"海马"于21日12时40分在距离新区50千米的汕尾海丰沿海地区登陆,新区位于台风12级风圈范围内,记录到全市最大阵风12级(33.9米每秒)。

2017年6月12日台风"苗柏"于23时在深圳大鹏半岛登陆,是2017年首个登陆深圳的台风,也是近几年影响最大的首个登录台风,"苗柏"中心附近最大风力有9级。2017年8月23日,强台风"天鸽"于10时在珠海市东南方向约75千米的海面上登录,对深圳市大鹏新区造成较大影响,大鹏新区上午最大阵风14级(43米每秒),平均降雨量41.4毫米,全区未出现人员伤亡的情况。截至下午4时,共转移7 021人。

2018年第22号台风"山竹"于9月16日前后在广东江门台山海晏镇沿海登

陆,登陆时中心附近最大风力14级(45米每秒),中心最低气压95 500帕,成为今年来登陆我国的最强台风。受其影响,广东惠州站、盐田站等出现了超过当地红色警戒潮位的高潮位,风暴潮增水(盐田站最高增水1.83米、赤湾站最高增水2.47米)均超历史极值,东部沿海出现4~7.5米巨浪到狂浪。台风期间全市共有146个通信机房停电,1 199个移动基站断站,造成光明、坪山、大鹏区域通信网络局部中断。深圳市过程平均累计降雨187毫米、最大累计雨量达338毫米(罗湖梧桐村)。对大鹏新区造成的影响包括大鹏文体中心体育馆顶棚被掀翻,大鹏新区有59条10千伏线路受到停电影响,同时出现短时大面积停水现象等。

台风已是影响新区最为严重的自然灾害之一,它突发性强,来势凶猛,破坏力大,若适逢天文大潮,风、雨、潮"三碰头"灾害并发,可诱发一系列的次生灾害。

4. 三防基本情况

大鹏新区三防办是在新区三防指挥部的领导下,协调各成员部门参与三防工作的中枢管理机构。基本工作原则是:以人为本,减少危害;居安思危,预防为主;统一领导,分级负责;依法规范,加强管理;资源整合、公众参与。从总体来看,按照三防工作的职能,三防办的工作是对洪涝、干旱和台风灾害进行防御的计划、组织、协调和控制的过程。根据三防工作的职能,新区三防基本情况如下。

(1) 灾害防御的计划

在制度建设方面:制定三防指挥系统制度,形成了在三防指挥部领导下的各成员单位各司其职、协调配合的组织架构;制定了台风和洪涝紧急时期的24小时值班制度,确保对灾害的实时监控;拥有一套运行良好的隐患排查制度,执行新区城管水务局安全生产工作方案,各级三防指挥部发布相关通知;编制了三防工作管理制度和三防工作手册。

预案预警方面:建立了一套全面、基本完备的三防预案,预案执行未出现较大的灾害事故,具有一定的可操作性,并且每年根据新的变化和要求定期修改一次。

人员、财务和物资保障方面:拥有能够基本满足三防工作的三防队伍,但是在人员资质、三防经验、骨干数量和人员储备上存在欠缺,只有少量的个体培训和简单的预案演练;每年的经费基本充足,可以保障三防工作的正常开展;物资管理有序、规范,制定了物资管理办法;三防办具有一定的创新能力和创新意识,领导会定期组织调研进行经验总结和整改落实,但是创新成果较少。

(2) 灾害防御的组织与协调

三防执勤组织方面:隐患排查制度化,有相关的巡查制度;有基本的信息报备渠道,三防和相关信息能及时上报;预案中有制定制度化、分工明确和操作性强的三防会商,根据获取的信息及时商讨、决策;备勤队伍依靠第三方抢险队伍,根据经验管理协调人员。

防御措施方面:各单位灾害防御能力较强,能够根据预案进行灾害防御操作,有规定基本的人员转移、人员安置管理、督导检查和相关责任归属的预案。

组织激励方面:有对相关责任人设定目标、建立三防责任制、签订责任书,但目标不够明确;没有考虑如何激发三防人员和抢险队伍的应急抢险潜能,仅采取少量的精神奖励来提高士气。

指挥协调方面:在对物资的指挥调配上,能够根据物资调配制度进行统一管理;对人员的协调联动上,依靠主要领导的命令,主要领导十分重视三防工作,均是在三防指挥部的统一领导下进行指挥协调,人员执行能力较强;决断建议主要依靠相关的专家进行。

综合保障方面:在组织保障、社会安全保障、后勤保障、医疗保障、基础设施保障、交通保障、现场应急和宣传管理上均有相关的预案和基础保障。

(3) 灾害防御的控制

善后处置方面:能够通过专门的抢险救灾队伍安全有序地进行灾后救助,各成员部门根据预案规定基本有序地开展秩序恢复工作;抢险工作结束后,通过恢复制度对三防物资的功能进行恢复;有统一的灾情统计方案,对受灾的情况进行排查统计,并根据相应的规定对受灾人员进行灾后赔偿和救助。

调查总结方面:新区三防办对于抢险队伍或任务执行情况缺乏正式的评价体系,强调完成任务,忽略抢险抗灾实践对于检验和提升三防能力的重要价值;对抢险救灾工作缺少实质性的总结与反馈,抢险队伍工作水平的提高在一定程度上依赖于经验的缓慢积累。

奖惩改进方面:对专职三防人员和临时投入抢险救灾工作的社会力量缺乏补偿;只拥有零散的提高改进方案。

3.3.2 大鹏新区三防队伍现状

1. 三防队伍人员现状

(1) 三防指挥部组织架构

如图 3-2 所示,大鹏新区三防指挥机构共由两大部分组成,一部分是在总指挥领导下的总指挥部,另一部分是在副总指挥和执行总指挥领导下的 5 个专项工作小组构成的现场专项工作组。

总指挥部由分管三防工作的新区领导、城市管理和水务局主要领导、大鹏公安分局分管领导、综合办公室分管领导构成,主要贯彻实施国家有关防台风工作的法律法规、方针和政策,对新区三防工作负总责,统一组织指挥全区防台风和抗灾救灾工作,并进行相关协调。现场专项工作组由城市管理和水务局和各小组牵头单位构成,具体指挥协调相关防风抢险救灾工作,各工作小组根据预案和指令启动运作。

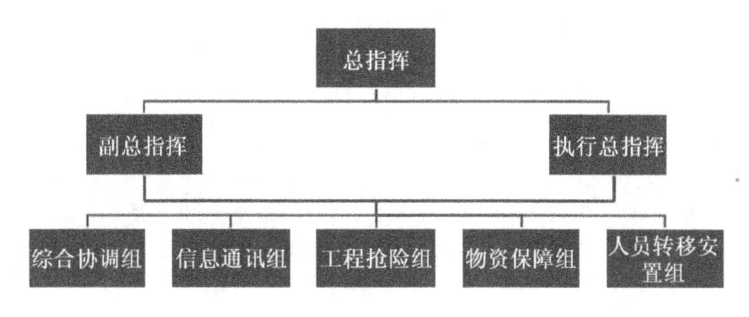

图 3-2 三防指挥组织架构图

（2）三防指挥部人员构成

大鹏新区三防指挥部人员主要由总指挥、副总指挥、执行总指挥、现场指挥和成员单位5类岗位构成,其中总指挥源自分管三防工作的新区领导;副总指挥源自城市管理和水务局领导、大鹏公安分局分管领导、综合办公室分管领导;执行总指挥源自城市管理和水务局主要领导;现场指挥主要由城市管理和水务局主要领导兼任;成员单位分别是综合办公室、统战和社会建设局、政法办公室、发展和财政局、经济服务局、公共事业局、文体旅游局、生态保护和城市建设局、城市管理和水务局、安全生产监督管理局、生态资源环境综合执法局、机关后勤服务中心、建设管理服务中心、市规划国土委大鹏管理局、大鹏交通运输局、大鹏公安分局、大鹏交警大队、市市场和质量监管委大鹏局、葵涌办事处、大鹏办事处、南澳办事处、大鹏半岛水源工程管理处、大鹏国家地质公园管理处、大鹏供电局、坪山大鹏电信分局、海警四大队、龙岗区公安边防大队、大亚湾海事局、市公安消防支队大亚湾特勤大队、市公安消防支队大鹏新区大队、大鹏交通运输执法大队、中广核环保产业有限公司、大鹏新区自来水公司、南澳自来水公司、市燃气集团股份有限公司龙岗管道气分公司等36家单位,具体构成详见表3-5。

表 3-5 大鹏新区三防指挥部人员构成

主要构成	人员组成
总指挥	分管三防工作的新区领导
副总指挥	城市管理和水务局领导、大鹏公安分局分管领导、综合办公室分管领导
执行总指挥	城市管理和水务局主要领导
现场指挥	城市管理和水务局主要领导兼任

续表

主要构成	人员组成
成员单位	综合办公室、统战和社会建设局、政法办公室、发展和财政局、经济服务局、公共事业局、文体旅游局、生态保护和城市建设局、城市管理和水务局、安全生产监督管理局、生态资源环境综合执法局、机关后勤服务中心、建设管理服务中心、市规划国土委大鹏管理局、大鹏交通运输局、大鹏公安分局、大鹏交警大队、市市场和质量监管委大鹏局、葵涌办事处、大鹏办事处、南澳办事处、大鹏半岛水源工程管理处、大鹏国家地质公园管理处、大鹏供电局、坪山大鹏电信分局、海警四大队、龙岗区公安边防大队、大亚湾海事局、市公安消防支队大亚湾特勤大队、市公安消防支队大鹏新区大队、大鹏交通运输执法大队、中广核环保产业有限公司、大鹏新区自来水公司、南澳自来水公司、市燃气集团股份有限公司龙岗管道气分公司

(3) 三防现场专项工作小组构成

大鹏新区三防现场专项工作小组由综合协调组、信息通讯组、工程抢险组、物资保障组和人员转移安置组5个小组构成,其中综合协调组和信息通讯组的组长单位是新区三防办;工程抢险组的组长单位是城市管理和水务局;物资保障组的组长单位是发展和财政局;人员转移安置组的组长单位是统战和社会建设局。具体内容详见表3-6。

表3-6 大鹏新区三防现场专项工作小组构成

指挥组	组长单位	成员单位	指挥组职责
综合协调组	新区三防办	新区三防办、综合办公室、纪检和监察局、统战和社会建设局、经济服务局、公共事业局、文体旅游局、生态保护和城市建设局、城市管理和水务局、各办事处	负责指挥部的上传下达工作;及时收集掌握各种防风动态信息;组织协调防风抢险救灾行动;负责防风有关协调联络工作
信息通讯组	新区三防办	新区三防办、综合办公室、经济服务局、坪山大鹏电信分局、各办事处等组成	收集整理抢险救灾、突发事件处置动态信息和处置情况;按规定及时、准确、全面上报和发布;保证抢险救灾期间通信设施通畅;在综合办公室指导下开展重大险情灾情信息宣传报道
工程抢险组	城市管理和水务局	城市管理和水务局、生态保护和城市建设局、市规划国土委大鹏管理局、大鹏交通运输局、大鹏公安分局、建设管理服务中心、大鹏半岛水源工程管理处、大鹏供电局、坪山大鹏电信分局、大鹏新区自来水公司、南澳自来水公司、市燃气集团股份有限公司龙岗管道气分公司、各办事处	组织指挥工程抢险施工力量,提供抢险技术方案,对毁损建筑及交通设施及市政工程、水利水务工程设施进行维护和抢修

续表

指挥组	组长单位	成员单位	指挥组职责
物资保障组	发展和财政局	发展和财政局、经济服务局、公共事业局、城市管理和水务局、生态资源环境综合执法局、大鹏交通运输局、机关后勤服务中心、各办事处	组织抢险救灾物资的储备调度和供应,组织协调处置重大突发灾情所需的应急运输力量,保证人员的疏散和抢险救灾物资的运送
人员转移安置组	统战和社会建设局	统战和社会建设局、政法办公室、发展和财政局、经济服务局、公共事业局、文体旅游局、生态资源环境综合执法局、大鹏交通运输局、大鹏公安分局、大鹏交警大队、大鹏交通运输执法大队、各办事处	组织指挥协调灾民的转移与安置,负责灾情调查和救灾款物的发放,解决受灾群众衣、食、住等基本生活问题,协助和配合做好医疗救护及卫生防疫等善后工作

注:小组构成及职责截至 2017 年。

如表 3-6 所示,综合协调组是由新区三防办、综合办公室、纪检和监察局、统战和社会建设局、经济服务局、公共事业局、文体旅游局、生态保护和城市建设局、城市管理和水务局、各办事处等 12 家成员单位构成,综合协调组的职责是负责指挥部的上传下达工作;及时收集掌握各种防风动态信息;组织协调防风抢险救灾行动;负责防风有关协调联络工作。

信息通讯组是由新区三防办、综合办公室、经济服务局、坪山大鹏电信分局、各办事处等 7 家成员单位构成,信息通讯组的职责是收集整理抢险救灾、突发事件处置动态信息和处置情况;按规定及时、准确、全面上报和发布;保证抢险救灾期间通信设施通畅;在综合办公室指导下开展重大险情灾情信息宣传报道。

工程抢险组是由城市管理和水务局、生态保护和城市建设局、市规划国土委大鹏管理局、大鹏交通运输局、大鹏公安分局、建设管理服务中心、大鹏半岛水源工程管理处、大鹏供电局、坪山大鹏电信分局、大鹏新区自来水公司、南澳自来水公司、市燃气集团股份有限公司龙岗管道气分公司、各办事处等 15 家成员单位构成,工程抢险组的职责是组织指挥工程抢险施工力量,提供抢险技术方案,对毁损建筑及交通设施及市政工程、水利水务工程设施进行维护和抢修。

物资保障组是由发展和财政局、经济服务局、公共事业局、城市管理和水务局、生态资源环境综合执法局、大鹏交通运输局、机关后勤服务中心、各办事处等 10 家成员单位构成,物资保障组的职责是组织抢险救灾物资的储备调度和供应,组织协调处置重大突发灾情所需的应急运输力量,保证人员的疏散和抢险救灾物资的运送。

人员转移安置组是由统战和社会建设局、政法办公室、发展和财政局、经济服务局、公共事业局、文体旅游局、生态资源环境综合执法局、大鹏交通运输局、大鹏公安分局、大鹏交警大队、大鹏交通运输执法大队、各办事处等14家成员单位构成,人员转移安置组的职责是组织指挥协调灾民的转移与安置,负责灾情调查和救灾款物的发放,解决受灾群众衣、食、住等基本生活问题,协助和配合做好医疗救护及卫生防疫等善后工作。

（4）三防队伍抢险人员数量

大鹏新区三防人员主要由社区负责人、专家组和抢险队伍3类人员构成,其中社区负责人93人,专家组49人,抢险队员1 031人。具体人员构成详见表3-7。

表3-7 大鹏新区三防人员统计表

序号	类别	职称	所在队伍单位	来源	数量/人
1	社区负责人	/	葵涌办事处社区	社区负责人	29
		/	大鹏办事处社区		26
		/	南澳办事处社区		28
2	专家组	教高	/	/	3
		高工	/	/	46
3	抢险队伍	/	大鹏新区	专业抢险队	100
		/	葵涌办事处	社区与应急抢险队伍	180
		/	大鹏办事处	消防、工程抢险队与社区应急抢险队伍	259
		/	南澳办事处	应急抢险队伍	492

2. 三防队伍物资现状

（1）物资计划

大鹏新区三防物资管理单位按三防物资的种类、数量、标准落实,由新区三防指挥部根据抢险救灾需要统一进行调拨。新区三防办按照防台风和洪涝50年一遇的标准,编制全区各类抢险救灾物资筹措计划,采取通用储备与专用储备相结合、固定储备与消耗储备相结合、仓储调拨与社会征用相结合形式。

（2）物资仓储现状

物资仓储方面,新区建立三防专用物资储备仓库,按照防御中等程度灾害的标准,储备一定数量标准的救灾物资,可就近保障防台风临时急用。

大鹏新区现阶段共有10个三防物资储备仓库,共1 160平方米仓储空间。其中,葵涌区域仓库有4个,共960平方米;大鹏新区域仓库3个,共110平方米;南澳区域4个,共90平方米。

(3) 物资储备现状

目前为止,葵涌办事处、大鹏办事处、南澳办事处和大鹏新区共拥有三防物资57种,分别是编织袋、彩条布、常用工具、冲锋舟、抽水泵、锄头、船外机、粗砂、斗车、多功能工作灯、发电机、发电照明机、防汛编织袋、防汛救生圈、防汛救生衣、防汛投光灯、防汛橡皮舟、喊话器、机动链条锯、警戒带、救生圈、救生绳类、救生衣、砍刀、块石、快速防洪袋、麻织袋、尼龙绳、膨胀袋、汽油机水泵、汽油链锯、铅丝、潜水泵、手电筒、手提式防水强光灯、手推车、水泵、水泵润滑油、水鞋、碎石、铁铲、铁锄、土工布、吸油棒、橡皮艇、橡皮舟船外机、小型发电抽水机、小型发电照明灯、油桶、油污吸附垫、雨伞、雨鞋、雨衣、扎袋绳、转子排水系统。三防物资基本能够满足三防工作的需要,能够正常使用。

3. 三防队伍应急保障现状

(1) 人力资源保障

大鹏新区三防指挥部负责掌握建立防台风"三支"骨干力量队伍,即一支专家级人才队伍、一支防风机动抢险队伍、一支群众性抢险救灾常备力量队伍,分别采取建立人才专家库、明确技术人员作业班组、群众力量登记造册落实到人等形式,保证防台风期间人员到位。

(2) 经费保障

由大鹏新区发展和财政局负责统筹做好经费保障,大鹏新区三防指挥部可根据需要向大鹏新区财政申请经费,确保应急经费及时到位。同时鼓励和支持慈善机构、公益组织、三防物资公司等社会力量在突发应急事件时提供资金捐赠和支持。

(3) 供电供水保障

大鹏供电局制定应急供电应急预案,负责防台风期间供电正常。但在架空线路防风设计标准方面仍然有待完善。建议在考虑技术经济性前提下,适度超前,合理提高线路防风偏能力指标;在设计技术细节上,依据2013年南方电网颁布的《输电线路防风设计技术规范》,补充考虑风压高度变化不均匀系数计算;在线路走向路径和杆塔位选择时,在结合地形、线路长度等因素条件上,更精细考虑风向、风力等台风气象参数,优化线位选择以尽可能降低受风影响;按论证的防风偏指标,对既有线路的现有设计逐一对照评估,对比差异,制定改造技术措施,视现场条件,分批实施改造加强。

大鹏供电局、大鹏新区自来水公司制定应急供水应急预案,负责防台风期间供水正常。但也出现了一些问题:一是个别水厂出现停水停产现象,因频发供电故障导致供排水生产发生一定波动;二是出现多处出现内涝现象,部分地区二次供水泵房停电及大树压断水管造成小区停水。建议形成"供水高速公路",建设中心城市输水主干管网,遇到台风影响能及时合理地实施调度;建设完备的城市供水安全保障体系,根据防御台风的综合要求,科学合理设计布局,建立水情信息遥测采集系统、大型水库实施图像监视系统、防汛通信网络卫星电话超波电台、在线调度监控和水质监测系统,形成完备、合理的城市供水安全保障体系。

(4) 交通运输保障

大鹏交通运输局、大鹏交警大队针对大鹏新区交通特点,制定交通行业防台风预案,适时实行交通管制,保证防台风抢险救灾顺利进行。水上交通方面,深圳辖区防台应急锚地严重不足,东部海域大鹏湾附近6个锚地均无船舶抛锚防台,西部海域锚地距离深中通道较近,船舶存在走锚导致船桥碰撞的事故风险,因此也将逐步不适宜作为应急防台锚地。建议西部水域建设"平时航行、急时应急"专用锚地,同时建设沙头角海域防台应急专用锚地。轨道交通方面,对天气专业预判不足,工作重点放在防强风和强降雨,对海潮危害认识不足,在工程施工方面造成较大危害;应急保障能力不足,大规模滞留人员的安置和后勤保障配合及紧急救护、卫生防疫机制未建立,在紧急停运情况下造成大批量人员滞留。交通车辆、通讯保障等方面还存在短板,未能顺畅应对突发情况,需要加强集团层面的大规模跨部门防灾应急演练。建议:建立轨道交通内部天气预警机制,地铁公司与市政府、水利部门、气象部门建立工作联系,及时掌握天气预报和动态,准确做好海浪预报和海洋气象预报,预判各种不利气象条件可能带来的影响,减少强风、强降雨、风暴潮带来的损失。同时提升轨道交通的应急保障的联动能力,开展轨道交通运营应急保障技术研究,探索建立城市轨道交通安全预警与应急保障系统,实现信息共享、实时动态综合监控预警与应急保障,为城市轨道交通网络化运营提供安全保障。

(5) 治安保障

大鹏公安分局制定抢险救灾应急状态下维护社会治安秩序方案,打击违法犯罪活动,保障灾区、抢险地带和重要部位社会稳定,保障疏散人员的安全。

(6) 通信和信息保障

①经济服务局负责综合协调防风通信信息的畅通。坪山大鹏电信分局负责组织各通信营运部门,依法保障防台风工作信息畅通。

②各通信部门建立防台风应急通信保障预案,做好损坏通信设施的抢修,为防台风现场提供通信保障。

③大鹏新区三防指挥部以公用通信网为主,充分发挥管委会电子政务网作用,建立大鹏新区三防指挥系统指挥通信信息专网,实现省、市、区、办事处、各成员单位互通互联信息共享,对重要河道、水库等管理单位配备专用的通信设施,确保防台风指挥通信顺畅。

④大鹏新区三防指挥部根据防台风抢险救灾行动需要,对各指挥协调组储备

装备必要的指挥通信设备、指挥通信手段齐全配套,确保指挥救灾应急使用。

⑤驻大鹏新区各部队、民兵应急分队,执行抢险救灾任务指挥通信保障按各自系统负责组织保障,必要时地方通信部门协助保障。

⑥大鹏新区三防指挥部负责统一编制防台风指挥系统,各种通信手段方式的代号、密码资料、手机、电话通讯录,并及时进行核实更新,确保防台风组织指挥通信及时、沟通顺畅。

⑦计算机互联网为防风及抢险救灾通信联络的辅助方式。

⑧有条件的部门可使用卫星电话作为防风及抢险救灾通信联络的备用方式。

但同时也存在一些问题:

①通信设施抗灾韧性不足。通信机房、基站受台风影响的最大问题是供电中断。除供电中断因素外,坪山、大鹏等区域通信线路还是以立杆为主,极易受台风影响,树木倒伏对立杆线路影响较大,恢复也困难。

②灾后协同恢复机制不畅。缺乏市级层面的通信保障协调机制,灾后应急抢修部门间协同不畅,道路不通、供电恢复不及时等,造成救援力量的极大浪费,通信供电恢复方面,缺乏与供电局的信息互通,不了解停电时间、区域及恢复供电时间等第一手信息,造成应对困难。

③通信保障应急能力不足。缺少市级通信保障预案很多通信铁塔灾后恢复响应慢,通信铁塔供电应急救援能力不足。

④通信系统科技支撑存在薄弱环节。现有的安全监测系统采用 GSM,GPRS,3G,4G 等多种不同无线通信方式,或铺设光纤通信系统。这些通信系统在强台风、暴雨滑坡、地震等极端自然灾害期间,往往通信中断。

建议:推进坪山等区域的通信及其供电线路下地工程;建立联合应急抢险队伍;加强抢险协同指挥,做到资源有效利用,效益最大化;建立电力与通信部门的供电信息交互机制;出台市级层面的应急通信保障专项预案;统筹解决应急保障和协同抢险工作中面临的问题,完善通信保障设备设施及燃油等应急物资保障机制,提升通信系统应急保障能力;推动"天通一号"卫星终端的应急通信保障系统建设。

(7)现场救援和工程抢险装备保障

①大鹏新区三防指挥部负责指导各成员单位及相关单位,建立专业队伍、非专业队伍、军警民联防的抢险救援,必要时统一组织抢险培训和演练,保障各抢险队伍做到思想、组织、技术、物资、责任"五落实",达到"招之即来,来之能战,战则能胜"的目的。

②城市管理和水务局、生态保护和城市建设局、大鹏交通运输局、规划国土委滨海管理局、统战和社会建设局、公共事业局、经济服务局、建设管理服务中心、大鹏供电局、大鹏新区自来水公司等相关部门单位,按职责分工要求,可采取抽组或

指定形式,建立健全防台风专业抢险队伍,明确人员、装备和保障措施,落实编组,确保能在规定要求内随时听令行动,执行各种专业抢险救援任务。

③各办事处根据本辖区内河道、水库、水务工程等情况,建立水务工程设施常备防救队伍,成立群众性的救护组、转移组、留守组等,在防台风期间分批组织出动。

④驻深部队、武警和民兵预备役主要承担防台风重大抢险救灾任务,大鹏新区三防指挥部每年定期不定期与部队召开联席会议,通报防御方案和防洪工程情况,明确有关防守任务和联络部署,必要时开展抢险救灾地形道路勘察,做好抢大险救大灾准备。

第 4 章
我国防汛防旱抢险专业队伍建设方向研究

4.1 我国防汛防旱抢险专业队伍建设面临的形势和要求

为做好我国暴雨、干旱、洪涝等多种自然灾害的预防与处置工作,提高防汛防旱抢险工作的主动性和规范性,保证防汛防旱抢险救灾工作高效、有序地进行,我国各成员单位各司其职,各负其责,提高工作效率,最大限度地减少人员伤亡和财产损失,保障经济社会更快更好地发展,特开展本章的研究。

4.1.1 政策依据

主要包括《中华人民共和国水法》《中华人民共和国防洪法》《国家气象灾害防御规划(2009—2020年)》《中华人民共和国突发事件应对法》《中华人民共和国防汛条例》《国家综合防灾减灾规划(2016—2020年)》《国家突发公共事件总体应急预案》《中共中央国务院关于推进防灾减灾救灾体制机制改革的意见》《自然灾害救助条例》《中共中央关于深化党和国家机构改革的决定》《深化党和国家机构改革方案》《加快推进新时代水利现代化的指导意见》《中华人民共和国河道管理条例》《水库大坝安全管理条例》《中华人民共和国水文条例》《中华人民共和国抗旱条例》《中华人民共和国土地管理法》,各个省市区的《河道管理条例》《节约用水条例》《防汛防旱抢险中心安全生产管理办法》《长江防洪工程管理办法》《突发事件应急预案管理办法》《治涝规划》《"十三五"水利发展专项规划》《防汛防旱抢险中心"十三五"规划》《水利现代化规划(2011—2020)》《防汛防旱抢险中心水利现代化规划纲要》《水资源综合规划》等有关法律、法规、政府文件。

4.1.2 实践依据

1. 我国防汛防旱抢险专业队伍的主要工作

组织、协调、监督、指挥国家防汛、抗旱、抢险等工作；负责水旱灾情发布，组织、协调、监督、指挥重要江河和水库的抗洪抢险工作；负责编制防汛、抗旱和抢险应急预案，及时掌握国家灾情，组织实施救灾行动；组织应急队伍的建设、管理及应急演练；管理应急物资、装备的储备和调用；组织灾后处置，并做好有关协调工作；承担国家防汛、抗旱和抢险等的日常工作。

水利部作为国务院下属成员单位，下设水旱灾害防御司，主要负责以下几项工作：组织编制重要江河湖泊和重要水工程防御洪水方案和洪水调度方案并组织实施；组织编制干旱防治规划及重要江河湖泊和重要水工程应急水量调度方案并组织实施，指导编制抗御旱灾预案；负责对重要江河湖泊和重要水工程实施防洪调度及应急水量调度，协调指导山洪灾害防御相关工作；组织协调指导洪泛区、蓄滞洪区和防洪保护区洪水影响评价工作；组织协调指导蓄滞洪区安全建设、管理和运用补偿工作；组织协调指导水情旱情信息报送和预警工作，组织指导全国水库蓄水和干旱影响评估工作；指导重要江河湖泊和重要水工程水旱灾害防御调度演练；组织协调指导防御洪水应急抢险的技术支撑工作；组织指导水旱灾害防御物资的储备与管理、水旱灾害防御信息化建设和全国洪水风险图编制运用工作，负责提出水利工程水毁修复经费的建议。其共有 8 个处室，它们分别是综合处、防汛一处、防汛二处、防汛三处、防汛四处、抗旱一处、抗旱二处和保障处，水利部的水旱灾害防治职能现已转入应急管理部。

2018 年 3 月，中共中央印发了《深化党和国家机构改革方案》，该方案提出，将国家安全生产监督管理总局的职责，国务院办公厅的应急管理职责，公安部的消防管理职责，民政部的救灾职责，国土资源部的地质灾害防治、水利部的水旱灾害防治、农业部的草原防火、国家林业局的森林防火相关职责，中国地震局的震灾应急救援职责以及国家防汛抗旱总指挥部、国家减灾委员会、国务院抗震救灾指挥部、国家森林防火指挥部的职责整合，组建应急管理部，作为国务院组成部门。应急管理部主要负责组织编制国家应急总体预案和规划，指导各地区各部门应对突发事件工作，推动应急预案体系建设和预案演练；建立灾情报告系统并统一发布灾情，统筹应急力量建设和物资储备并在救灾时统一调度，组织灾害救助体系建设，指导安全生产类、自然灾害类应急救援，承担国家应对特别重大灾害指挥部工作；指导火灾、水旱灾害、地质灾害等防治；负责安全生产综合监督管理和工矿商贸行业安全生产监督管理等。

国家防汛防旱总指挥部办公室作为国家防汛抗旱总指挥部的办事机构，负责领导、组织全国的防汛抗旱工作。根据国务院2008年机构改革方案,国家防汛抗旱总指挥部办公室具体工作由水利部承担,在国务院领导下,主要职能有:组织、指导、协调、监督长江流域、黄河流域、太湖流域、辽河流域等流域的防汛工作,负责各个流域的河道、湖泊、堤防、闸坝、蓄滞洪区、水库、城市防洪等与防汛有关的工程措施和非工程措施的防洪管理;组织指导蓄滞洪区、洪泛区的洪水影响评价工作;归口管理全国江河湖泊清障和防御台风综合业务工作;参与各个流域防洪规划工作;组织编制各个流域防御洪水方案和重要大型水库的洪水调度方案,并监督实施;组织和指导各个流域及其水利、水电工程的防洪调度;掌握各个流域的汛情、工情和灾情,提出防汛决策部署和调度意见,指导、监督各个流域抗洪抢险和救灾工作;组织、指导、协调、监督全国农村、农业抗旱工作,组织指导全国重点干旱地区抗旱预案的制定与实施;组织拟定有关抗旱工作的规程规范、技术标准等,监督并实施,组织有关抗旱规划工作;组织编制全国大江大河大湖及重要大型水库的抗旱应急调度方案并监督实施;掌握、分析全国重点城市、重点生态干旱监测区旱情、灾情,提出抗旱决策部署和调度意见,指导、监督、落实城市和生态抗旱措施等。2018年3月13日在第十三届全国人民代表大会第一次会议上,国务委员王勇对国务院机构改革方案做出了说明,该方案中正式提出:为了防范化解重特大安全风险,健全公共安全体系,整合优化应急力量和资源,推动形成统一指挥、专常兼备、反应灵敏、上下联动、平战结合的中国特色应急管理体制,提高防灾减灾救灾能力,确保人民群众生命财产安全和社会稳定,构建应急管理部,并将国家防总划归应急管理部。

2. 我国防汛防旱抢险专业队伍工作成效

(1) 防灾准备工作到位

各个抢险队伍在抢险准备方面做到了"防汛、防旱、防台、抢险"为一体的四手准备。以上一年的培训演练以及执行抢险任务的情况为基础,结合新一年度的水文预测形势,对防汛抢险的预案进行灵活机动的调整与完善。①首先,在预案的具体内容上,对各项分工进行细化,包括组织保障、应急响应的程序以及各类设备的调用等。②对于员工的学习培训与实战演练,各个单位也给予了高度的重视,根据抢险队员在培训与实战演练当中的表现,对所有的队员在技术素质、业务技能、政治素养、组织纪律等方面进行综合评估,促进更高水平的抢险队伍的建成。③在预案完备、可操作性强的前提下,各个抢险专业队伍在实施抢险救灾的实践中做到了以最快的速度调运设备、架机、实施救援,加快整个抢险队伍防汛抗旱工作的效率。④除了人员以外,在设备维护与仓库管理方面,各个抢险队伍也逐渐形成了规范化的管理;对存放设备的仓库在职人员会进行定期的清理,将物资设备存放到合适的地点;调整存放不恰当的设备,使仓库得到最大程度的利用;定期对设备进行巡视、检查、保养和调试,并组织专人对大型器械进行维护,为防汛抗旱工作提供最充分、最安全的设备保障。

(2) 成功完成多次防汛抗旱抢险救灾任务

我国汛情、旱情、灾情有如下几个特点:一是降水过程多、局部降雨强度大。入汛之后,全国先后会出现多次大范围的移动性强降雨过程,范围覆盖华南、江南、江淮、黄淮大部分地区,海南、广东、广西等省(自治区)部分地区累计平均降雨量达500~800毫米;二是台风登陆比例高、影响集中;三是中小河流洪水频发,广西柳江、湖南湘江上游干流、淮河支流潩河等中小河流易发生超过警戒水位的洪水;四是局地灾害严重、山洪灾害比例大,山洪灾害造成的死亡人数占全国洪涝灾害死亡人数的80%以上;五是受旱区域集中、春旱面积大,我国受旱地区主要集中在河南、山西、安徽等冬麦主产区和黑龙江、内蒙古东部等秋粮主产区。

以2018年为例,国家防总在防汛防旱抢险工作中取得了诸多成就,基本消除了雅鲁藏布江堰塞湖洪水威胁、防御台风"康妮""谭美"等、对西南江南华南强降雨做好了防范工作、有效缓解了今年北方旱情和长江中上游等地区的旱情等等。国家防总充实认识防汛抗旱面临的严峻形势,认真贯彻落实党中央、国务院的决策部署,牢固树立以人民为中心的思想,强化措施,落实责任,全力以赴做好防汛防旱抢险救灾工作,确保人民群众生命财产安全和社会稳定,密切监测天气和汛情旱情发展变化,加强预报预警,充分发挥水利工程作用,科学防御江河洪水,紧盯各类重点隐患区域,强化应急值守和险情抢护处置,切实减少了中小河流、山洪、城市内涝危害,有效应对台风影响;坚持防汛防旱两手抓,最大程度减轻干旱危害,妥善安排好受灾群众生活,并且中央有关部门在抢险救灾资金、物资保障和灾后恢复重建等方面加大支持力度,帮助了灾区救灾和生产恢复。

除此之外,在制度上国家防总、水利部按照党中央、国务院领导指示精神,超前部署,超常规安排,采取了一系列措施,有效应对了局部强降雨和部分地区发生的严重干旱。一是强化值守。根据《关于防汛抗旱值班的规定》,国家防总提前半个月开始24小时全天候值班,并多次抽查省、市、县三级防办和全国大型水库值班情况,督促落实各项防汛抗旱工作。各级气象、水文部门也都加强值守,跟踪监视天气和水情,及时做出滚动预报。二是强化会商。国家防总密切关注汛情、旱情和灾情的发展变化,加强了与民政部、财政部、国土资源部、交通运输部、农业部、中国气象局、国家海洋局、总参作战部、武警总部等防总成员单位的协调联动。三是强化指导。根据汛情、旱情、灾情的发展变化,及时下发多个通知,有针对性地安排部署各项防御工作,并派出了多个工作组或专家组赶赴灾区,帮助、指导地方开展相关工作。四是加大支持力度。中央财政安排度汛应急资金和特大防汛抗旱补助费,全力支持地方开展水毁修复、应急度汛和防汛抗旱抢险工作。

(3) 防汛防旱的工程措施不断完善

我国现已基本形成了防洪、排涝、灌溉、降渍、挡潮五大水利工程体系。工程措施是指利用水利工程拦蓄调节洪量、削减洪峰或分洪、滞洪等,以改变洪水天然运动状况,达到控制洪水、减少损失的目的。我国常用的水利工程包括河道堤防、水库、涵闸、蓄滞分洪区、排水工程等。具体做法包括:①修筑堤防,约束水流;②兴建水库,调蓄洪水;③建造水闸,控制洪水;④利用蓄滞、分洪区,确保流域性河湖堤防安全;⑤建立排水系统,排除洪涝积水。众多的水利工程设施在历次的抗洪抗旱斗争中,发挥了极其重要的作用,取得了巨大社会效益和经济效益。

(4) 防汛防旱的非工程措施不断加强

在加强工程建设的同时,还采取了非工程措施和工程相结合,加强防汛抗旱队伍建设,提高社会防灾减灾能力。一是物资管理,配备了大量的专业设备和救灾物资,现有的抢险装备包括抗旱排涝设备、抢险机械、起吊装卸设备、水上救援装备,对物资的采购、管理和调配不断进行优化,确保其在救灾过程中的保障。二是抢险队伍建设,到目前为止,全国共组建了多支国家级防汛防旱抢险队伍,同时也充实了防洪抢险专家库,以确保抢险现场的技术指导。三是实战训练,按照"行动军事化、技术专业化、装备现代化"的要求,每年汛前进行钢木土石组合坝、子堤架设,装配式围井封堵管涌,冲锋舟水上运输救护等科目的实战训练,抢险队伍纪律严明、作风过硬、业务精湛。四是社会教育,近年来党委深入学习贯彻党的十九大精神,加大改革力度,规范内部管理,转变职工思想观念,改变精神面貌,全面提升了社会服务功能。

4.1.3 面临的新要求

"十三五"时期是我国全面建成小康社会的决胜阶段,也是全面提升防灾减灾救灾能力的关键时期,面临诸多新形势、新任务与新挑战。一是灾情形势复杂多变。受全球气候变化等自然和经济社会因素耦合影响,"十三五"时期极端天气气候事件及其次生衍生灾害呈增加趋势,自然灾害的突发性、异常性和复杂性有所增加。二是防灾减灾救灾基础依然薄弱。重救灾轻减灾思想还比较普遍,一些地方城市高风险、农村不设防的状况尚未根本改变,基层抵御灾害的能力仍显薄弱,革命老区、民族地区、边疆地区和贫困地区因灾致贫、返贫等问题尤为突出。防灾减灾救灾体制机制与经济社会发展仍不完全适应,应对自然灾害的综合性立法和相关领域立法滞后,能力建设存在短板,社会力量和市场机制作用尚未得到充分发挥,宣传教育不够深入。三是经济社会发展提出了更高要求。如期实现"十三五"时期经济社会发展总体目标,健全公共安全体系,都要求加快推进防灾减灾救灾体制机制改革。四是国际防灾减灾救灾合作任务不断加重。国际社会普遍认识到防灾减灾救灾是全人类的共同任务,更加关注防灾减灾救灾与经济社会发展、应对全球气候变化和消除贫困的关系,更加重视加强多灾种综合风险防范能力建设。同时,国际社会更加期待我国在防灾减灾救灾领域发挥更大作用。

党的十八大以来,习近平总书记多次就加强防灾减灾救灾工作做出重要指示,在 2015 年 5 月 29 日中央政治局第二十三次集体学习和 2016 年 7 月 28 日河北唐山调研考察时强调,防灾减灾救灾事关人民生命财产安全,事关社会和谐稳定,是衡量执政党领导力、检验政府执行力、评判国家动员力、体现民族凝聚力的一个重要方面。2016 年 10 月 11 日中央全面深化改革领导小组第二十八次会议审议通过了《关于推进防灾减灾救灾体制机制改革的意见》,明确提出要全面贯彻党的十八大和十八届三中、四中、五中、六中全会精神,以邓小平理论、"三个代表"重要思想、科学发展观为指导,深入学习贯彻习近平总书记系列重要讲话精神和治国理政新理念新思想新战略,切实增强政治意识、大局意识、核心意识、看齐意识,紧紧围绕统筹推进"五位一体"总体布局和协调推进"四个全面"战略布局,牢固树立和落实新发展理念,坚持以人民为中心的发展思想,正确处理人和自然的关系,正确处理防灾减灾救灾和经济社会发展的关系,坚持以防为主、防抗救相结合,坚持常态减灾和非常态救灾相统一,努力实现从注重灾后救助向注重灾前预防转变,从应对单一灾种向综合减灾转变,从减少灾害损失向减轻灾害风险转变,落实责任、完善体系、整合资源、统筹力量,切实提高防灾减灾救灾工作法治化、规范化、现代化水平,全面提升全社会抵御自然灾害的综合防范能力。具体包括:①通过统筹灾害管理和统筹综合减灾健全统筹协调体制;②通过强化地方应急救灾主体责任、健全灾后恢复重建工作制度和完善军地协调联动制度健全属地管理体制;③通过健全社会力量参与机制,充分发挥市场机制作用,完善社会力量和市场参与机制;④通过强化灾害风险防范,完善信息共享机制,提升救灾物资和装备统筹保障能力,提高科技支撑水平,深化国际交流合作全面提升综合减灾能力;⑤通过强化法治保障、加大防灾减灾救灾投入和强化组织实施切实加强组织领导。

党中央、国务院十分重视防汛抗旱及灾后水利建设工作。习近平总书记多次在防汛抗洪抢险救灾紧要关头发表重要讲话,强调要认真总结近年来防汛抗洪抢险救灾中暴露出的突出薄弱环节,尽快恢复水毁工程,做好恢复生产和恢复重建的规划安排和工作准备。李克强总理两次召开防汛抗洪专题会议,现场研究部署防汛抗洪工作,主持召开国务院常务会议对加快灾后水利薄弱环节和城市排水防涝能力"补短板"建设做出安排部署。

中央政治局常委、十三届全国政协主席汪洋在充分肯定防汛抗洪突出成绩的同时也多次强调:①充分发挥制度优势,全面落实防灾减灾新理念。要按照习近平总书记关于推进防灾减灾救灾体制机制改革的重要指示精神,认真总结借鉴防汛抗洪实践经验和教训,坚持兴利除害结合、防灾减灾并重、治标治本兼顾、政府社会协同,统筹谋划好防汛抗洪工作。要加强防汛抗洪应急管理和风险管理能力建设,应急与监管并重、预防与抢护齐抓,不断提高防汛抗洪社会管理和公共服务行政效能。要从健全体制机制入手,优化完善统一指挥、运转高效的组织领导体系,科学合理、切实可行的洪水防御方案预案体系,平战结合、专群结合的抢险救援队伍体系,种类齐全、保障有力的物资储备供应和医疗防疫体系,符合国情、覆盖广泛的灾害保险体系,全面提高综合防范和抗御洪涝灾害的能力。②传承发扬抗洪精神,加快健全完善防汛抗旱责任机制。传承和发扬伟大抗洪精神,关键是各级党委、政府要勇于担当、敢于负责、做出表率,核心是要不断健全和完善各项责任制度,细化实化各级党委政府及各部门、各行业承担的防汛抗旱责任。在进一步强化重要堤防、重要基础设施防守的同时,尤其要注意加强农村地区、边远山区、城乡接合部等薄弱环节的安全防范,落实防汛抗洪责任,打通预警最后一公里。要健全完善防汛抗旱督察体系,建立防汛抗旱责任追究制度,确保责任制硬起来、落下去、有实效。③加快薄弱环节建设,不断强化防汛抗旱工程体系。要认真落实《关于灾后水利薄弱环节和城市排水防涝"补短板"行动方案》,针对防汛抗洪抢险救灾中暴露出的突出问题,按照统筹规划、突出重点、因地制宜、科学治理的原则,坚持问题导向,以防洪排涝薄弱地区为重点,以流域区域资源环境承载能力和生态保护红线为基础,在继续推进各项重大水利工程建设的同时,集中力量加快中小河流治理、小型病险水库除险加固、重点区域排涝能力、农村基层防汛预报预警体系和近年来内涝严重的城市地下水排水管渠(管廊)、雨水源头减排、排险除涝设施、数字化综合信息管理平台等工程建设,增强流域和区域防洪排涝减灾能力。各地各部门要抓紧完善实施方案,落实地方主体责任,多渠道筹集建设资金,确保如期完成建设目标任务。④依托先进技术手段,大力提升防汛抗旱科技水平。随着农村劳动力大量外出,农村社会"空心化"严重,防汛抗洪必须更加注重发挥现代科技和技术手段的作用。要落实创新驱动发展战略,加强基础理论研究和关键技术研发,推进"互联网+"、大数据、卫星遥感、导航定位等新理念、新技术、新方法的应用。加强水旱灾害监测预警、风险损失评估、应急响应处置、洪水影响评价等科技平台建设。新媒体时代,要利用好信息技术,更快、更准、更广泛传播防汛减灾信息。要通过提高防汛抗洪的技术水平,推动防洪效率和安全性再上一个台阶。

全国政协农业和农村委员会副主任陈雷也多次强调,各级防汛抗旱指挥机构要深入贯彻中央决策部署,主动适应形势发展变化,进一步增强忧患意识、责任意识,不断开创防汛抗旱工作新局面。具体要求如下。①抓紧修复水毁水利工程,加快灾后水利薄弱环节建设。抓紧落实水毁工程修复方案,建立台账,倒排工期,逐项销号,确保汛前全面完成修复任务。抓紧开展干堤险情全面整治,抓好中小河流治理、小型病险水库除险加固、重点区域排涝能力建设和基层防洪预警能力建设等工作。②着力强化防汛抗旱责任体系,打通责任制落实最后一公里。及时调整充实各级防汛抗旱指挥机构负责人和组成人员,及早落实江河重要堤防、蓄滞洪区、水库水电站、重点城市、重要设施防汛责任人,加大对防汛抗旱行政责任人的培训力度,全面落实农村地区、边远山区、城乡接合部等薄弱环节的防汛责任,健全完善防汛抗旱督察机制。③提前安排防汛备汛工作,抓实做细各项度汛措施。组织开展全方位、多层次的汛前检查,抓紧修订完善各类应急预案、调度方案和应急响应机制,全面做好蓄滞洪区、洪泛区的运用准备,结合全面推行河长制,强化河湖管理和防洪社会管理,组织开展防汛抗旱技术培训和实战演练,抓紧补充更新防汛抗旱物资。④综合采取联调联控措施,全力确保江河防洪安全。做好骨干水利工程的科学运用,加强水库群和梯级水库联合调度,统筹安排"拦分蓄滞排"各项措施,充分发挥水利工程综合调蓄作用和防洪减灾效益。强化重大工程和重要设施的防汛安全管理,确保防洪安全。⑤切实做好台风灾害防御,高度重视城市防洪排涝工作。加强台风监测预报,提前组织转移避险,加快推进标准化海堤、避风港口等工程建设。统筹考虑城市外洪防御和内涝治理,落实应急防范措施,确保人民群众生命安全,努力保障城市正常运行。⑥健全完善预警转移机制,有效防范暴雨山洪灾害。充分发挥山洪灾害监测预警系统和群测群防体系作用,及时发布预警信息,进一步健全基层防御组织体系,加强山洪灾害防御知识宣传普及,稳定山洪灾害防治项目投入,逐步建立长效运行维护机制。⑦严格落实防洪安全管理,突出抓好水库安全度汛。逐库逐站落实防汛行政、管理和技术责任人,健全完善管理体制机制,及时修订完善调度运用和应急抢险等方案预案,加强运行管理和维修养护,严格执行调度规程,强化汛期值守、查险抢险和人员转移,保障安全运行。⑧坚持防汛抗旱两手抓,统筹抓好抗旱保灌和城乡供水工作。强化旱情监测研判,加快抗旱水源工程建设,强化水量调度,优化抗旱水源调配,科学制订供用水计划,加强雨洪资源利用,强化节水增效管理,落实应急供水保障措施,确保城乡居民用水安全和重点地区生态用水安全。⑨扎实推进防灾减灾能力建设,不断提高防汛抗旱现代化水平。大力加强防汛抗旱专业抢险队伍建设,强化防汛抗旱基础理论研究和关键技术研发,做好新技术、新设备、新材料的推广应用,以信息化推动防汛抗旱工作现代化。⑩全面落实从严管党治党要求,着力打造忠诚干净担当的防汛抗旱队伍。牢固树立"四个意识",把伟大抗洪精神转化为强大动力。逐级落实全面从严治党责任,切实把从严管党治党要求贯穿于防汛抗旱工作全过程,始终保持风清气正、干事创业、为民务实的良好作风。

综合以上论述可以看出,党的十九大以来,以习近平同志为核心的党中央,紧紧围绕实现"两个一百年"奋斗目标和中华民族伟大复兴中国梦,举旗定向、谋篇布局、攻坚克难、强基固本,提出了一系列治国理政新理念新思想新战略,开创了党和国家事业发展新局面。习近平总书记多次就治水发表重要讲话、做出重要指示,明确了"节水优先、空间均衡、系统治理、两手发力"的新时期水利工作方针,就水安全保障、防灾减灾救灾、江河湖泊保护等做出重大部署,形成了治水兴水管水的重要战略思想,为我们做好水利工作提供了有力思想武器和科学行动指南。李克强总理强调,水是生命之源、生活之本、生态之基,水利不仅是实现粮食稳产的必要和先决条件,也是支撑新型工业化、城镇化、农业现代化的重要基础,就节水供水重大水利工程建设、水利薄弱环节建设、水利改革创新等提出明确要求。各级水利部门要深入贯彻党中央治国理政大政方针,全面落实中央兴水惠民决策部署,自觉肩负党和人民赋予的神圣使命,着力构建与全面建成小康社会相适应的水安全保障体系。

4.2 我国防汛防旱抢险专业队伍建设面临的主要问题和建设方向

4.2.1 面临的主要问题

在"安全第一,常备不懈,以防为主,全力抢险"的工作方针的指导下,我国防汛防旱抢险训练逐渐加强,抢险救灾专业水平逐步提升,逐渐适应了复杂多样、棘手的防汛防旱抢险形势。每一名抢险队员都具备了合格的专业能力,体现出了"拉得出、打得响、抢得住"的工作目标。但是,与此同时在日常的抢险工作中仍然暴露出了一定的问题,需要做进一步的改进。这些问题主要体现以下四个方面。

第一,管理体制和运行机制不完善。防汛防旱抢险专业队伍作用的有效发挥,与完善的管理体制和运行机制密切相关。现有的防汛防旱抢险专业队伍,其管理比较分散,没有相应的政府部门或组织机构来进行统一管理,导致队伍不仅在形式上体现不出综合性,更没有完善的教育培训和考核评估机制,无法确保队伍具备必要的基层综合应急救援能力和水平,难以发挥应急救援的作用。此外,防汛防旱抢险专业队伍与其他应急救援队伍之间,以及同其他应急救援队伍组建主体之间的相互关联机制也未很好地建立,防汛防旱抢险专业队伍在整个队伍体系中的地位、意义均未充分显现,队伍建设缺乏体制保障与系统支持。

第二,防汛防旱抢险专业队伍人员政府抚恤标准存在问题。防汛防旱抢险专业队伍人员的工作是在一个高风险的环境中减轻灾害损失的行为,这一行为在给国家减轻损失的同时却加大了自身发生损失的风险,如何减少、补偿灾害事故导致的二次伤亡是一个值得深入研究的课题。在保险行业,抢险队伍属于非正常状态客户,赔付的可能性更高。因此对抢险队员的保险"责任重、保费少、风险高",导致商业保险公司均裹足不前。目前保险公司将消防部队灭火人员的职业类别列为最高风险类,只接受团体超过20人的伤亡保险。政府部门应当对救援过程中伤亡的救援人员提供补偿和抚恤。虽然《突发事件应对法》规定了地方政府及有关部门应当为专业应急救援人员购买人身意外伤害保险,但实际上我国尚未针对企业应急救援队伍制定针对性的补偿和抚恤标准。为了减轻防汛防旱抢险专业队伍人员的救援负担,免除抢险队伍人员的后顾之忧,针对抢险队伍人员的伤亡抚恤机制也应尽快建立起来。

第三,在抢险过程中沟通不畅。产生沟通问题的原因主要有两方面,一方面是抢险人员抢险经验的匮乏,部分受灾区域遭受到规模空前的洪涝灾害时,相关的抢险救灾人员的抢险经验匮乏;另一方面是,金字塔结构的层级制领导体系,导致了沟通迟滞现象,指挥体系层次过于繁杂,从而导致了上下级沟通的不便。在很多的抢险救灾行动中,抢险中心派出的抢险救灾人员需要自上而下一层一层地与相关负责人员联系。经过多层的辗转之后才能与当地一线的具体负责人员就抢险的实际情况进行沟通。这样的组织结构与沟通方式很难产出高效的沟通,有碍于抢险关键问题的及时解决,贻误最佳救灾时机。

4.2.2 建设的主要方向

基于我国经济社会持续发展的形势,准确把握防汛防旱工作面临的新形势新要求新问题,立足于现如今最不利情况,完善防汛防旱抢险队伍的工作能力,本书着力加快推进抢险队伍专业化和制度化建设。回望过去,抢险工作既要服务于地区社会经济发展,做出突出贡献,又要审视自身建设,瞄准未来,做出前瞻性布局。当前的目标就是要建立一支符合"两个坚持、三个转变"工作要求的抢险队伍。根据水利部的"十三五"规划,防汛抗旱抢险专业队伍建设应以"保障人民群众生命财产安全,维持经济社会平稳有序发展"为使命,结合"安全水利、资源水利、环境水利、民生水利"的治水理念并坚持"以人为本"的抢险理念,积极贯彻防灾减灾法律、法规及文件,强化抢险准备能力,提高抢险响应速度,增强抢险执行能力和抢险恢复能力,提升政府应对突发水旱灾害的能力,构建专业化与社会化相结合的防汛防旱抢险队伍体系,以实现防汛抗旱抢险专业队伍"指挥决策科学化、应急处置规范化、防汛抢险专业化"的建设目标。

1. 加强日常工作规范化

日常工作规范化是防汛防旱抢险队伍建设的基础,是确保高效开展防汛防旱抢险工作的保障,也是应对未来一切突然事件和挑战的前提。通过强化各主体的工作规范可以提高工作效率,便于工作更协调、有效运作;其次可以制定防汛防旱抢险队伍能力建设发展规划及短期计划,使日常工作有目的、按计划、不盲目;再次对队伍进行有效管理、提高人员的工作热情,端正其工作态度,体现团队精神。

规范化管理实施过程中的关键是效率和效益,具体包括决策程序化、考核定量化、组织系统化、权责明晰化、奖惩有据化、目标计划化、业务流程化、措施具体化、行为标准化和控制过程化等内容。当然,制度化管理、标准化管理都不等于规范化管理,规范化管理必须具备四个特征。一是系统思考,贯彻整体统一、普遍联系、发展变化、相互制衡、和谐有序、中正有矩六大观念。二是全员参与,让每一个队员都参与到规则的制定过程中来,以保证其理解、认同和支持。三是体系完整,有完整的思想理论,对队伍管理的方法和技术进行整合和协调。四是制度健全,有能构成队伍运行规则,健全队员行为激励诱导机制的管理制度。

我国防汛防旱抢险队伍日常工作规范化的建设方向应该包括以下三个方面的内容。①队伍能力标准和体系的规范化。建立合乎防汛防旱抢险特色工作和要求的队伍能力指标,可以及时增强和补充队伍能力与资源,为防灾减灾、抢险救灾和灾后恢复建立规范化的能力建设要求。②队伍任务执行和管理流程的规范化。需要及时总结突出经验,学习和接纳成功经验和失败教训,建立规范化的案例素材库,构建队伍的关键任务流程。③制度、设施和环境的规范化。依据任务需求,完善制度,及时更新设施,改善工作环境和文化。同时加强防汛防旱抢险物资管理水平,整合现有库房资源,提升硬件设施水平,调整物资储备布局,科学规范物资储备,积极推进物资管理信息化。

2. 注重汛期备勤常态化

汛期备勤常态化是保证灾害危机发生后能够充分、及时调动防汛防旱抢险队伍参与抢险的关键。为了加强队伍防灾减灾救灾的能力,需要注重队伍在汛期的备勤工作,将其制度化和常态化。杜绝大意麻痹的思想,特别在汛期来临时更要实时监控,处处布防。

汛期备勤常态化是汛期备勤工作的标准要求,是防汛防旱抢险的过程和措施。汛期备勤的常态化管理的实质是把备勤工作贯穿于汛期的整个生命周期中,深入汛期的日常运作中。汛期备勤常态化需要从整体上动态思考对防汛防旱抢险工作的响应过程,区分汛期和非汛期工作的特征,在建立灵活的组织结构基础上运用现代科学技术,根据灾情监测、预警等一系列情况,合理安排备勤制度。制度化和标准化是常态化的重要保证。

防汛防旱抢险队伍汛期备勤常态化的建设方向应该包括以下三个方面的内容。①强化对汛期巡防、布防和监控的制度化,责任到人,命令到位,行动到位。②完善应急预案,提高应急抢险专用设施设备的保障水平,加强快速反应能力建设,重视应急抢险培训和演练。③注重队伍物质储备管理常态化、人员队伍能力培训常态化,以及突然事件应对的及时性。

3. 实现操作流程标准化

操作流程标准化是指防汛防旱抢险过程中的管理流程的操作标准化和工具运用的操作标准化两方面,是防汛防旱抢险工作高效且快速的基础。按照既定的操作标准进行工作是实现防汛防旱抢险工作中重复新活动有序化的重要保障。

标准化是针对现实的或潜在的问题,为制定(供有关各方)共同重复使用的规定所进行的活动,其目的是在给定范围内达到最佳有序化程度。这是一个循环的过程,是制定标准、执行标准和修订标准的螺旋上升式的循环。防汛防旱抢险工作操作流程的标准化必须对这三个流程进行逐一思考,区分不同的操作流程各自特征,设定标准;在工作中必须定量化操作流程的执行,以保证过程的有序化;在工作结束后,必须重新审视操作流程,以确保它的可操作性与有序性。我国防汛防旱抢险队伍建设的专业化体现在救灾管理和操作的标准化,这既能确保队伍建设的系统化,也能够提高工作的效率和效益。防汛防旱抢险队伍未来需要强化操作流程的标准化建设,杜绝演练训练的随意性和间断性,确保队伍在周度、月度、季度和年度演练训练的体系化。建立科学的操作演练标准,构建科学规范的队伍能力体系,确保操作流程有章可循,有的放矢。

我国防汛防旱抢险队伍操作流程标准化的建设方向应该包括以下三个方面的内容。①完善组织管理体系和制度,加强管理队伍建设和技术人才培养,优化人才结构,增加高学历、高职称人才的规模和比例,保证人员固定,数量和技术能力满足需求。②加强岗位管理,构建关键业务能力标准,梳理关键业务流程。为操作演练训练提供科学根据。③及时更新信息化手段,促进队伍学习新知识、新技术、新设备,形成整个队伍的学习能力和氛围。

4. 加强监控指挥信息化

监控指挥信息化是包含对灾害的监控和对灾害应急响应指挥两个方面的信息传递过程。信息化是的目的为了使三防信息上报、指令下达、资源调配等做到快速准确高效,从而为应急处置争取宝贵的时间和减少损失。信息是决策的基础,防汛防旱抢险指挥部的科学决策必须建立在灾害的实时监控的信息和一线人员反馈的现场信息上,经验只能是完善决策而不是制定决策的方式。

防汛防旱抢险队伍监控指挥信息化的建设方向应该包括以下四个方面的内容。①构建应急响应指挥系统模型,建立合理的信息获取和传递的渠道,实现各部门的信息协同。②依靠先进技术,利用科技来促进防汛防旱抢险自动化、智能化、信息化的实现。③进行信息化培训,培养防汛防旱抢险队员,特别是决策者的信息化思维和系统化思维,善于通过不同的途径搜集信息,综合不同的信息明确事态,根据具体的事态做出决策。④建立指挥系统,以系统代替个体。这一方面需要具备优秀的领导者,但是更为关键是需要建立高效的信息系统,搜集和构建大量的信息化数据,以证据和数据推动指挥系统的建设。

5. 强化战时工作军事化

战时工作军事化是指在应急抢险期间,把军队的管理方法、管理模式及管理经验作为借鉴,并把这些管理方法、管理模式及管理经验有效地运用在防汛防旱抢险工作之中,可以增强队伍的责任心和凝聚力,杜绝纪律涣散和不听指挥的违规行为,强化队伍在执行任务时的效率和决心。军事化具有以下的特征:阶级性、政策性、强制性、正规性、严密的体制、完备的制度、强大的执行力、高效的沟通能力。

我国防汛防旱抢险队伍战时工作军事化的建设方向应该包括以下三个方面的内容。①构建军事化的文化,以政治导向为核心,重视对队员使命感和责任感的培养。②构建防灾救灾的准军事化管理模式,提高应急准备状态,在战时工作时期依靠严格的制度对队员进行要求,以工作结果为导向。③加强队伍协同管理,增强内部沟通和互动,降低信息传导障碍。

6. 提升汛后整理系统化

防汛防旱抢险队伍善后提高能力体现在能否在救灾后期做出系统化的梳理,而非零星片段的总结。由于自然环境的影响,我国防汛防旱抢险队伍所面对的任务具有一定的规律可以追寻,这取决于能否从日复一日的工作中进行系统化总结和提炼。

队伍汛后整理系统化的建设方向应该包括以下三个方面的内容:①加强对灾后恢复的管理,确保地区社会秩序,加强与地区人民和相关机构的沟通。②加强对救灾过程中的经验学习和提炼,以各救援单位为基础,总结救灾过程中出现的难题,处置过程,解决方法和策略,涉及的相关资源和协作等。能够将这些关键事件编写成灾难救援的处置案例和手册,成为日后员工学习和培训的宝贵素材。同时,也能提炼出相关典型和代表性的救灾技术,逐步成为队伍的核心能力。③加强对未来可能发现灾害的预判管理。预防的编制是一个系统动态的过程,需要不断提升和改进。能够在每一次的工作中吸纳宝贵经验,提升管理效率,总结优秀方法。

第 5 章

团队胜任力视角下的防汛防旱抢险专业队伍能力评价指标体系研究

5.1 我国防汛防旱抢险专业队伍建设目标与能力评价指标甄选原则

5.1.1 建设目标

根据国家发展改革委、水利部、住房城乡建设部联合印发的《水利改革发展"十三五"规划》,我国的防汛防旱抢险专业队伍建设应以"保障人民群众生命财产安全,维持经济社会平稳有序发展"为使命,牢固树立以人民为中心的理念,同时应积极贯彻防灾减灾法律、法规及文件,全力组织开展抢险救灾工作,促使组织机构更加健全,人员配备更加合理,法规制度更加完备,预案体系更加完善,决策手段更加先进,日常管理更加规范,逐步达到"机构健全、队伍一流、管理规范、装备先进、反应快速、保障有力、应对有序、减灾有效"的目标,建成一支"政治坚定、业务过硬、作风优良、严谨务实、敢打硬仗、能打胜仗"的队伍。

具体而言,建设目标主要包括。

(1) 健全防汛抗旱指挥机构和办事机构。扩大抗旱指挥机构和办事机构的辐射范围,确保各个地区(包括乡、镇、村、组)防汛防旱工作正常开展。

(2) 打造一流队伍。加强管理队伍建设和技术人才培养,优化人才结构,增加高学历、高职称人才的规模和比例,并按照全员培训的要求,制订培训计划,不断提高业务素质和应急管理水平,要充分发挥志愿者组织的作用,充实和壮大防汛防旱抢险专业队伍。

(3) 建立规范化的法制管理。根据防汛防旱工作需要和职能,起草或修订防汛防旱相关地方法规和规章,促进防汛防旱法律法规体系不断完善,结合本地区防汛防旱的目标任务,编制和完善各项规章制度,同时制定防汛防旱督察制度。

(4) 引进先进的装备和技术。建设固定的办公场所,配备必需的办公设施设备和网络通信设备,开发必要的办公系统和防汛防旱指挥决策支持系统,配备必需的防汛防旱执法执勤和抢险指挥救灾车辆,重要区域视情配备卫星电话或移动指挥车等通信工具。

(5) 加强快速反应能力建设。按照有关规定,组织编制或审批防汛防旱应急预案,江河、湖泊防御洪水方案和洪水调度方案,抗旱预案和江河水量调度方案,以及各类专项方案预案。方案预案要覆盖防汛防旱工作的方方面面,并根据情况变化,及时修订、不断细化、逐步完善,增强预案的针对性、实用性和可操作性。

(6) 提供有力的保障。一是各级财政应设立防汛防旱专项经费,以满足防汛防旱工作需要。二是防汛防旱业务经费应列入同级财政预算,以满足各级防办日常工作的需求。三是要足额储备防汛防旱抢险物资。四是按国家和各级政府的有关规定及时筹措和发放工作人员通信津贴和防汛防旱值班补助费等。

5.1.2 能力评价指标甄选原则

防汛防旱抢险专业队伍抢险能力评价涉及多学科、多领域,需要从众多的原始数据和评价信息中筛选出涵盖全面、表征明显、易于度量、便于考核、适用性强的指标,力求客观、准确地反映我国防汛防旱抢险专业队伍的实际和特点,反映防汛防旱抢险专业队伍抢险能力建设的差异和优劣。为系统科学地建立我国防汛防旱抢险专业队伍抢险能力评价体系,抢险能力评价指标的选取需遵循以下原则。

1. 战略导向,目标明确

抢险能力评价指标体系的建立旨在全面考核我国防汛防旱抢险专业队伍建设情况,推动我国保障人民群众生命财产安全目标的实现。指标体系应以我国构建专业化与社会化相结合的防汛防旱抢险队伍体系的总体目标为导向,保证评价结果科学、合理的同时,对防汛防旱抢险专业队伍抢险能力建设有一定的引导作用。

2. 重点突出,兼顾全面

所选取指标应能表现防汛防旱抢险的关键环节,既能反映防汛防旱抢险专业队伍工作的重点,也能反映防汛防旱抢险专业队伍工作的难点与不足,能客观表述防汛防旱抢险专业队伍抢险能力建设的实际水平。

3. 强调操作,适用性强

抢险能力评价指标的选取既要易于获取和测定,也要便于考核和对比,能标准化地度量或计算,要求处于同一层次的不同指标应相对独立。同时,指标选择还应考虑到当前防汛防旱抢险专业队伍抢险的能力和硬件水平,能够适应抢险形势的不断变化,并与现有的防汛防旱抢险专业队伍考核办法保持一致。

4. 先进规范,适度超前

评价体系应尽可能全面评价我国防汛防旱抢险专业队伍的特点,并能充分考虑专业抢险队伍的地域、功能、规模等的差异,且形成一套科学评价标准。同时,指标的选取应适度超前,使之能够适应未来一段时间内的抢险能力建设需求,确保防汛防旱应急体系的高效、可靠运行,实现防汛防旱抢险专业队伍建设与运行的超前性。

5.2 我国防汛防旱抢险专业队伍能力评价指标的甄选

5.2.1 评价指标初步甄选

为了提炼出能够客观地衡量抢险专业队伍的抢险能力,且有助于引导抢险队伍后续能力建设的评价指标,本课题采用实地调研和文献研究相结合的方法,探讨并确定各级指标,进而构建我国防汛防旱抢险专业队伍抢险能力评价指标体系。

1. 内容分析法分析过程

Garry 认为,广义的内容分析方法是一种对从搜集的重要的素材中抽象出来的使用"情景"做出可再现的研究技术。本书采用内容分析法的方法来进行评价指标的初步选择,用数字表示指标选取的结果,具有一定的客观性、系统性、定量性、描述性和明显性等特点,兼具有定性研究和定量研究的优点。

本书按照维默尔和多米尼克提出的内容分析法的步骤来进行,具体步骤如下。

(1) 形成研究问题

本书的研究问题是要厘清现有文献对防汛防旱抢险专业队伍能力的研究,构建防汛防旱抢险专业队伍能力指标体系。

(2) 确定研究范围及抽取样本

本书选取的参考文献来源于中国学术期刊网全文数据库(CNKI),研究时间截至 2018 年 7 月 20 日。排除不相关的文献,最终选出 203 篇相关的文献。

(3) 界定分析单位

在本书的研究中,内容分析法的分析单位为防汛防旱抢险专业队伍能力评价指标。

(4) 构建类目和建立量化系统

根据专家访谈法来确定具体的类目标准并为每一个分类项编码,即主要对文献中的防汛防旱抢险专业队伍能力评价要素,如研究时间、研究方法以及指标进行编码。

(5) 预测试,建立信度并根据定义进行内容编码

信度检验是对文献编码一致性、分类准确性和方法稳定性的检验,通过信度分析可以检验两位编码者对同一样本评价的一致性程度。在对样本检验的过程中,若两位编码者观点一致,记为"1";若不一致,则记为"0";若一致性比率达到80%以上,则认定通过了信度分析。经过计算,此次编码者的一致性比率达到95.5%,说明编码过程通过了信度检验。

(6) 分析资料

搜集的相关文献资料分布如图5-1所示。

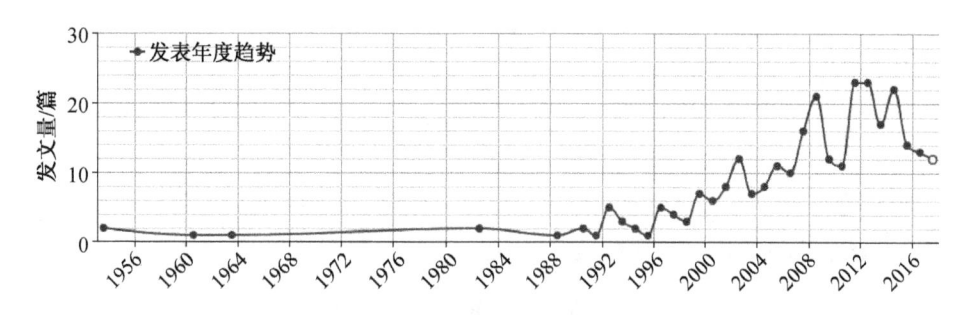

图 5-1 文献资料的时间分布

从图上可以看出,虽然早在1954年国内就有防汛防旱相关的研究,但是文献的数量很少,甚至1965年到1982年期间研究空白,直到1993年开始相关研究才呈上升趋势,到2003年10年间已有相关文献56篇,往后的文献数量呈"锯齿形"上升,越来越多的学者开始关注防汛防旱抢险专业队伍建设问题,这为开展本项研究提供了更多的参考内容。

2. 指标初步选取

本书选取5篇典型文献,从中初步选出57个防汛防旱抢险专业队伍能力评价指标,如下:预案执行能力、应急预案的操作性、设备启动时间、人机配合能力、协调路线能力、信息传递方式、安全作业能力、物资配备能力、风险评估能力、与其他队伍的协作能力、快速配置与启动能力、投送保障能力(交管部门)、预想解决方案能力、法律法规标准、新知识、新方法、体能、应急避难场所、日常监测能力、人员物资配置能力、信息获取渠道、组织能力、人员数量、团队组建能力、任职资质、数量、品类、规格、设备保养能力、任务识别能力、简易设备制作能力、安全撤离能力、专业建议、宣传能力、抢险后评价能力、应急通讯设备、沟通能力(与现场)、应变能力、技术指导能力、应急预案的完备性、路线规划能力、调研时间、团队激励能力、设备的功能性恢复能力、团队合作能力、危机意识、设备采购能力、应急物资准备能力(电力)、决断能力、调研次数、物资装车时间、技术知识、时间掌控能力、后勤保障能力、特殊时期巡

查能力、学习提高能力、警惕能力、总结学习的程序、现场警示能力、预案修订能力。

5.2.2 评价指标修正

1. 德尔菲法分析过程

德尔菲法又名专家意见法或专家函询调查法,采用匿名发表意见的方式,即专家小组成员之间不得互相讨论,只进行反复填写问卷,集结问卷填写人的共识以及搜集各方意见。德尔菲法具有充分发挥专家作用、集思广益、准确性高的优点,因此本书运用德尔菲法对初选的防汛防旱抢险专业队伍能力评价指标进行修正。

运用德尔菲法对防汛防旱抢险专业队伍能力评价指标进行修正的步骤如下。

(1) 确定研究问题

运用德尔菲法对防汛防旱抢险专业队伍能力评价指标进行修正。

(2) 组成专家小组

根据专业背景和工作成就邀请 15 位相关领域的权威学者组成了德尔菲法专家组,专家组成员的构成情况如表 5-1 所示。

表 5-1 德尔菲法专家组成员构成概况表

项目	性别		职称	
	男	女	副高	正高
数量/人	13	2	5	10
百分比/%	86.7	13.3	33.3	66.7

在 10 名正高级职称专家中,教授级高级工程师 7 名,教授 3 名;5 名副高级职称专家中,高级工程师 3 名,副教授 2 名。

(3) 专家匿名评估

以函发的形式向各位专家发送初步选出的防汛防旱抢险专业队伍能力评价指标表,各位专家根据自身的专业背景和工作经验对评价指标进行修正。

(4) 多轮意见收集和反馈

综合前文文献研究的结果,制作出第一轮的半开放式的防汛防旱抢险专业队伍能力评价指标的调查问卷;统计整理专家反馈的意见制作第二轮评价指标调查问卷,将第一轮的结果反馈给各专家,进行第二次填写;随后再将结果反馈给专家,以此进行三轮反馈修正,直到统计结果收敛、专家不再改变意见。

2. 评价指标修正结果

(1) 第一轮专家反馈结果统计

综合文献研究的结果,制作出第一轮的防汛防旱抢险专业队伍能力评价指标的调查问卷。15 位专家第一轮的反馈结果如表 5-2 所示。

表 5-2　第一轮防汛防旱抢险专业队伍能力评价指标德尔菲调查问卷频数统计结果

序号	指标名称	非常不同意	不同意	有点不同意	不确定	有点同意	同意	非常同意	均值	指标	数量
1	预案编制					1	13	1	6		
2	应急预案的完备性				1	1	12	1	5.87		
3	应急预案的操作性					1	14		5.93		
4	风险评估能力				1	2	11	1	5.8		
5	法律法规标准					1	13	1	6	应急预案的合法合规性	1
6	队伍建设				1	3	10	1	5.73		
7	任职资质					4	11		5.73		
8	人员数量					1	13	1	6		
9	与其他队伍的协作能力			1	4	1	9		5.2	协作能力（与基层队伍、部队的协作）	1
10	物资储备			2	3		8	1	4.87	装备能力	1
11	数量、品类、规格				3	1	11		5.53	原型设备设计能力（用）	2
12	设备保养能力						14	1	6.07		
13	简易设备制作能力						13	2	6.13		
14	设备采购能力				1	4	9	1	5.33	设备采购建议能力（对新设备的了解、定期考察）	1
15	培训开发					4	10	1	5.53		
16	体能						14	1	6.07	个体能力培训（体能、技术知识）	2
17	技术知识		1	1	5		7	1	5.4		
18	团队合作能力				1	4	9	1	5.67	团队合作能力培训（抢险专业队伍内部合作）团队能力四个维度：适应、领导、管理、技术	2

115

续表

序号	指标名称	第一轮指标频数统计结果						第一轮专家修改的指标	
		非常不同意	不同意	有点不同意	不确定	有点同意	同意	非常同意	均值	指标	数量
19	调研学习					4	1	8	2	5.53		
20	调研次数						1	12	2	6.07	调研能力	2
21	调研时间			2	5	1	7		4.87	学习能力	1
22	新知识、新方法					1	3	11		5.67		
23	危机意识				3	5	6	1	5.33	学习意识（危机）	2
24	信息获取能力					1	2	9	3	5.93		
25	信息获取渠道					1	2	12		5.73	信息渠道建设（获取、传递）	1
26	信息传递方式						2	13		5.87		
27	日常监测能力						1	9	5	6.27		
28	特殊时期巡查能力					4	5	6		6.13		
29	任务转换能力					5	7	3		5.87		
30	任务识别能力					1	9	5		6.27		
31	物资配备能力					2	9		5.67			
32	团队组建能力						11	4	6.27			
33	物资装车时间					1	1	13		5.8	物资装车效率（时间、当地准备的人财物）	1
34	快速投送能力					3	9	3	6			
35	快速配置与启动能力					1	7	7		5.4	快速配置与启动能力（起重设备）	1
36	路线规划能力						14	1	6.07			
37	时间掌控能力					3	11	1	5.87	删除		
38	投送保障能力（交管部门）				4	1	10		5.4			
39	并行处置能力				1	1	4	9	6.4			

续表

序号	指标名称	第一轮指标频数统计结果						第一轮专家修改的指标	
		非常不同意	不同意	有点不同意	不确定	有点同意	同意	非常同意	均值	指标	数量

序号	指标名称	非常不同意	不同意	有点不同意	不确定	有点同意	同意	非常同意	均值	指标	数量
40	沟通能力（与现场）				1	9	5		5.27	路线应变能力（根据规划路线行进时可能遇到意外情况）、解决方案推演能力、提供远程咨询能力（通过通讯工具了解现场情况、提供技术指导、现场需要做的准备）	2
41	协调路线能力				1	10	4		5.2		
42	技术指导能力				9	2	5		5.07		
43	预想解决方案能力				5	4	6		5.07		
44	专业技术能力				1	3	10	1	5.73		
45	预案执行能力				3		12		5.6	预案执行能力（体现在哪些方面？）	2
46	人机配合能力					4	11		5.73		
47	设备启动时间				6		9		5.2	确保设备正常运行能力（设备故障、运行效率）	2
48	安全作业能力						14	1	6.07		
49	现场警示能力					1	12	2	6.07		
50	组织激励能力（领导力）					1	11	3	6.13		
51	应变能力				2	3	9		5.13	现场情绪管理（紧张、冷静）、鼓舞士气（团队激励）	2
52	警惕能力		1		2	6	6		5.13		
53	人员物资配置能力				2	4	9		5.47		
54	团队激励能力				5	2	8		5.2		
55	指挥协调能力					3	12		5.8		
56	专业建议				3	3	9		5.4	专业决断与建议能力（人员疏散）	1
57	决断能力			2	1	7	5		5		
58	组织能力				1	3	11		5.6	组织执行能力（协作指挥）	
59	综合保障能力				1	3	6	5	6		

117

续表

序号	指标名称	非常不同意	不同意	有点不同意	不确定	有点同意	同意	非常同意	均值	指标	数量
60	后勤保障能力					1	7	7	6.4		
61	应急物资准备能力(电力)				1	4	9	1	5.67	现场应急能力(物资、电力、避难方案、通讯方案)	2
62	应急避难场所				1	9	5		5.27		
63	应急通讯设备				1	7	7		5.4		
64	宣传能力					1	5	9	6.53		
65	恢复秩序能力						11	4	6.27		
66	安全撤离能力			1	2	6	6		5.13	安全撤离能力(人员、设备与抢险中心确认可能涉及的其他内容)	2
67	设备的功能性恢复能力					1	7	7	6.4		
68	总结学习能力				3	4	8		5.33	总结提高能力	2
69	抢险后评价能力					1	8	6	6.33		
70	学习提高能力			1	3	4	7		6.13	反馈能力(部门、领导)、方案制定与落实能力(预案、培训方案)	2
71	总结学习的程序					3	6	6	6.2		
72	预案修订能力					5	8	2	5.8		
补充的指标		应急预案的科学性、抢险经验、专业化水平(着装、技术知识)、培训能力建设(培训体系建设、专家库、培训师培养、社会力量培训)、整改方案落实(是否将建设性意见整合到后续改进的抢险预案中)、现场快速辅导能力、险情判断与预测能力									

如表 5-2 所示,专家第一轮填写有效问卷 15 份,补充了应急预案的科学性、抢险经验、专业化水平(着装、技术知识)、培训能力建设(培训体系建设、专家库、培训师培养、社会力量培训)、整改方案落实(是否将建设性意见整合到后续改进的抢险预案中)、现场快速辅导能力、险情判断与预测能力;删除了"时间掌控能力"和"投送保障能力(交管部门)";对一些指标的名称提出了修改建议,分别是:将"法律法规标准"改为"应急预案的合法合规性"、"物资储备"改为"装备能力"、"数量、品类、规格"改为"原型设备设计能力(用)"、"设备采购能力"改为"设备采购建议能力(对

新设备的了解、定期考察"、"体能和技术知识"改为"个体能力培训(体能、技术知识)"、"团队合作能力"改为"团队合作能力培训"、"调研学习和调研次数"改为"调研能力"、"新知识、新方法"改为"学习能力"、"危机意识"改为"学习意识(危机)"、"信息获取能力和信息获取渠道"改为"信息渠道建设(获取、传递)"、"物资装车时间"改为"物资装车效率(时间、当地准备的人财物)"、"快速配置与启动能力"改为"快速配置与启动能力(起重设备)"、"协调路线能力"改为"路线应变能力"、"预想解决方案能力"改为"解决方案推演能力"、"沟通能力(与现场)、技术指导能力"改为"提供远程咨询能力"、"设备启动时间"改为"确保设备正常运行能力"、"应变能力、警惕能力"改为"现场情绪管理(紧张、冷静)"、"团队激励能力"改为"鼓舞士气(团队激励)"、"决断能力、专业建议"改为"专业决断和建议能力(人员疏散)"、"组织能力"改为"组织执行能力(协助指挥)"、"应急物资准备能力(电力)、应急避难场所、应急通讯设备"合并为"现场应急能力(物资、电力、避难方案、通讯方案)"、"安全撤离能力"改为"安全撤离能力(人员、设备与抢险中心确认可能涉及的其他内容)"、"总结学习能力"改为"总结提高能力"、"学习提高能力、总结学习的程序"合并为"反馈能力(部门、领导)"、"预案修订能力"改为"方案制定与落实能力(预案、培训方案)。"

(2) 第二轮专家反馈结果统计

第一轮专家补充的 7 个指标以及修改的 28 个指标得到了专家的普遍认可,同意补充或修改的专家超过 2/3(每个指标同意修改的专家至少为 10 位)。因此,按照第一轮专家反馈的结果制作出第二轮的半开放式的调查问卷,并按约定以电子邮件的形式发送给 15 位专家。专家组第二轮的反馈结果如表 5-3 所示。

表 5-3　第二轮防汛防旱抢险专业队伍能力评价指标德尔菲法调查问卷频数统计结果

序号	指标名称	第二轮指标频数统计结果						第二轮专家修改的指标	
		非常不同意	不同意	有点不同意	不确定	有点同意	同意	非常同意	均值	指标	数量
1	预案编制					1	3	11	6.67		
2	应急预案的完备性						2	13	6.87		
3	应急预案的操作性					1	2	12	6.73		
4	应急预案的科学性					2	1	12	6.67		
5	应急预案的合法合规性						1	14	6.93		

续表

序号	指标名称	非常不同意	不同意	有点不同意	不确定	有点同意	同意	非常同意	均值	第二轮专家修改的指标	数量
6	队伍建设						3	12	6.80		
7	任职资质					1	1	13	6.80		
8	人员数量						1	11	6.67		
9	抢险经验					1	2	12	6.73		
10	协作能力（与基层队伍、部队的协作）						2	13	6.87		
11	专业化水平（着装、技术知识）					1	4	10	6.60		
12	物资储备					1	6	8	6.47	装备能力	3
13	设备采购建议能力（对新设备的了解、定期考察）（进）					1	2	12	6.73		
14	简易设备制作能力（用）						5	9	6.53	设备设计与制作能力	2
15	原型设备设计能力（用）				1	1	6	7	6.27		
16	设备保养能力（养）					3	4	8	6.33	设备保养能力（设备维护养护、巡查检视）	2
17	培训开发					1	1	13	6.80		
18	个体能力培训（体能、技术知识）						1	14	6.93		
19	团队合作能力培训（抢险专业队伍内部的合作）					1	2	12	6.73		
20	（团队能力四个维度：适应、领导、管理、技术）					1	3	11	6.67		
21	培训能力建设（培训体系建设、专家库、培训师培养、社会力量培训）			2	2	1		10	6.27		

续表

序号	指标名称	第二轮指标频数统计结果						第二轮专家修改的指标	
		非常不同意	不同意	有点不同意	不确定	有点同意	同意	非常同意	均值	指标	数量

序号	指标名称	非常不同意	不同意	有点不同意	不确定	有点同意	同意	非常同意	均值	指标	数量
22	调研学习					6	1	8	6.13	调研学习（科研水平？）	1
23	学习意识（危机）					1	3	11	6.67		
24	调研能力						6	9	6.60		
25	学习能力						1	14	6.93		
26	整改方案落实（是否将建设性意见整合到后续改进的抢险预案中）					2	1	12	6.67		
27	信息获取能力				4		1	10	6.13	信息获取能力（信息化水平）	1
28	信息渠道建设（获取、传递）				1	1	2	11	6.53		
29	日常监测能力						2	13	6.87		
30	特殊时期巡查能力						1	14	6.93		
31	任务转换能力					1	5	9	6.53		
32	任务识别能力						1	14	6.93		
33	物资配备能力					1	1	13	6.80		
34	团队组建能力						3	12	6.80		
35	物资装车效率（时间、当地准备的人财物）					4	5	9	7.53		
36	快速投送能力			1		3	2	9	6.27		
37	路线规划能力					1	2	12	6.73		
38	快速配置与启动能力（起重设备）					1	3	11	6.67		
39	援助获取能力（交管部门）					1	1	13	6.80		
40	并行处置能力			1		2	12	6.67			

续表

序号	指标名称	第二轮指标频数统计结果						第二轮专家修改的指标	
		非常不同意	不同意	有点不同意	不确定	有点同意	同意	非常同意	均值	指标	数量
41	路线应变能力（根据规划路线行进时可能遇到意外情况）						1	14	6.87		
42	解决方案推演能力						1	2	12	6.73		
43	提供远程咨询能力（通过通讯工具了解现场情况、提供技术指导、现场需要做的准备）						1	14	6.93		
44	专业技术能力						1	5	9	6.53		
45	预案执行能力（体现在哪些方面？）				1		6	8	6.40		
46	人机配合能力						2	1	12	6.67		
47	安全作业能力						1	1	13	6.80		
48	现场警示能力							2	13	6.87		
49	现场快速辅导能力				1		3	11	6.60		
50	确保设备正常运行能力（设备故障、运行效率）						1	4	10	6.60		
51	险情判断与预测能力				1		2	12	6.67		
52	组织激励能力（领导力）						1	3	11	6.67		
53	现场情绪管理（紧张、冷静）						2	13	6.87		
54	鼓舞士气（团队激励）						2	4	9	6.47		
55	指挥协调能力				1		2	4	8	6.27		
56	人员物资配置能力						1	2	12	6.73		
57	专业决断与建议能力（人员疏散）						1	3	11	6.67		

第5章　团队胜任力视角下的防汛防旱抢险专业队伍能力评价指标体系研究

续表

序号	指标名称	第二轮指标频数统计结果							第二轮专家修改的指标	
^	^	非常不同意	不同意	有点不同意	不确定	有点同意	同意	非常同意	均值	指标	数量
58	组织执行能力(协助指挥)					2	3	10	6.53		
59	综合保障能力				1	1	4	9	6.40		
60	后勤保障能力				1	2	4	8	6.27		
61	现场应急能力(物资、电力、避难方案、通讯方案)					2	1	12	6.67		
62	宣传能力				1	2	1	11	6.47		
63	恢复秩序能力						2	13	6.87		
64	安全撤离能力(人员、设备,与抢险中心确认可能涉及的其他内容)					5	1	9	6.27		
65	设备的功能性恢复能力					1	2	12	6.73		
66	总结学习能力					4	4	7	6.20	总结提高能力	2
67	抢险后评价能力					2	1	12	6.67		
68	反馈能力(部门、领导)						4	11	6.73		
69	提高方案制定与落实能力(预案、培训方案)						1	14	6.93		
补充的指标	经费保障、日常经费、科研经费、(还有哪些可以争取来的经费)										

如表 5-3 所示,专家第二轮填写有效问卷 15 份,补充了经费保障、日常经费、科研经费(还有哪些可以争取来的经费);并对以下指标进行名称的修改:将"物资储备"改为"装备能力"、"简易设备制作能力(用)和原型设备设计能力(用)"合并为"设备设计与制作能力"、"设备保养能力(养)"改为"设备保养能力(设备维护养护、巡查检视)"、"总结学习能力"改为"总结提高能力";最后对两个指标提出疑问:"调研学习是指科研能力?""信息获取能力是指信息化水平?"

(3)第三轮专家反馈结果统计

第二轮专家补充的 3 个指标、修改的 4 个指标以及对两个指标提出的疑问得

123

到了专家普遍的认可,同意补充、修改的专家超过 2/3(每个指标同意修改的专家至少 10 位)。因此,按照第二轮专家反馈的结果制作出第三轮的半开放式的调查问卷,并邀请专家将指标的字数进行缩减统一,专家组第三轮的反馈结果如表 5-4 所示。

表 5-4 第三轮防汛防旱抢险专业队伍能力评价指标德尔菲法调查问卷频数统计结果

序号	指标名称	非常不同意	不同意	有点不同意	不确定	有点同意	同意	非常同意	均值	第三轮专家修改的指标
1	预案编制					1	7	7	6.40	预案预警
2	应急预案的完备性					1	2	12	6.73	完备性
3	应急预案的操作性					2	2	11	6.60	操作性
4	应急预案的科学性						1	14	6.93	科学性
5	应急预案的合法合规性		6	1	6	1	2		4.80	删除
6	队伍建设					1	2	12	6.73	
7	任职资质					1	3	11	6.67	
8	人员数量						2	13	6.87	
9	抢险经验					1	2	12	6.73	
10	协作能力(与基层队伍、部队的协作)					1	1	13	6.80	协作能力
11	专业化水平(着装、技术知识)						2	13	6.87	专业化水平
12	经费保障				4	6		5	5.40	财务保障
13	日常经费					1	2	12	6.73	
14	科研经费				1	1	1	12	6.60	
15	物资储备						1	14	6.93	
16	设备采购建议能力(物资设备的储备规格与数量,对先进设备跟踪、定期考察)(进)				1	1	1	12	6.60	采购管理、规格规模
17	设备设计与制作能力					2	2	11	6.60	设计制作

续表

序号	指标名称	第三轮指标频数统计结果							第三轮专家修改的指标
		非常不同意	不同意	有点不同意	不确定	有点同意	同意	非常同意	均值	指标
18	设备保养能力(设备维护养护、巡查检视)(养)						2	13	6.87	维护养护、巡查检视
19	培训开发						1	14	6.93	
20	个体能力培训(体能、技术知识)					1	5	9	6.53	个体培训
21	团队合作能力培训(抢险专业队伍内部的合作)					1	6	8	6.47	团队培训
22	(团队能力四个维度:适应、领导、管理、技术)				10	2		3	4.73	删除
23	培训能力建设(培训体系建设、专家库、培训师培养、社会力量培训)					1	2	12	6.73	开发体系
24	调研学习					1	5	9	6.53	科技创新
25	学习意识(危机)						3	12	6.80	科研意识
26	调研能力					1	2	12	6.73	
27	学习能力				6	1	4	4	5.40	创新能力
28	整改方案落实(是否将建设性意见整合到后续改进的抢险预案中)						2	13	6.87	整改落实
29	信息获取能力(信息化水平)						4	11	6.73	信息获取
30	信息渠道建设(获取、传递)						3	12	6.80	渠道建设
31	日常监测能力					1	4	10	6.60	日常监测
32	特殊时期巡查能力						6	9	6.60	特殊巡查

续表

序号	指标名称	第三轮指标频数统计结果							第三轮专家修改的指标
		非常不同意	不同意	有点不同意	不确定	有点同意	同意	非常同意	均值	指标
33	任务转换能力						7	8	6.53	任务转换
34	任务识别能力						4	11	6.73	任务识别
35	物资配备能力						2	13	6.87	物资配备
36	团队组建能力						5	10	6.67	团队组建
37	物资装车效率（时间、当地准备的人财物）						3	12	6.80	装车效率
38	快速投送能力						4	11	6.73	快速投送
39	路线规划能力						3	12	6.80	路线规划
40	快速配置与启动能力（起重设备）						5	10	6.67	快速配置
41	援助获取能力（交管部门）						4	11	6.73	援助获取
42	并行处置能力						5	10	6.67	并行处置
43	路线应变能力（根据规划路线行进时可能遇到意外情况）						6	9	6.60	路线应变
44	解决方案推演能力						7	8	6.53	方案推演
45	提供远程咨询能力（通过通讯工具了解现场情况、提供技术指导、现场需要做的准备）						8	7	6.47	远程咨询
46	专业技术能力						6	9	6.60	专业技术
47	预案执行能力（体现在哪些方面？）						3	12	6.80	预案执行
48	人机配合能力						4	11	6.73	人机配合
49	安全作业能力						2	13	6.87	安全作业
50	现场警示能力						1	14	6.93	现场警示
51	现场快速辅导能力						2	13	6.87	快速辅导

续表

序号	指标名称	第三轮指标频数统计结果						第三轮专家修改的指标
		非常不同意	不同意	有点不同意	不确定	有点同意	同意	非常同意	均值	指标

序号	指标名称	非常不同意	不同意	有点不同意	不确定	有点同意	同意	非常同意	均值	指标
52	确保设备正常运行能力（设备故障、运行效率）						3	12	6.80	运行保障
53	险情判断与预测能力						4	11	6.73	险情预判
54	组织激励能力（领导力）						6	9	6.60	组织激励
55	现场情绪管理（紧张、冷静）						5	10	6.67	情绪管理
56	鼓舞士气（团队激励）						4	11	6.73	团队激励
57	指挥协调能力						2	13	6.87	指挥协调
58	人员物资配置能力						3	12	6.80	资源配置
59	专业决断与建议能力（人员疏散）						1	14	6.93	决断建议
60	组织执行能力（协助指挥）						3	12	6.80	组织执行
61	综合保障能力						1	14	6.93	综合保障
62	后勤保障能力						4	11	6.73	后勤保障
63	现场应急能力（物资、电力、避难方案、通讯方案）						1	14	6.93	现场应急
64	宣传能力						3	12	6.80	
65	恢复秩序能力						2	13	6.87	恢复秩序
66	安全撤离能力（人员、设备，与抢险中心确认可能涉及的其他内容）						1	14	6.93	安全撤离
67	设备的功能性恢复能力						4	11	6.73	功能恢复
68	总结学习能力					5	1	9	6.27	总结提高

续表

序号	指标名称	第三轮指标频数统计结果						第三轮专家修改的指标
		非常不同意	不同意	有点不同意	不确定	有点同意	同意	非常同意	均值	指标
69	抢险后评价能力					1	6	8	6.47	后评价
70	反馈能力(部门、领导)						6	9	6.60	反馈能力
71	提高方案制定与落实能力(预案、培训方案)						2	13	6.87	提高方案
	补充的指标	预备经费、培训经费、预警准备、管理职责、管理机制、分级制度								

表5-4所示,专家第三轮填写有效问卷15份,增加了预备经费、培训经费、预警准备、管理职责、管理机制、分级制度；并对以下指标进行名称的修改：将"预案编制"改为"预案预警","应急预案的完备性、应急预案的操作性、应急预案的科学性"改为"完备性、操作性、科学性",将"应急预案的合法合规性"删除、"协作能力(与基层队伍、部队的协作)、专业化水平(着装、技术知识)"简化为"协作能力、专业化水平","经费保障"改为"财务保障","设备采购建议能力(物资设备的储备规格与数量,对先进设备跟踪、定期考察)"概括为"采购管理、规格规模","设备设计与制作能力"改为"设计制作","设备保养能力(设备维护养护、巡查检视)"改为"维护养护、巡查检视","个体能力培训(体能、技术知识)"改为"个体培训","团队合作能力培训(抢险专业队伍内部的合作)"改为"团队培训","培训能力建设(培训体系建设、专家库、培训师培养、社会力量培养)"改为"开发体系","调研学习"改为"科技创新","学习意识(危机)"改为"科研意识","学习能力"改为"创新能力","整改方案落实(是否将建设性意见整合到后续改进的抢险)"简化为"整改落实","信息获取能力(信息化水平)、信息渠道建设(获取、传递)、日常监测能力、特殊时期巡查能力"改为"信息获取、渠道建设、日常监测、特殊巡查","任务转换能力、任务识别能力、物资配备能力、团队组建能力、物资装车效率(时间、当地准备的人财物)"简化为"任务转换、任务识别、物资配备、团队组建、装车效率","快速投送能力、路线规划能力、快速配置与启动能力(起重设备)、援助获取能力(交管部门)"简化为"路线规划、快速配置、援助获取","并行处置能力、路线应变能力(根据规划路线行进时可能遇到意外情况)、解决方案推演能力、提供远程咨询能力(通过通讯工具了解现场情况、提供技术指导、现场需要做的准备)"简化为"并行处置、路线应变、方案推演、远程咨询","专业技术能力、预案执行能力(体现在哪些方面？)、人机配合能力、安全作业能力、现场警示能力、现场快速辅导能力、确保设备正常运行能力(设备故

障、运行效率)、险情判断与预测能力"简化为"专业技术、预案执行、快速辅导、安全作业、人机配合、现场警示、运行保障、险情预判","组织激励能力(领导力)、现场情绪管理(紧张、冷静)、鼓舞士气(团队激励)、指挥协调能力、人员物资配置能力、专业决断与建议能力(人员疏散)、组织执行能力(协助指挥)、综合保障能力、后勤保障能力、现场应急能力(物资、电力、避难方案、通讯方案)、恢复秩序能力、安全撤离能力(人员、设备,与抢险中心确认可能涉及的其他内容)、设备的功能性恢复能力、总结学习能力、抢险后评价能力、反馈能力(部门、领导)、提高方案制定与落实能力(预案、培训方案)"改为"组织激励、情绪管理、团队激励、资源配置、决断建议、组织执行、后勤保障、现场应急、安全撤离、功能恢复、总结提高、后评价、反馈能力、提高方案"。

经过专家的三轮反馈、修改,最终形成防汛防旱抢险专业队伍评价指标库,对最终确定的77个指标进行分层处理,构建出防汛防旱抢险专业队伍评价指标体系的二级、三级指标,根据抢险周期——抢险准备、抢险响应、抢险执行和抢险恢复建立一级指标。该指标体系得到专家的普遍认可,赞成的专家超过2/3(对于每个指标的所属层级赞成的专家至少10位)。

防汛防旱抢险专业队伍能力评价指标体系由准备能力、响应能力、执行能力、恢复能力4个一级指标和预案预警、队伍建设、财务保障、物资储备、培训开发、科技创新、信息获取、预警准备、任务转换、快速投送、并行处置、专业技术、组织激励、指挥协调、综合保障、恢复秩序、总结提高这17个二级指标和完备性、操作性、科学性、任职资质、人员数量、抢险经验、协作能力、专业化水平、日常经费、预备经费、培训经费、科研经费、规格规模、采购管理、设计制作、维护养护、巡查检视、个体培训、团队培训、开发体系、科研意识、创新能力、调研能力、整改落实、渠道建设、日常监测、特殊巡查、分级制度、管理职责、管理机制、任务识别、团队组建、物资配备、装车效率、路线规划、快速配置、援助获取、路线应变、方案推演、远程咨询、预案执行、快速辅导、安全作业、人机配合、现场警示、运行保障、险情预判、情绪管理、团队激励、资源配置、决断建议、组织执行、后勤保障、现场应急、宣传能力、安全撤离、功能恢复、后评价、反馈能力、提高方案60个三级指标构成。完整的指标体系详见图5-2。

5.3 我国防汛防旱抢险专业队伍能力评价指标体系的构建

5.3.1 团队胜任力视角下的理论架构

团队胜任力是在以团队作为整体的条件下,以成员的胜任力为核心,成员相互影响、相互弥补的一系列知识、技能等特征的组合。团队胜任力理论改变了传统的

```
                                            ┌─ 完备性
                              ┌─ 预案预警 ──┼─ 操作性
                              │             └─ 科学性
                              │             ┌─ 任职资质
                              │             ├─ 人员数量
                              ├─ 队伍建设 ──┼─ 抢险经验
                              │             ├─ 协作能力
                              │             └─ 专业化水平
                              │             ┌─ 日常经费
                              │             ├─ 预备经费
                              ├─ 财务保障 ──┤
              ┌─ 准备能力 ────┤             ├─ 培训经费
              │               │             └─ 科研经费
              │               │             ┌─ 规格规模
              │               │             ├─ 采购管理
              │               ├─ 物资储备 ──┼─ 设计制作
              │               │             ├─ 维护养护
              │               │             └─ 巡查检视
              │               │             ┌─ 个体培训
              │               ├─ 培训开发 ──┼─ 团队培训
              │               │             └─ 开发体系
              │               │             ┌─ 科研意识
              │               │             ├─ 创新能力
              │               └─ 科技创新 ──┼─ 调研能力
              │                             └─ 整改落实
              │                             ┌─ 渠道建设
              │               ┌─ 信息获取 ──┼─ 日常监测
              │               │             └─ 特殊巡查
              │               │             ┌─ 管理职责
              │               ├─ 预警准备 ──┼─ 管理机制
              │               │             └─ 分级制度
              │               │             ┌─ 任务识别
              ├─ 响应能力 ────┤             ├─ 团队组建
              │               ├─ 任务转换 ──┼─ 物资配备
              │               │             └─ 装车效率
              │               │             ┌─ 路线规划
              │               ├─ 快速投送 ──┼─ 快速配置
              │               │             └─ 援助获取
抢            │               │             ┌─ 路线应变
险 ───────────┤               └─ 并行处置 ──┼─ 方案推演
能            │                             └─ 远程咨询
力            │                             ┌─ 预案执行
              │                             ├─ 快速辅导
              │                             ├─ 安全作业
              │               ┌─ 专业技术 ──┼─ 人机配合
              │               │             ├─ 现场警示
              │               │             ├─ 运行保障
              │               │             └─ 险情预判
              ├─ 执行能力 ────┤             ┌─ 情绪管理
              │               ├─ 组织激励 ──┴─ 团队激励
              │               │             ┌─ 资源配置
              │               ├─ 指挥协调 ──┼─ 决断建议
              │               │             └─ 组织执行
              │               │             ┌─ 后勤保障
              │               └─ 综合保障 ──┼─ 现场应急
              │                             └─ 宣传能力
              │               ┌─ 恢复秩序 ──┬─ 安全撤离
              └─ 恢复能力 ────┤             └─ 功能恢复
                              │             ┌─ 后评价
                              └─ 总结提高 ──┼─ 反馈能力
                                            └─ 提高方案
```

图 5-2　防汛防旱抢险专业队伍能力建设指标体系

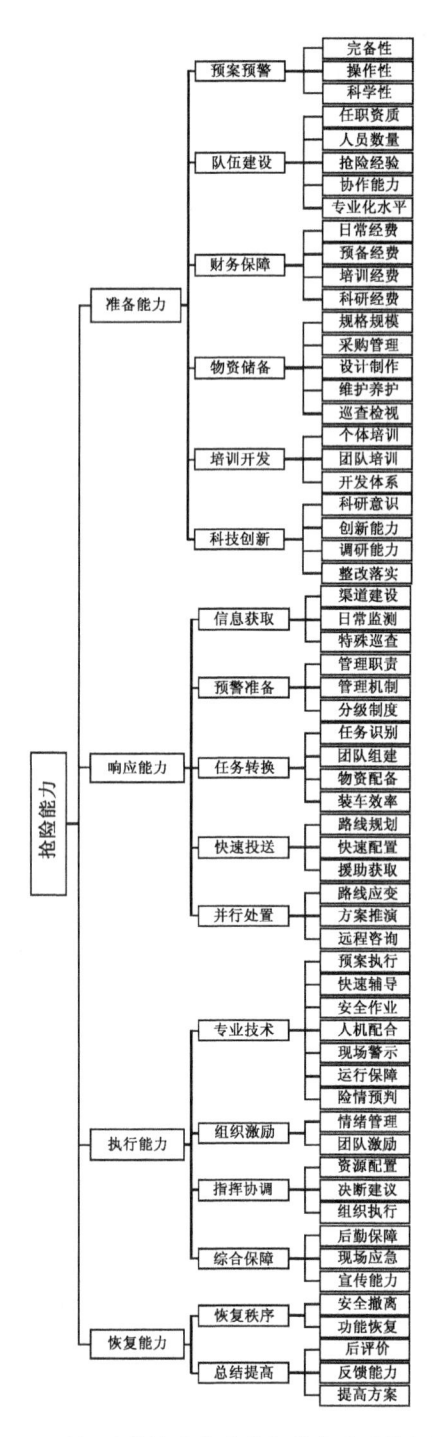

个体能力分析视角,将传统的职位导向组织系统转变为建立团队胜任力为基础的组织系统,有利于提高组织部门的竞争和绩效。基于团队胜任力的抢险专业队伍能力评价指标体系是由与优异表现相关联的一系列特征和行为要素组成,它具有更强的工作绩效预测性。

抢险专业队伍能力评价指标体系是抢险专业队伍团队胜任力的物质载体。抢险专业队伍的竞争优势表现在两个方面,即核心救灾管理技术竞争力与核心运作能力,本书从我国防汛防旱抢险工作的全局出发,系统梳理防汛防旱抢险专业队伍在抢险准备、抢险响应、抢险执行和抢险恢复四个阶段的工作职责、内容和规范,根据抢险周期来搭建抢险专业队伍能力评价指标体系,具体划分为:抢险准备能力、抢险反应能力、抢险处置能力、抢险恢复能力,并且这四项能力是一个循环的过程,即一旦出现灾害风险,首先从抢险准备进入抢险响应,接着执行抢险任务,待灾害风险解除后还需进行善后处置和总结提高,并不断地反馈完善抢险准备工作。

5.3.2 评价指标的逻辑关系和体系构建

1. 评价指标的逻辑关系

防汛防旱专业队伍抢险工作是一个涉及抢险准备、抢险响应、抢险执行与抢险修复的循环过程,一旦出现灾害风险,抢险队伍从准备工作进入抢险响应和抢先执行阶段,灾害风险解除后还需要进行善后处置和总结提高,而且有必要将整改落实的内容融入到抢险准备工作中。本书以江苏省抢险专业队伍的抢险能力为例,构建了科学的评价指标体系,一级指标包括抢险准备能力、抢险响应能力、抢险执行能力和抢险恢复能力。这四项能力环环相扣,相辅相成。防汛防旱抢险专业队伍评价指标体系的基本逻辑关系如图5-3所示。

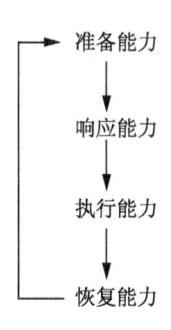

图 5-3 防汛防旱抢险专业队伍能力评价的基本逻辑

2. 团队胜任力视角下的理论基础

一些学者认为将个人和团队的胜任力联系起来,成为个体和团队层面的能力联合体,还认为团队能力是竞争优势的第四种能力。团队胜任力理论改变了传统的个体能力分析视角,将传统的职位导向的组织系统转变为建立团队胜任力为基础的组织系统,这为提高部门的竞争和绩效提供非常重要的参照。

在团队分析的框架中,需要把个体层面的胜任力置于"人—职—团队"匹配的框架下,这有利于个体胜任力与团队胜任力相匹配。个体员工的专长如果不能与团队的胜任力相匹配,那么其作用会大打折扣,而脱离团队胜任力的个体培训活动则无助于团队和组织的发展。防汛防旱抢险专业队伍的竞争优势可以从两个维度来解释,即核心救灾管理技术竞争力与核心运作能力,这两方面的胜任力都离不开个体和团队的学习能力。因此,在团队胜任力理论的指导下,不仅要开发个体层面的能力,更要重视团队层面的整体能力,并重视两个层面能力的结合,形成持续学习的团队文化是建设团队胜任力的关键。

防汛防旱抢险专业队伍的专业能力是基于防汛防旱抢险制度建设的一个抗灾救灾系统,其核心依托于防汛防旱抢险,主要工作是围绕人、财、物和预案展开的。人员保障、财务保障和物资储备是防汛防旱抢险专业队伍工作的重点,防汛防旱抢险工作必须从人力、物力、财力三个方面结合合理有效的预案着手,人力是关键,物力是保障,财力是基础,预案是前提和手段,防汛防旱专业队伍的能力建设应该将个体和团队的胜任力相结合,即要求个体目标与防灾减灾救灾的团队目标相结合,充分发挥人财物以及预案的功能,共同抵御应对旱涝灾害。防汛防旱抢险专业队伍能力评价的基本逻辑详见图 5-4。

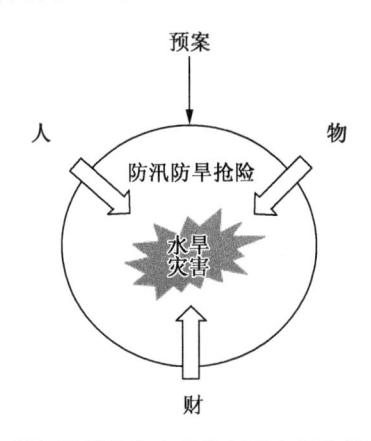

图 5-4 防汛防旱抢险专业队伍能力评价的基本逻辑

1) 防汛防旱抢险专业队伍执行能力评价的逻辑关系

防汛防旱抢险专业队伍执行能力要求防汛防旱抢险专业队伍应对灾害时,要贯彻落实各项抗灾救灾政策和制度,其核心是依托防汛防旱抢险预案方案将人力、物力和财力等资源投入现场进行防灾、抗灾和减灾工作。之所以把执行能力放在首要位置是因为旱涝灾害具有突发性和动态性,必须从应急管理的执行阶段着眼,确定防汛防旱抢险专业队伍工作所需要的人力、物力、财力资源,以执行阶段所需的各项资源和能力为核心,再确定准备阶段和响应阶段应该做哪些工作,需要防汛防旱抢险专业队伍具备哪些能力,防汛防旱抢险工作一定是立足于现实,而不是建造无凭据的空中楼阁。

具体来看,人力方面包括专业队伍和非专业队伍:专业队伍是由防汛防旱指挥部、省级抢险队伍、地级市抢险队伍、县级抢险队伍和专业的消防救援队(原武警部队)等防汛防旱抢险专业人员组成;非专业队伍由当地政府、村镇干部、联防队员、群众、应急志愿者、单位应急队伍和非专业武警部队等构成。专业队伍和非专业队伍共同构成了防汛防旱抢险专业队伍。物力包括防汛物资和防旱物资,防汛物资有堵口设备、排水设备、救生器材、通讯设备、作业防护设备、抢险/运输车辆、大型机械设备、监测设备、照明设备、动力设备和办公设备;防旱物资有钻井设备、喷灌设备、净水设备、供水设备、物探设备、水管水袋。预案包括对各种旱涝灾害的预警和防治,如江河湖洪水、涝灾、山洪灾害、台风、风暴潮灾害、干旱灾害、供水危机,以及由洪涝、风暴潮、地震、恐怖活动等引发的水库垮坝、堤防决口、坍江、河势变化、水闸倒塌、供水水质被侵害等次生灾害。财力是指资金支持。防汛防旱抢险专业队伍执行能力的基本逻辑如图5-5所示。

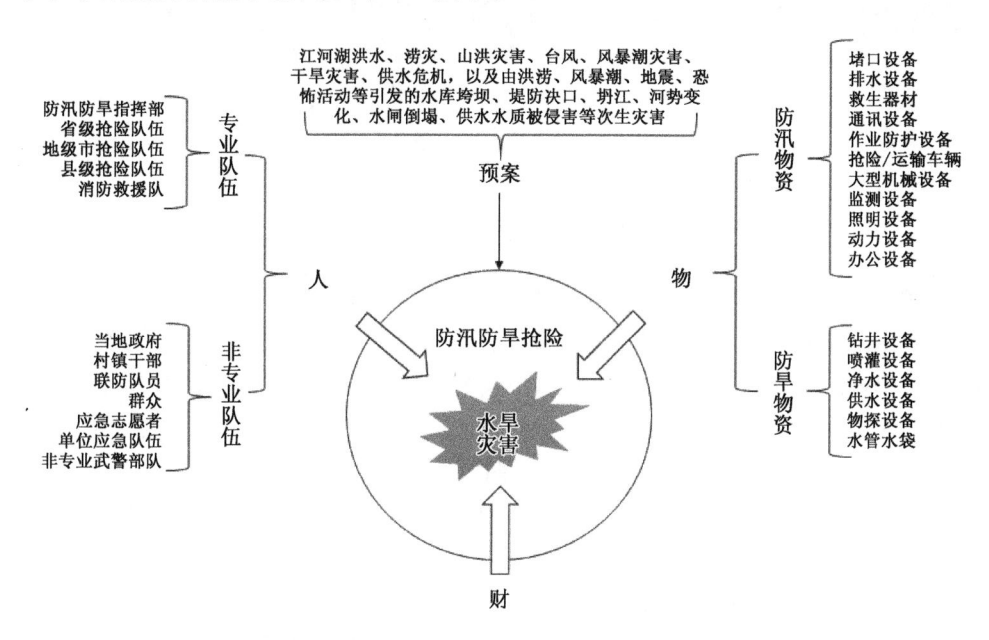

图5-5 防汛防旱抢险专业队伍执行能力的基本逻辑

防汛防旱抢险专业队伍执行能力分为四个部分:第一,专业技术;第二,组织激励;第三,指挥协调;第四,综合保障。以下详细介绍各部分的主要工作。

(1) 防汛防旱抢险专业队伍执行能力的技术支撑

防汛防旱抢险专业队伍的执行能力是和人力紧密相关的,尤其是专业队伍,是预案执行的主力军,是防汛防旱抢险专业队伍的技术支撑,同时能够负责对非专业队伍进行快速指导,而且是连接物力的关键,实现人机配合、运行保障,对水旱灾害进行安全作业、现场巡视和险情预测。防汛防旱抢险专业队伍执行能力评价的技术支撑详见图 5-6。

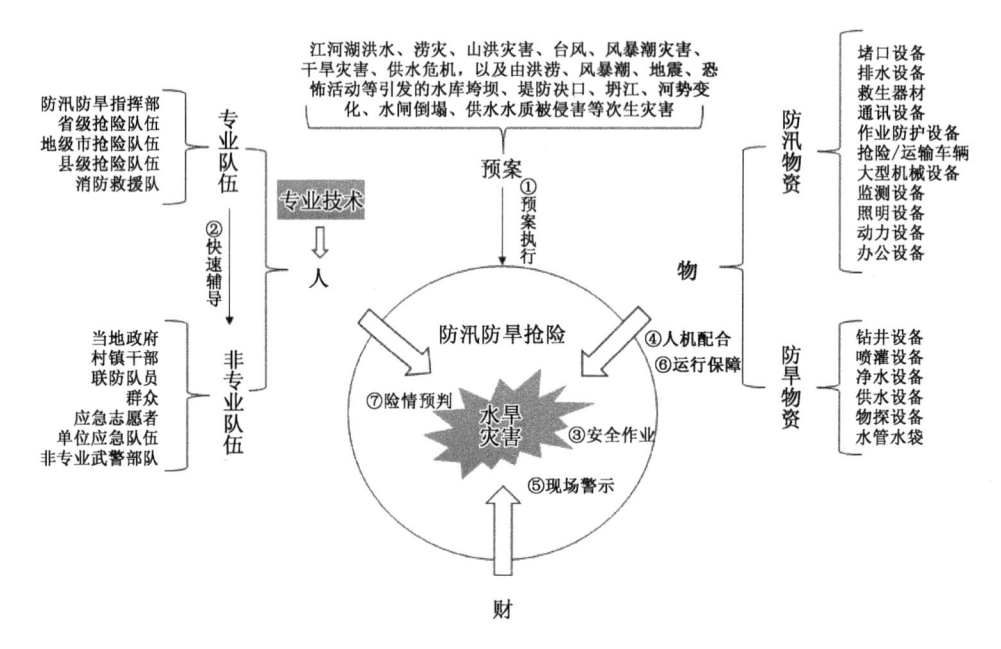

图 5-6 防汛防旱抢险专业队伍执行能力评价的技术支撑

(2) 防汛防旱抢险专业队伍执行能力评价的协调机制

防汛防旱抢险工作是一个集合人财物多方力量共同完成的综合性工作,需要防汛防旱抢险专业队伍做好统筹规划,协调各方,有效地指挥协调人力、物力等,把有限的人力物力资源的价值发挥到最大化,这就包括人力资源配置、物质资源配置、决策建议和组织执行,指挥协调机制是防汛防旱抢险专业队伍执行能力的必要机制,是推进防汛防旱抢险工作顺利开展的重要推手。具体逻辑关系详见图 5-7。

(3) 防汛防旱抢险专业队伍执行能力的激励机制

提升江苏省防汛防旱抢险专业队伍执行能力的重要因素是组织激励。防汛防旱抢险工作的关键在于人,也即专业队伍和非专业队伍,他们直接面对和接触旱涝灾害现场,直接影响防汛防旱抢险工作的效率和质量,因此对防汛防旱抢险人员的组织激励是尤为重要的,主要体现在情绪管理和团队激励两个方面。具体逻辑关系详见图 5-8。

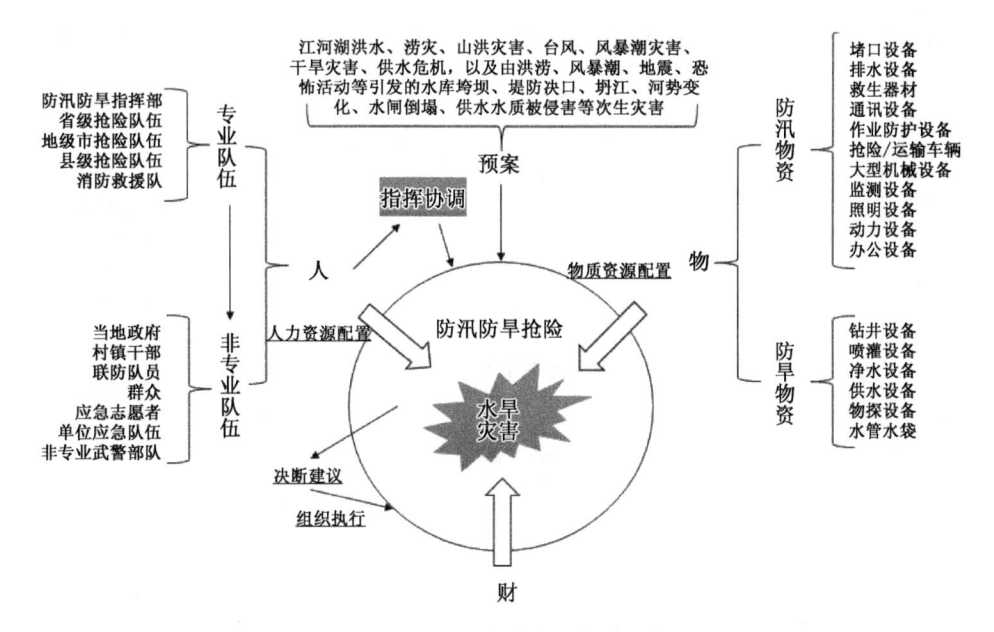

图 5-7　防汛防旱抢险专业队伍执行能力评价的协调机制

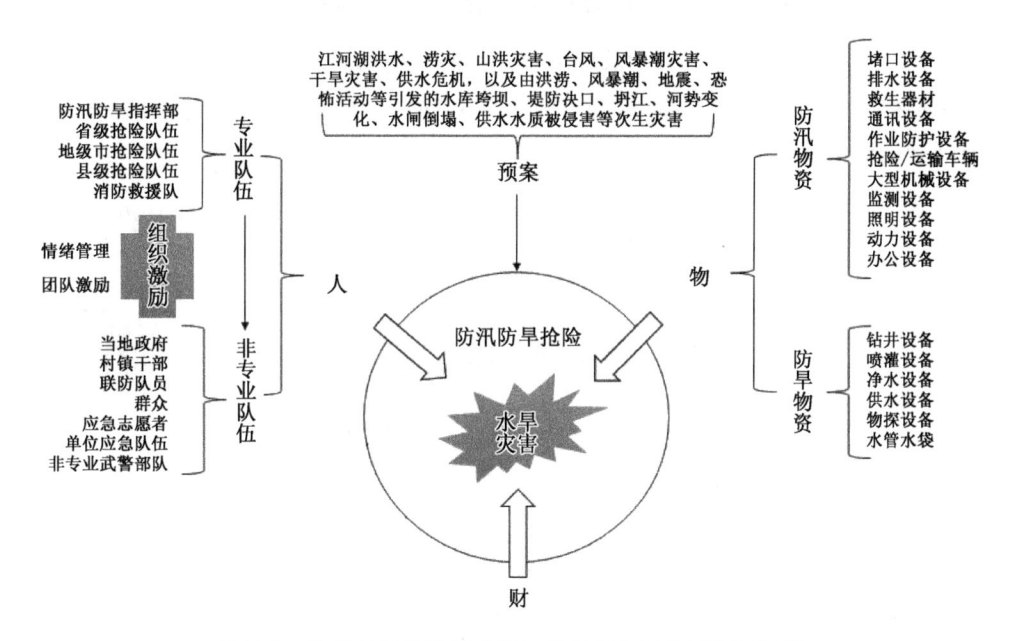

图 5-8　防汛防旱抢险专业队伍执行能力评价的激励机制

(4) 防汛防旱抢险专业队伍执行能力评价的保障机制

防汛防旱抢险工作需要人财物的统一,物力在这其中发挥的综合保障作用,为抢险工作人员提供充分的后勤支持,有效的防汛防旱抢险工作必须仰赖于充足的物质资源。保障机制包括后勤保障、现场应急和宣传能力。具体逻辑关系详见图 5-9。

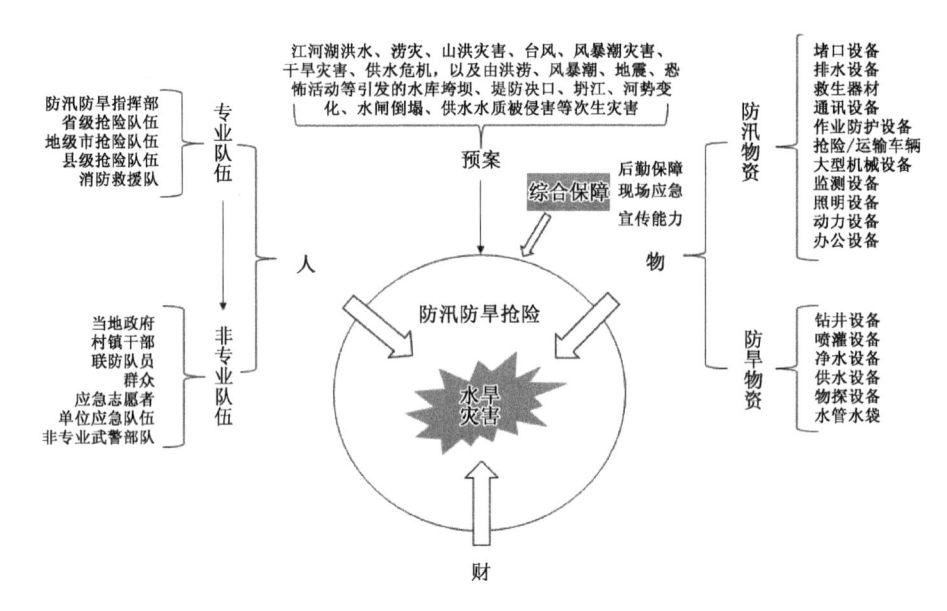

图 5-9 防汛防旱抢险专业队伍执行能力评价的保障机制

（5）防汛防旱抢险专业队伍执行能力评价的逻辑框架

综合图 5-6、图 5-7、图 5-8 和图 5-9 得出防汛防旱抢险专业队伍执行能力评价的逻辑框架，如图 5-10 所示。

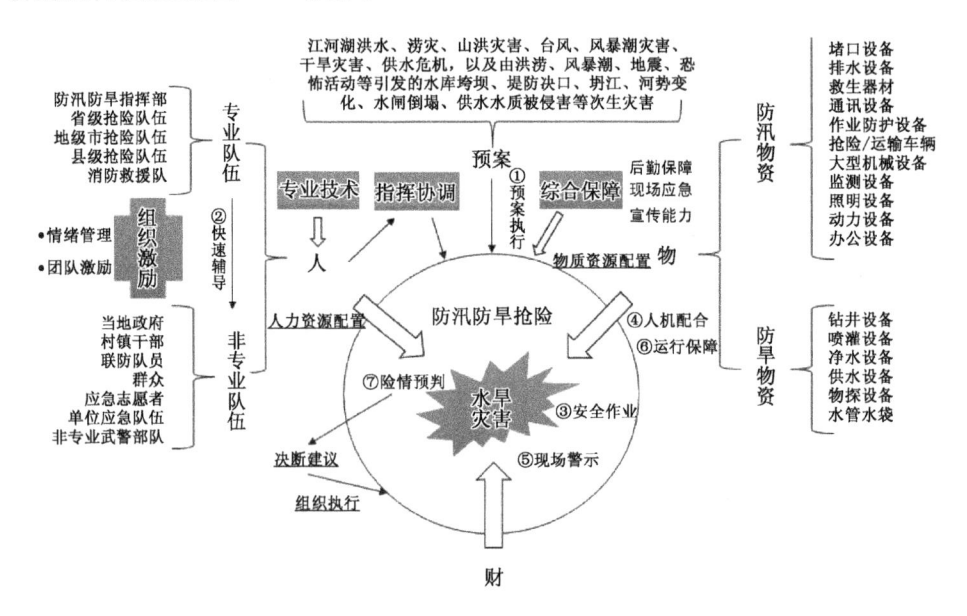

图 5-10 防汛防旱抢险专业队伍执行能力评价的逻辑框架

2) 防汛防旱抢险专业队伍准备能力评价的逻辑关系

防汛防旱抢险专业队伍准备能力是基于防汛防旱抢险建设的一个防灾减灾系统,防汛防旱抢险专业队伍通过日常训练演练,能够快速有效地按照专项预案方案的步骤和程序投入人财物,运用科技手段和培训开发不断提高防汛防旱抢险专业队伍水平。因此,预案方案是防汛防旱抢险专业队伍工作能力的手段,人员保障、财务保障和物资储备是防汛防旱抢险专业队伍工作的重点,而培训开发和科技创新则决定了防汛防旱抢险专业队伍工作的能力和水平。防汛防旱抢险专业队伍准备能力评价的基本逻辑详见图 5-11。

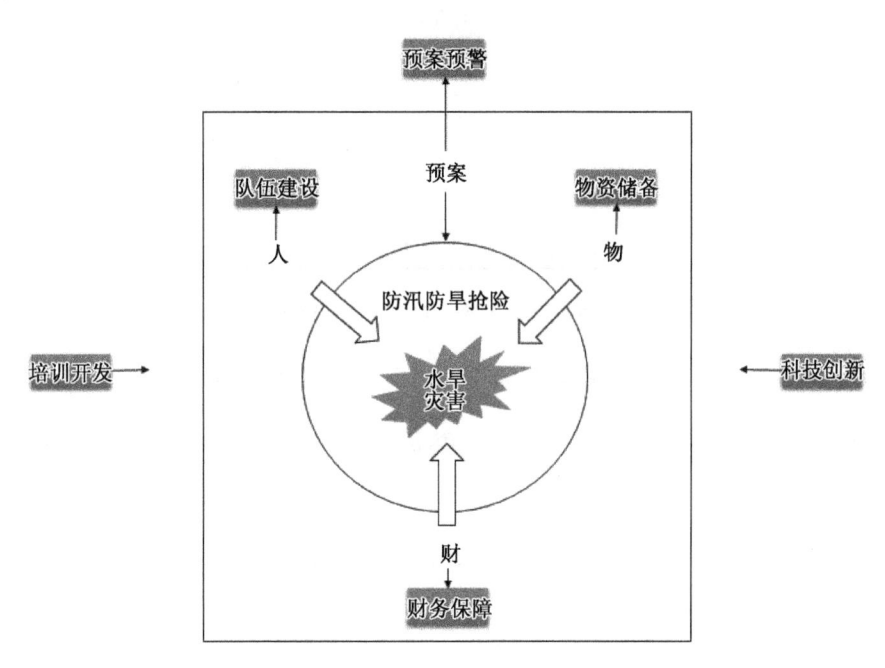

图 5-11　防汛防旱抢险专业队伍准备能力评价的基本逻辑

(1) 防汛防旱抢险专业队伍准备能力的手段

防汛防旱抢险专业队伍准备能力的手段体现在预案预警,预案预警能力评价主要体现在各种专项预案方案的完备性、可操作性和科学性等。具体逻辑关系详见图 5-12。

(2) 防汛防旱抢险专业队伍准备能力的重点

防汛防旱抢险专业队伍准备工作的重点是人员保障、财务保障和物资储备。其中人员保障的准备工作主要体现在任职资质、人员数量、抢险经验、协作能力和专业化水平等方面;财务保障的准备工作水平主要体现在日常经费、预备经费、培训经费、科研经费等方面;物资储备的准备工作水平主要体现在规格规模、采购管

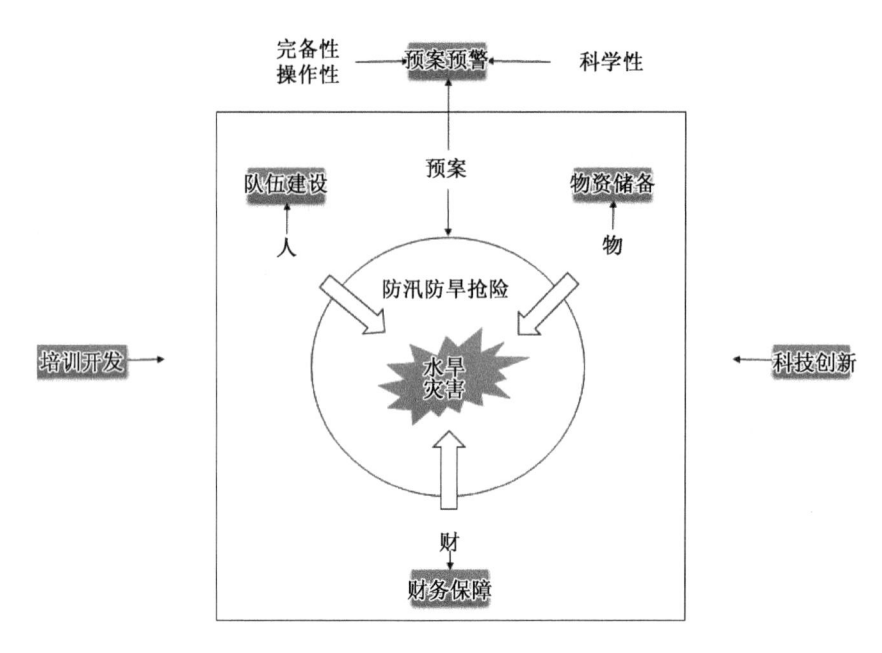

图 5-12　防汛防旱抢险专业队伍准备能力评价的手段

理、设计制作、维护养护和巡查检视等方面。具体逻辑关系详见图 5-13。

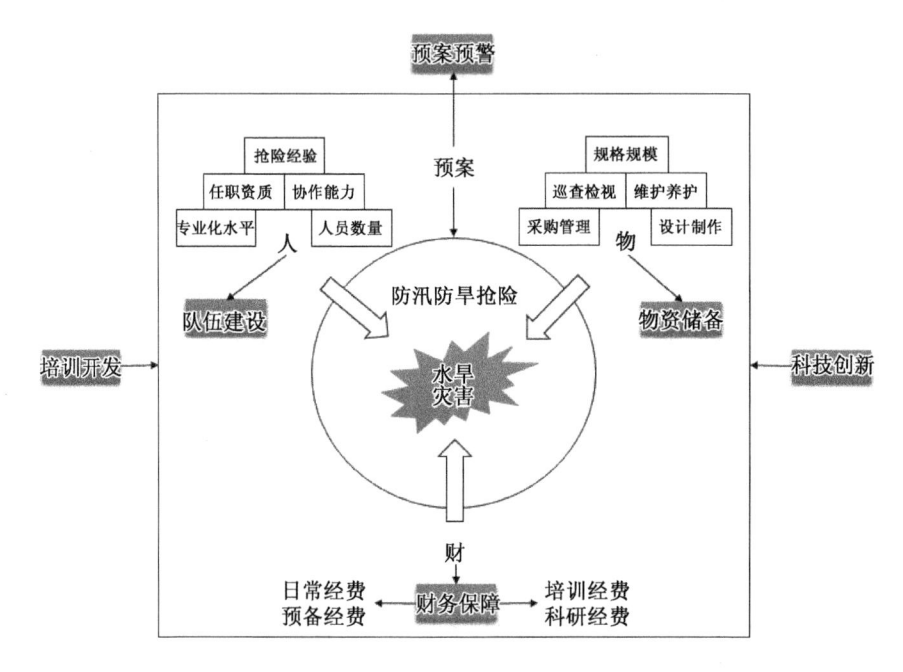

图 5-13　防汛防旱抢险专业队伍准备能力评价的重点

(3) 提升防汛防旱抢险专业队伍准备能力的决定性因素

提升防汛防旱抢险专业队伍的准备能力的决定性因素是培训开发和科技创新，其中防汛防旱抢险专业队伍培训开发能力主要体现在个体培训、团队培训和开发体系等方面；防汛防旱抢险专业队伍科技创新能力主要体现在科研意识、调研能力、创新能力和整改落实等方面。具体逻辑关系详见图 5-14。

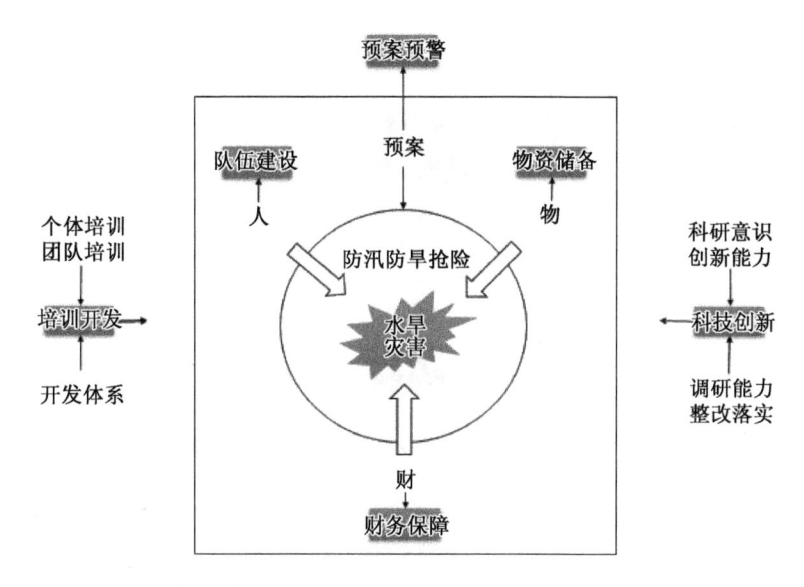

图 5-14 提升防汛防旱抢险专业队伍准备能力评价的决定性因素

(4) 防汛防旱抢险专业队伍准备能力评价的逻辑框架

综合图 5-11、图 5-12、图 5-13 和图 5-14 得出防汛防旱抢险专业队伍准备能力评价的逻辑框架，如图 5-15 所示。

3) 防汛防旱抢险专业队伍响应能力评价的逻辑关系

防汛防旱抢险专业队伍响应能力是防汛防旱抢险专业队伍对灾害事件做出快速反应并贯彻落实预案预警的能力，其核心依然是依托防汛防旱抢险工作按照预案预警方案将人财物投入现场进行防灾、抗灾和减灾工作。防汛防旱抢险专业队伍响应能力是连接准备能力和执行能力的必要链条，是促进准备工作有效转化为执行工作的桥梁，目的是将储备的人财物资源第一时间传送到执行队伍手中，并且把执行过程中的实际情况反馈给准备工作人员。防汛防旱抢险专业队伍响应能力评价的基本逻辑详见图 5-16。

防汛防旱抢险专业队伍的响应能力包括预警能力、信息获取、快速投递、任务转换和并行处置。各项子能力之间既有时间顺序，也有并行顺序，总体来看是按照信息获取—预警准备—任务转换—快速投递—并行处置的顺序，发挥着在准备能

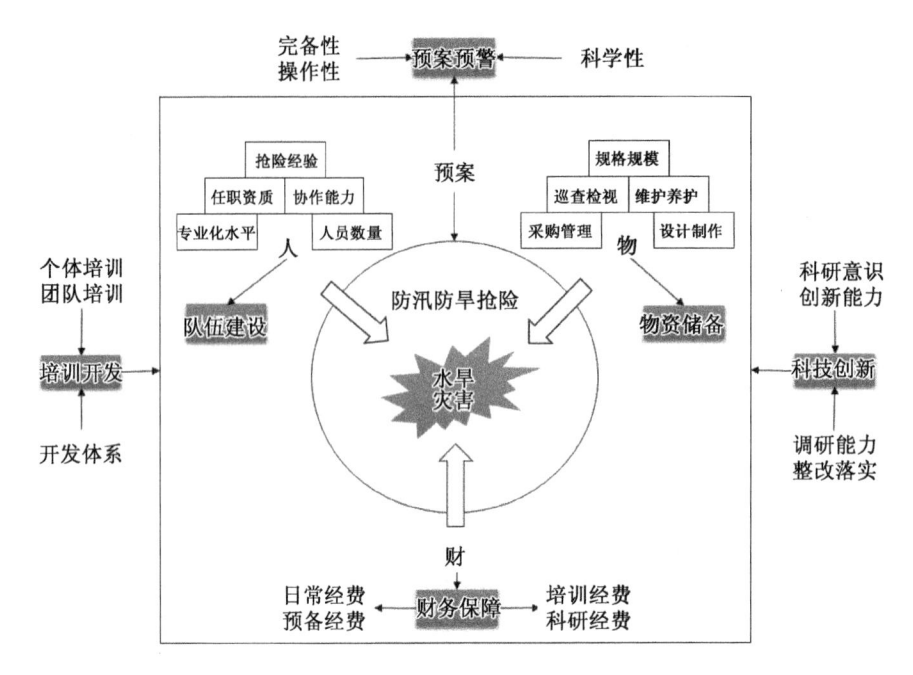

图 5-15 防汛防旱抢险专业队伍准备能力评价的逻辑框架

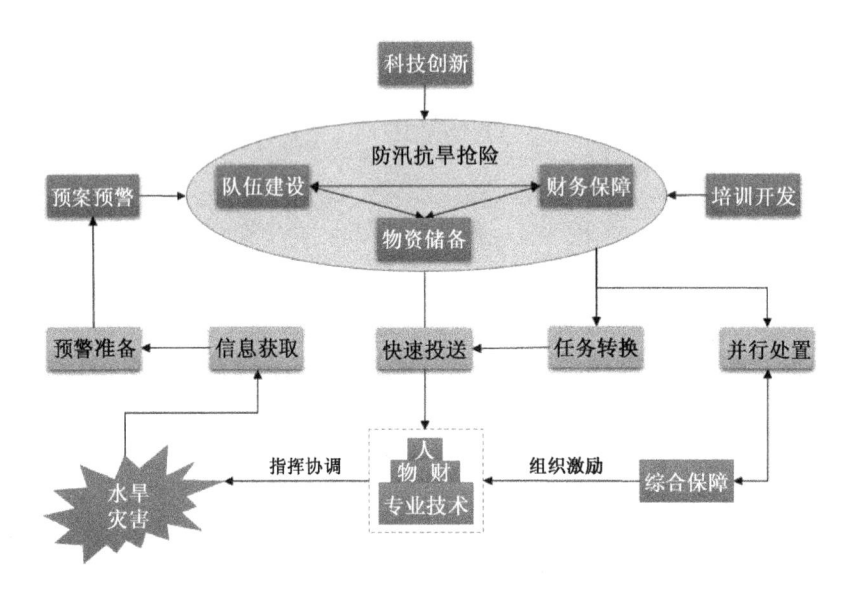

图 5-16 防汛防旱抢险专业队伍响应能力评价的基本逻辑

力和执行能力之间的"上传下达"作用,以下详细介绍各步骤中的主要工作。

(1) 响应能力的第一步:信息获取

信息获取是响应能力的第一步,通过旱涝灾害的监测和预报,及时发现险情,为预警机制提供信息支撑。信息获取包括渠道建设、日常监测和特殊巡查。详见图 5-17。

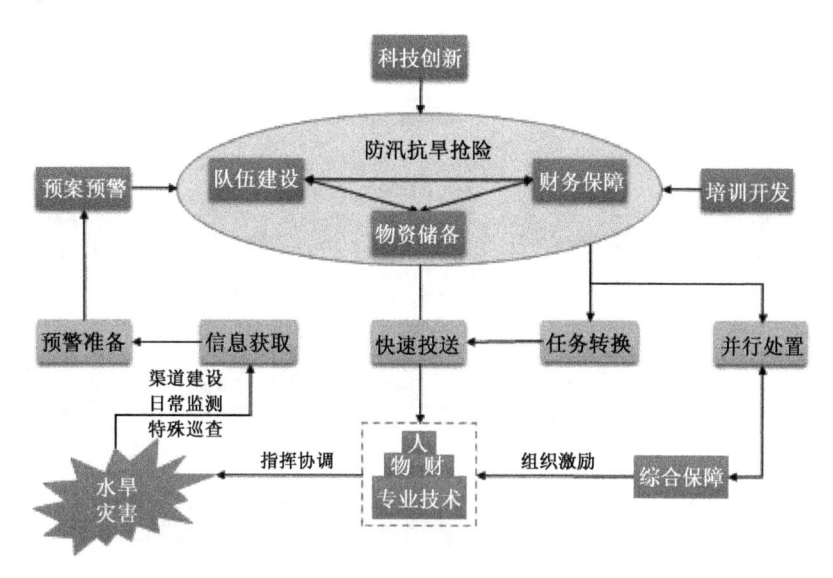

图 5-17 防汛防旱抢险专业队伍响应能力评价的第一步

(2) 响应能力第二步：预警准备

收到旱涝灾害的信息反馈后，应该立刻启动预案预警机制，预案准备工作体现在管理职责、管理机制和规章制度。详见图 5-18。

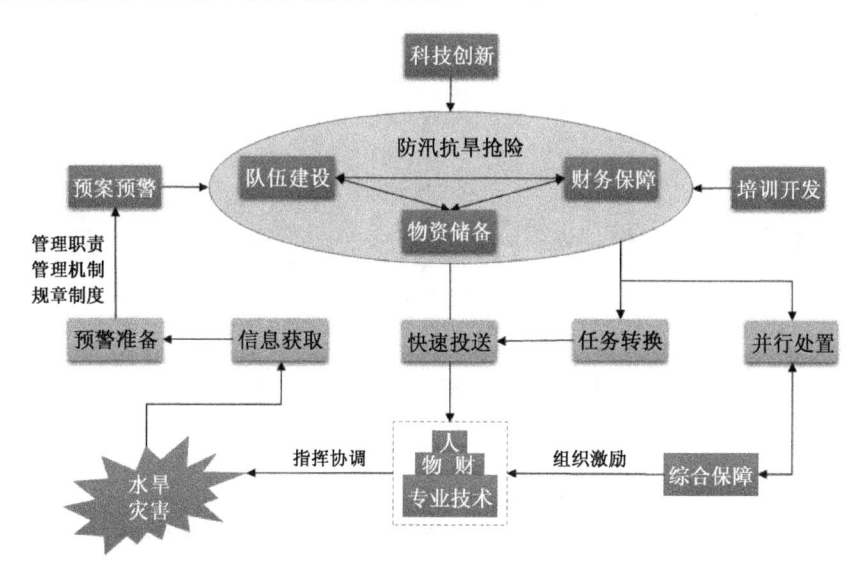

图 5-18 防汛防旱抢险专业队伍响应能力评价的第二步

(3) 响应能力第三步：任务转换

预案预警启动后，人财物准备就绪，进行任务安排，人员方面有任务识别和团队组建，物资方面有物资配备和装车效率。详见图 5-19。

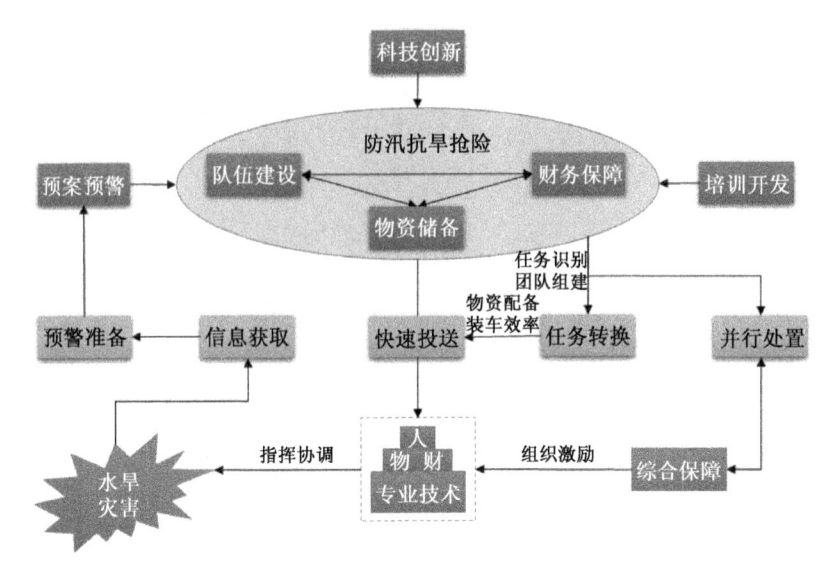

图 5-19　防汛防旱抢险专业队伍响应能力评价的第三步

(4) 响应能力第四步：快速投递

快速投递是响应能力中与执行能力直接挂钩的部分，包括路线规划、快速配置和援助获取。详见图 5-20。

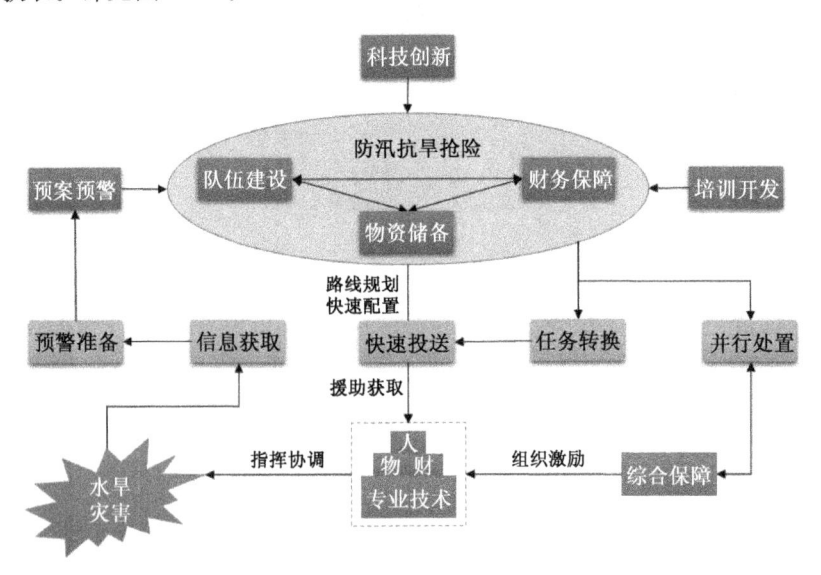

图 5-20　防汛防旱抢险专业队伍响应能力评价的第四步

第5章 团队胜任力视角下的防汛防旱抢险专业队伍能力评价指标体系研究

（5）响应能力的第五步：并行处置

并行处置是在任务转换之后进行的，与快速投递同时进行，是根据灾害现场的实际情况进行的及时反馈和调整，包括路线应变、方案推演和远程咨询。详见图5-21。

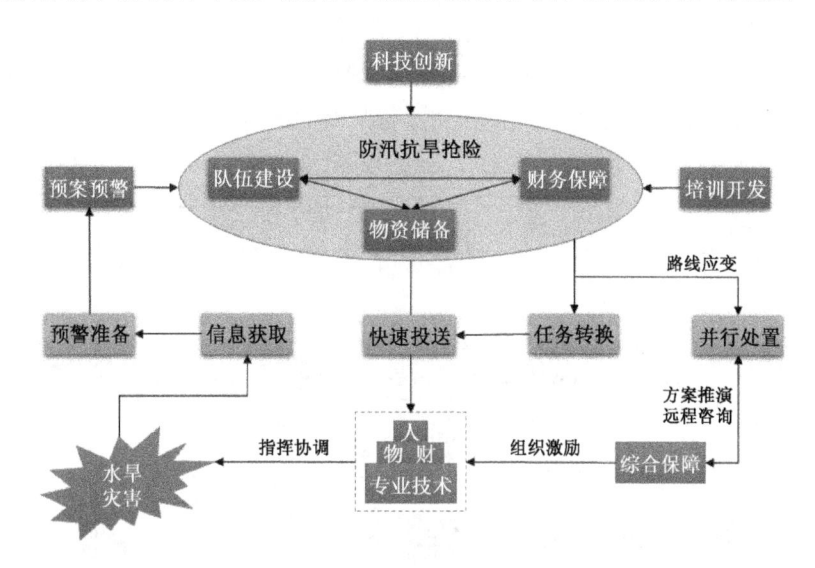

图 5-21　防汛防旱抢险专业队伍响应能力评价的第五步

（6）防汛防旱抢险专业队伍的响应能力评价的逻辑框架

综合图5-16、图5-17、图5-18、图5-19、图5-20和图5-21得出防汛防旱抢险专业队伍响应能力评价的逻辑框架，如图5-22所示。

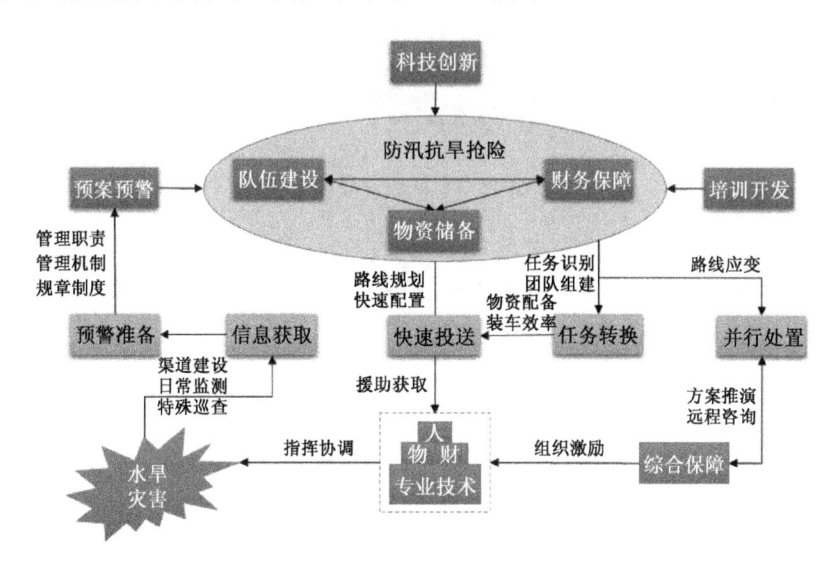

图 5-22　防汛防旱抢险专业队伍响应能力评价的逻辑框架

4) 防汛防旱抢险专业队伍恢复能力评价的逻辑关系

防汛防旱抢险专业队伍善后提高能力主要体现在防汛防旱抢险专业队伍在灾害风险解除后防范次生灾害、进行灾害救助、恢复生产生活,并通过灾害调查总结经验教训,促进防汛防旱抢险工作的持续改进。其中,恢复秩序是此阶段的主要工作,调查总结是此阶段的关键,也是下一步防汛防旱抢险工作的起点。因此,防汛防旱抢险专业队伍善后提高能力评价要从防汛防旱抢险专业队伍的恢复秩序能力和总结提高能力两个方面进行。防汛防旱抢险专业队伍恢复能力评价的基本逻辑如图 5-23。

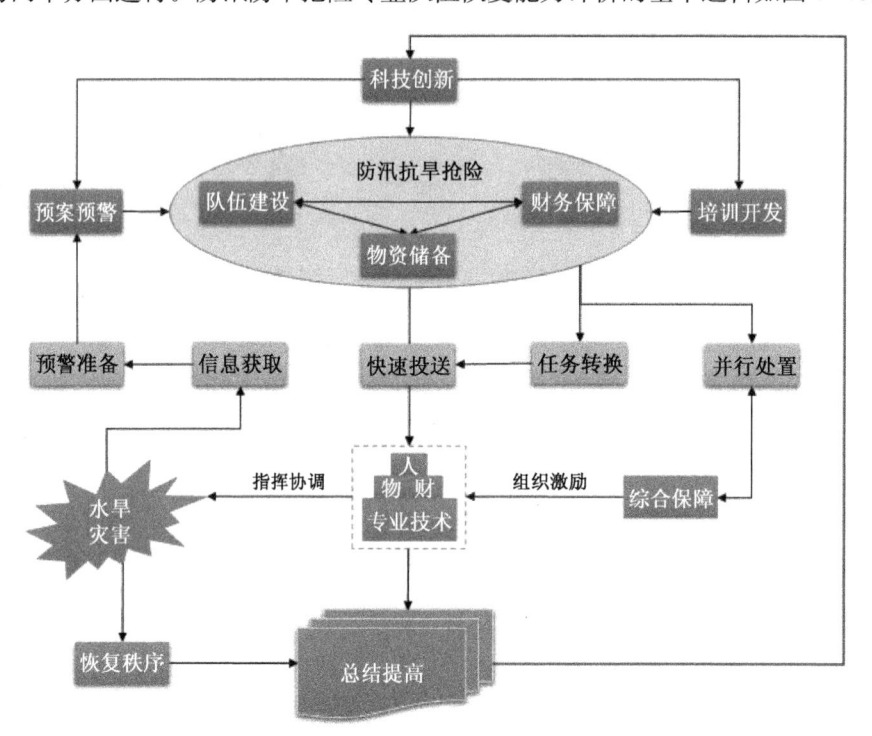

图 5-23　防汛防旱抢险专业队伍恢复能力评价的基本逻辑

(1) 恢复秩序能力评价的主要内容

善后处置能力主要体现在安全撤离和功能恢复两个方面。善后处置工作的主要任务是降低和消除旱涝灾害给社会带来的负面影响,恢复人们的生产生活。详见图 5-24。

(2) 总结提高能力评价的主要内容

总结提高能力包括后评价、反馈能力和提高方案 3 个方面。总结提高是对防汛防旱抢险专业队伍在防灾、减灾、抗灾、救灾过程中的工作表现,以及各级政府的相关部门在旱涝灾情来临时人财物的准备、响应、执行和恢复工作情况的评价,是经验和教训的总结,为下一次防汛防旱抢险工作的展开提供经验,有助于防汛防旱抢险专业队伍工作能力的不断提高。见图 5-25。

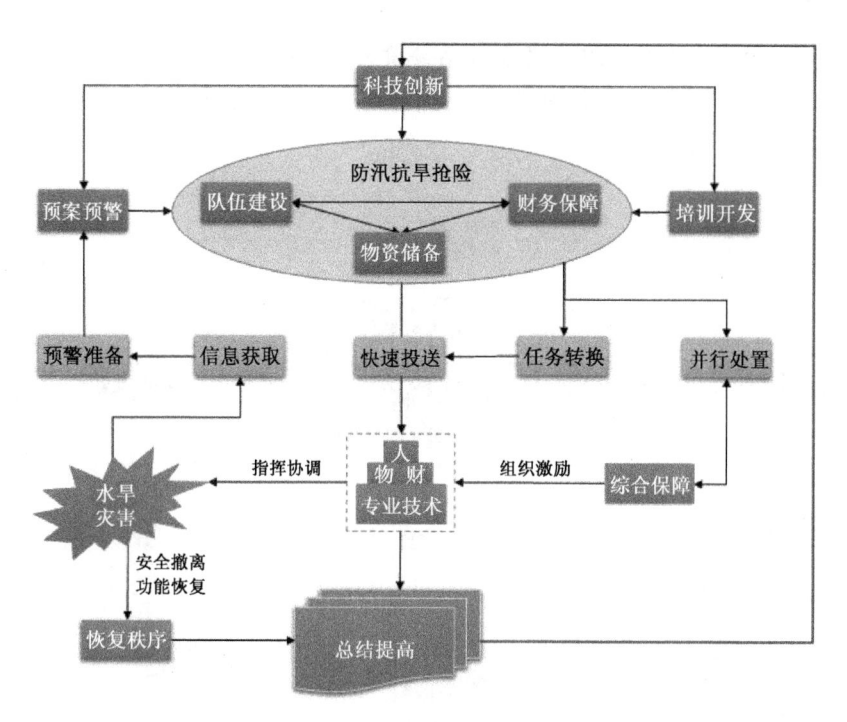

图 5-24　防汛防旱抢险专业队伍恢复秩序能力评价的内容

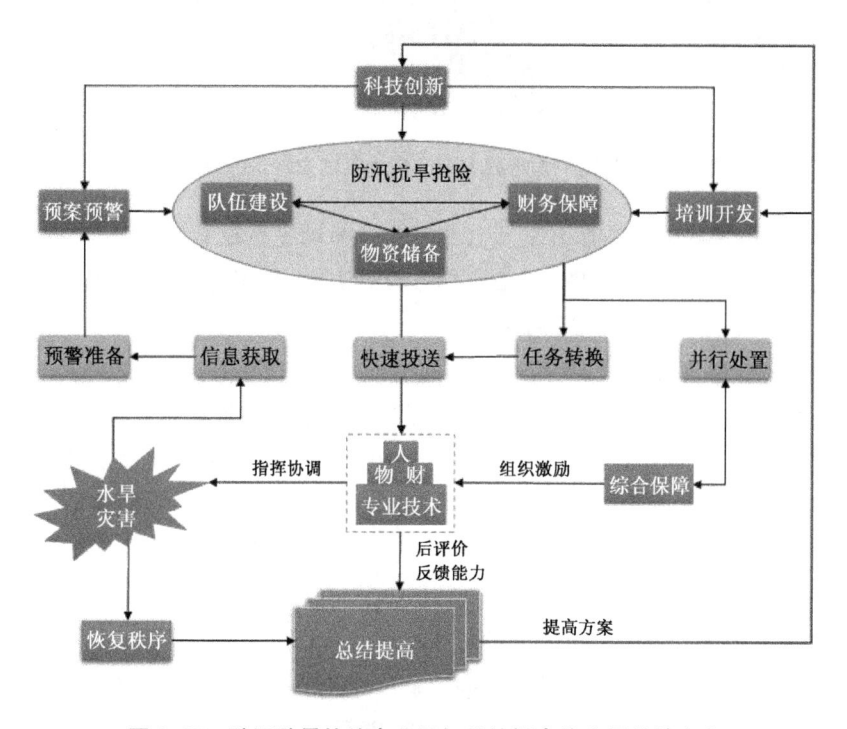

图 5-25　防汛防旱抢险专业队伍总结提高能力评价的内容

2. 防汛防旱抢险专业队伍恢复能力评价的逻辑框架

综合图 5-23、图 5-24 和图 5-25 得出防汛防旱抢险专业队伍恢复能力评价的逻辑框架,如图 5-26 所示。

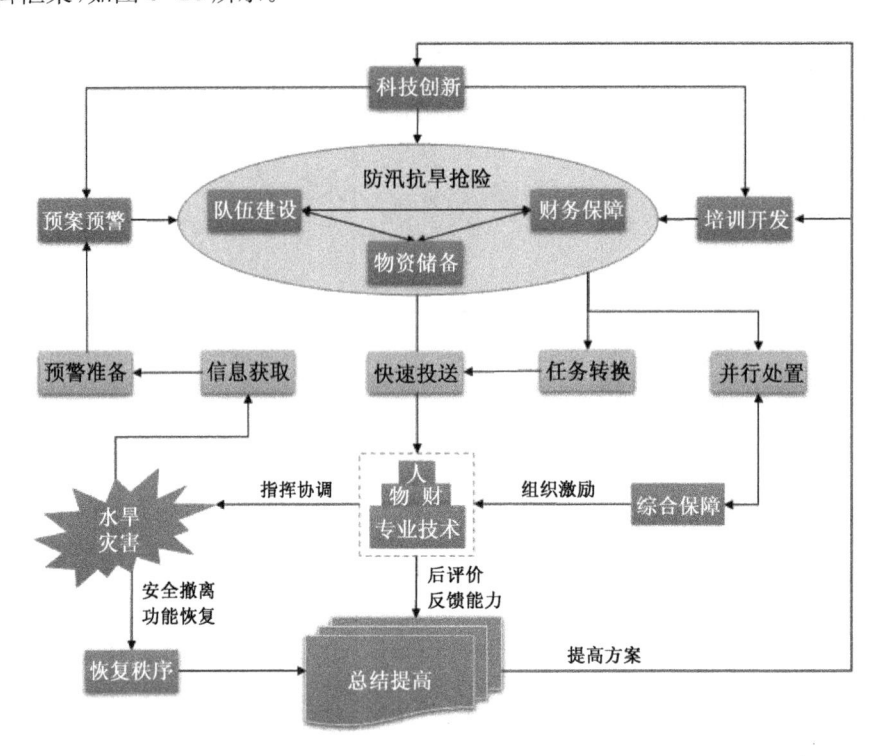

图 5-26 防汛防旱抢险专业队伍恢复能力评价的逻辑框架

3. 防汛防旱抢险专业队伍能力评价指标体系的整体逻辑框架

综合图 5-10、图 5-15、图 5-22 和图 5-26 得出防汛防旱抢险专业队伍能力评价的整体逻辑框架,如图 5-27 所示。

4. 评价指标体系

本课题以江苏省防汛抗旱抢险为例,以其专业队伍作为评价对象,以抢险专业队伍的抢险能力建设为落脚点,构建了科学的评价指标体系。该评价指标体系共设立 4 个一级指标:准备能力、响应能力、执行能力和恢复能力,每个一级指标又下设数量不等的二级指标和三级指标。

(1) 准备能力的评价指标体系

根据图 5-15 可得准备能力的评价指标体系如图 5-28 所示。

准备能力的指标含义:为了能够高效有序地开展抢险行动,而在预案预警、队伍建设、财务保障、物资储备、培训开发、科技创新等方面进行准备的能力。

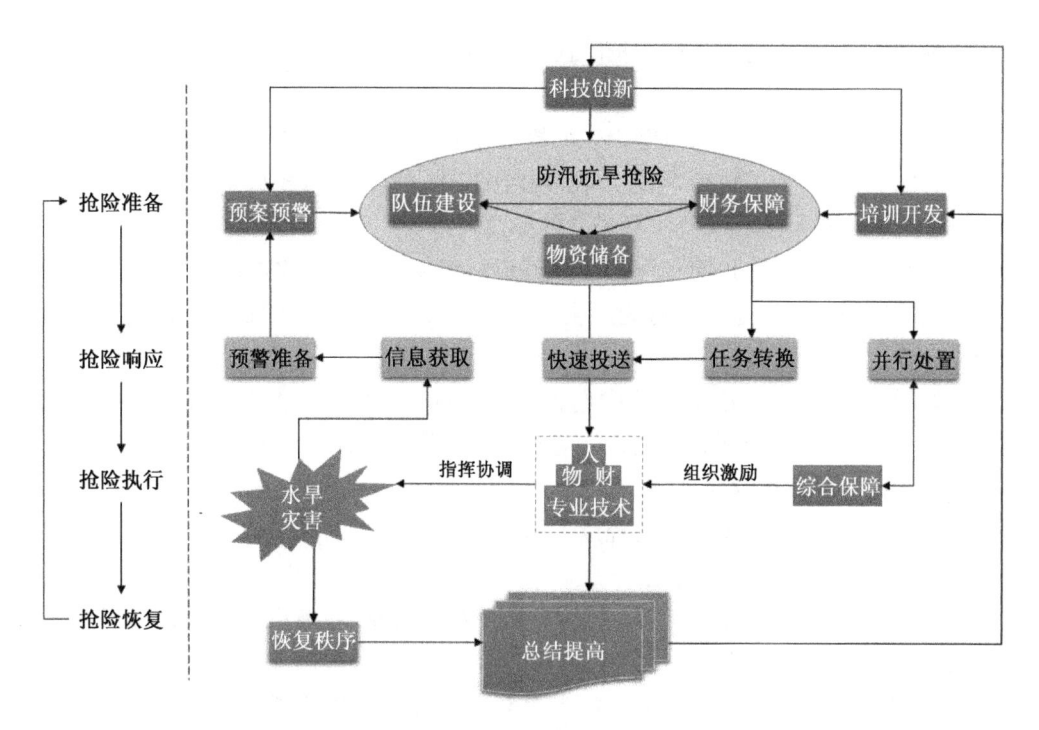

图 5-27　防汛防旱抢险专业队伍能力评价的整体逻辑框架

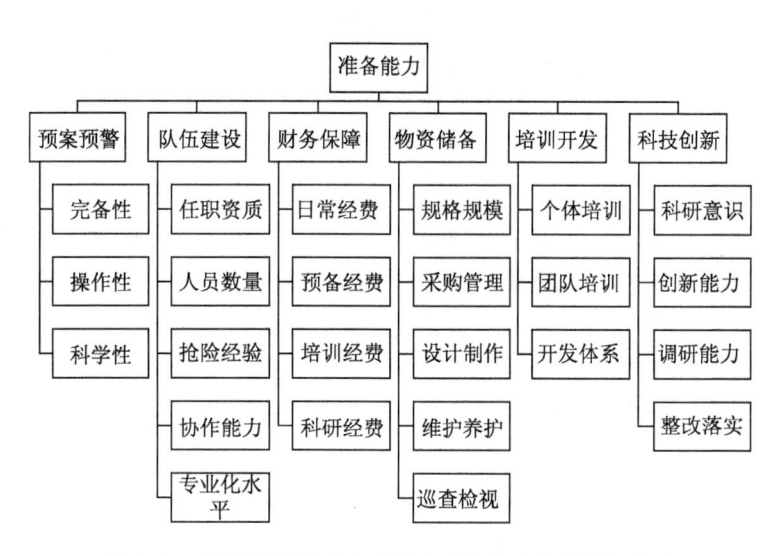

图 5-28　防汛防旱抢险专业队伍准备能力评价指标体系

二级指标的具体含义如下。

▶预案预警：针对已知或可能的突发事件，编制切实可行的预案的能力，并且根据灾情程度和水平快速启动相应预案的能力。

▶队伍建设：为完成预期的抢险任务，抢险专业队伍在多大程度上在人员数量和质量以及团队协作等方面做好了准备。

▶财务保障：为了应对可能出现的抢险任务，而投入资金的充裕程度。

▶物资储备：为了确保顺利开展可能出现的抢险工作，抢险专业队伍设计制作、储存、维护充足的相关物资和设备的能力。

▶培训开发：针对抢险专业队伍及其成员组织实施有计划的、连续的学习，促成其抢险知识、技能、态度及行为发生改善，从而确保他们能够更好地完成未来的抢险任务。

▶科技创新：针对抢险实践中遇到的疑难问题，发展创造性的解决方案的能力，以及预期未来可能遇到的抢险困境并开展前瞻性研究的能力。

三级指标的具体含义如下。

◆完备性：预案预警在多大程度上覆盖了已知险情的种类以及针对各种类型的险情是否制定了相应的措施。

◆操作性：一旦发生险情，预案预警中所列出的原则、流程、方法、措施等在实际操作中能够落实的程度。

◆科学性：预案预警在多大程度上符合抢险工作的客观规律，涉及的流程、方法、措施等是否准确、清晰、有效。

◆任职资质：抢险专业队伍成员中通过相关资质认证或达到其要求的比例。

◆人员数量：抢险专业队伍配备的人员数量在多大程度上符合预案要求。

◆抢险经验：抢险专业队伍及其成员曾经承担抢险任务的类型和级别。

◆协作能力：抢险专业队伍分工明确、角色清晰以及各司其职的程度。

◆专业化水平：抢险专业队伍成员在多大程度上经过专业的教育和训练，具备工作所需的专业知识和专门的工作技能，并且按照一定的职业标准从事工作。

◆日常经费：抢险专业队伍日常运营资金的充裕程度。

◆预备经费：抢险专业队伍执行抢险任务时的资金保障程度。

◆培训经费：抢险专业队伍在多大程度上拥有充裕的资金，完成规划的培训。

◆科研经费：抢险专业队伍在多大程度上拥有充裕的资金，完成规划的科研工作。

◆规格规模：储备的抢险物资在规格、规模方面符合相关要求的程度。

◆采购管理：基于以往采购工作的经验，积极了解市场上抢险设备的制造动向和信息，向相关部门建议采购有助于更高效完成工作任务的物资和设备的能力。

◆设计制作：设计抢险原型设备和制作简易设备的能力。

◆维护养护：按照规定对设备进行保养，对物资存放进行维护，确保它们处于可用状态。

◆巡查检视:按照规定对设备和物资进行定期巡视和检查,确保其安全、可用,按照规定处置不合要求的设备和物资。

◆个体培训:从思维认知、基本知识、技能以及体能等方面对个体进行培训,提高其抢险能力水平。

◆团队培训:针对抢险专业团队进行培训,提高其适应、领导和协作能力,使其有能力作为一个整体更好地完成抢险任务。

◆开发体系:抢险专业队伍是否构建了完备、科学的培训开发体系。

◆科研意识:抢险专业队伍对于抢险实践中遇到的以及将来可能遇到的难题主动进行研究、分析的能力。

◆创新能力:抢险专业队伍对于抢险实践中遇到的以及将来可能遇到的难题提出创造性解决方案,形成科技创新成果的能力。

◆调研能力:根据抢险任务需要,能够调查了解和分析研究客观实际问题的能力。

◆整改落实:对通过抢险实践或其他方式发现的问题,进行相应整治和改进的能力。

(2) 响应能力的评价指标体系

根据图 5-22 可得响应能力的评价指标体系如图 5-29 所示。

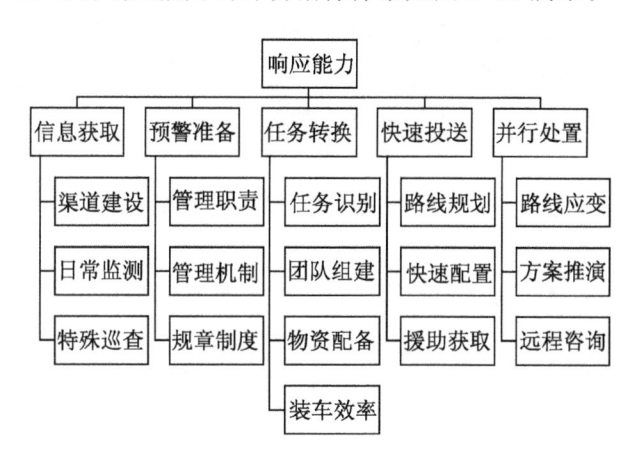

图 5-29 防汛防旱抢险专业队伍响应能力评价指标体系

响应能力的指标含义:对抢险事件做出快速有效反应的能力,包括获取相关信息、启动应急预案、将抢险物资和人员送达现场等。

二级指标的具体含义如下。

▶信息获取:围绕任务目标,通过一定的技术手段和方式方法及时准确地获取抢险所需信息的能力。

▶预警准备：根据险情发展对预警级别进行准确判断的能力，以及为了具备这种能力而在相关体制和机制等方面对抢险专业队伍进行建设。

▶任务转换：接收到抢险命令后，通过任务识别和研判，高效达成目标所需要的统筹规划能力。

▶快速投送：对于抢险物资和人员，通过合理选择、灵活调整运送方案，安全快速送达的能力。

▶并行处置：能够利用人员和物资运送途中的时间，为了更好地完成即将到来的抢险任务，而进行相关准备工作的能力。

三级指标的具体含义如下。

◆渠道建设：根据实际情况，建立信息传送媒介物，搭建信息传递通道。

◆日常监测：密切关注所辖区域灾害性天气、水情信息的监测和预报，及时对相关信息进行评估，根据评估结果实时有效地监管与检测险情诱因的能力。

◆特殊巡查：灾害多发季节，有效地组织人员对防汛设备、器材、物资等进行巡查，并根据巡查实际情况，及时记录和整理汇报的能力。

◆分级制度：对警情级别及其特征进行明确合理划分的规章制度。

◆管理职责：针对各级预警明确了相关抢险人员的组织分工。

◆管理机制：针对各级预警设置了明确、可操作的响应和实施方法与流程。

◆任务识别：依据接收到的抢险命令，对相关的抢险任务进行性质判断，并转化成具体的抢险准备工作的能力。

◆团队组建：统筹考虑可选人员的具体情况，快速组建高效完成抢险任务的团队的能力。

◆物资配备：统筹考虑抢险任务的需要和现场情况，规划、配备各类所需抢险物资的能力。

◆装车效率：对计划运送的抢险物资进行快速调配和装车，并与抢险人员一起达到可出发状态的速度。

◆路线规划：接到抢险任务后，快速规划物资运送的最佳路线，并对可能出现的交通状况制定备选路线的能力。

◆快速配置：利用在途时间对抢险物资和人员进行准备，使其到达现场后能够快速就位，并与现场提供的人员和物资达到匹配状态，从而可以有效地实施抢险的能力。

◆援助获取：对于人员和物资运送途中遇到的意外，能够及时获得协助的能力。

◆路线应变：面对行进途中出现的意外事件，能够敏捷、准确地做出判断并随机应变的能力。

◆方案推演：在人员和物资运送途中，根据掌握的信息，对抢险人员介绍险情、探讨抢险，从而在后续实际的抢险工作中提高效率，降低损失，避免灾害扩大化。

◆远程咨询：运用先进的通讯工具，对抢险现场的需求提供回应（比如技术咨询和指导）的能力。

（3）执行能力的评价指标体系

根据图 5-10 可得执行能力的评价指标体系如图 5-30 所示。

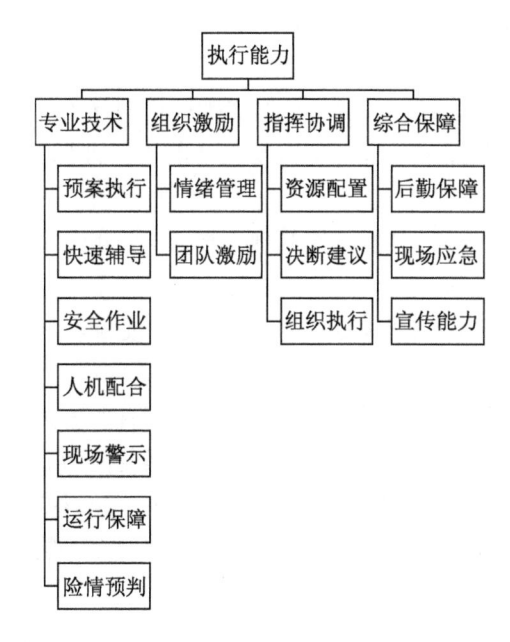

图 5-30　防汛防旱抢险专业队伍执行能力评价指标体系

执行能力的指标含义：贯彻落实抢险预案，进行现场管理，以完成抢险任务，达到预期效果的能力。

二级指标的具体含义如下。

▶专业技术：完成抢险任务所必须具备的知识、技能和能力。

▶组织激励：提高士气，使抢险现场人员更加积极地投入到抢险、避险工作中的能力。

▶指挥协调：组织人员，配置资源，妥善处理抢险相关群体和人员之间的关系，促进相互理解，获得支持与配合，协助抢险领导部门和人员更好地掌控事态发展的能力。

▶综合保障：为保障抢险工作实现预期目标，组织提供辅助性支持的能力。

三级指标的具体含义如下。

◆预案执行：贯彻落实抢险预案，达到预期目标的能力。

◆快速辅导:为参与抢险的非专业人员和队伍提供指导,使其快速掌握操作性强的方法、流程和注意事项,从而安全、有效地执行抢险任务的能力。

◆安全作业:根据操作注意事项,及时有效地识别和控制作业中可能发生的危险,避免次生灾害(比如人身伤亡、财产损失、环境破坏和职业病等)发生的能力。

◆人机配合:根据具体抢险工作的特点,人与机器各司其职,高效协同,完成抢险任务的能力。

◆现场警示:抢险现场合理设置警示牌、横幅和警示灯等警示标志,以避免不必要损失或伤害的能力。

◆运行保障:及时排除故障,保障机器高效运行的能力。

◆险情预判:依据监测信息,对险情发展情况进行评估,进而制定有效处置方案的能力。

◆情绪管理:通过沟通、引导和控制现场情绪,使抢险人员冷静、积极,使群众保持有序的能力。

◆团队激励:提高团队士气,使抢险人员和队伍更加积极地投入到抢险工作中的能力。

◆资源配置:为了成功处理险情,合理调用和配置所需人员和物资的能力。

◆决断建议:综合事态发展,协助领导科学决断的能力。

◆组织执行:为实现预定的抢险目标,组织相关资源,执行领导决策的能力。

◆后勤保障:为保障抢险工作顺利开展,而高效地提供物资经费、医疗救护、装备维修、交通运输等各项专业勤务的能力。

◆现场应急:在抢险现场,对于物资、电力、避难、通讯等方面出现的突发性需求,能够高效利用储备应急资源进行解决,或者获取、整合和利用其他可用资源进行应对的能力。

◆宣传能力:借助可用的媒介资源宣传组织正面形象,传播抢险知识和技能的能力。

(4) 恢复能力的评价指标体系

根据图 5-26 可得恢复能力的评价指标体系如图 5-31 所示。

恢复能力的指标含义:抢险结束后,恢复现场秩序,对设备、物资进行入库、初步维修和保养,总结经验教训,提高抢险能力。

二级指标的具体含义如下。

▶恢复秩序:抢险任务结束后,抢险人员和物资有序撤离,并对设备进行功能性恢复的能力。

▶总结提高:抢险结束后,对抢险过程进行全面回顾、分析和评价,总结经验教训,提高对抢险工作规律认知的能力。

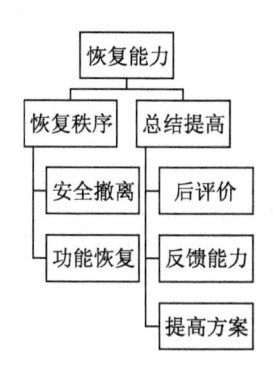

图 5-31　防汛防旱抢险专业队伍恢复能力评价指标体系

三级指标的具体含义如下。

◆安全撤离：抢险任务结束后，保障人员和物资设备安全、有序撤离所必备的能力。

◆功能恢复：通过维修和保养，使抢险设备初步恢复的能力。

◆后评价：抢险任务结束后，对抢险工作的目的、执行过程、效益、作用和影响进行系统的、客观的分析和总结的能力。

◆反馈能力：后评价结束后，将评价结果及时有效地与相关方沟通的能力。

◆提高方案：根据后评价结果和反馈情况，总结规律性认知，提出改进方案，以进一步完善抢险工作的能力。

第6章

防汛防旱抢险专业队伍能力评价模型构建

6.1 防汛防旱抢险专业队伍能力模糊综合评价模型构建

6.1.1 模糊综合评价方法概述

模糊综合评价方法是一种基于模糊数学的综合评价方法。该方法根据模糊数学的隶属度理论把定性评价转化为定量评价,即用模糊数学对受到多种因素制约的事物或对象做出一个总体的评价。该方法具有结果清晰、系统性强的特点,能较好地解决模糊的、难以量化的问题,适合各种非确定性问题的解决。

模糊综合评价方法通过构造模糊关系矩阵,并结合层次分析法,逐步确定上一级评价指标的模糊综合评价集(即评价结果)。高一级评价指标的模糊综合评价集由对应的低一级评价指标的模糊关系矩阵和权重合成得到。其基本评价模型如式(6-1)所示。

$$B = WR = [w_1, w_2, \cdots, w_m] \begin{bmatrix} r_{11} & r_{12} & \cdots & r_{1n} \\ r_{21} & r_{22} & \cdots & r_{2n} \\ \vdots & \vdots & \vdots & \vdots \\ r_{m1} & r_{m2} & \cdots & r_{mn} \end{bmatrix} = [b_1, b_2, \cdots, b_n]$$

(6-1)

式中:W 表示最下级指标的权重,r_{mn} 表示采用百分制统计法将专家依据评价标准给出的评分进行统计运算得到的分数,R 表示由某一上级指标下设的所有下级指标的 r_{mn} 构成的模糊关系矩阵,B 表示由下级指标的权重和模糊关系矩阵合成运算得到的上级指标的模糊综合评价集,b_n 表示上级指标在各个评价等级上的得分。

在多级评价指标体系中,由所有上级指标的模糊综合评价集 B 构成更高一级评价指标的模糊关系矩阵 R_B，然后通过与对应的指标权重 W 进行合成运算，得到更高一级评价指标的模糊综合评价集 A。高级指标的评价模型如式（6-2）所示。

$$A = WR_B = [w_1, w_2, \cdots, w_m] \begin{bmatrix} b_{11} & b_{12} & \cdots & b_{1n} \\ b_{21} & b_{22} & \cdots & b_{2n} \\ \vdots & \vdots & \vdots & \vdots \\ b_{m1} & b_{m2} & \cdots & b_{mn} \end{bmatrix} = [a_1, a_2, \cdots, a_n]$$

（6-2）

式中：a_n 表示高级指标在各个评价等级上的得分，即最终的评价结果。

6.1.2 确定指标权重

权重反映了指标的相对重要程度。指标层确定后，权重是影响最终评价结果的主要参数。防汛防旱抢险专业队伍建设过程中，指标和权重都会发生变化，但在一定时期和环境下可以认为这种变化是微小的和影响不大的。所以，一套能在较长时间内适用的指标体系和权重更具实用性。

一般指标体系的权重基于德尔菲法（Delphi）获得，所咨询的专家皆从事防汛防旱抢险研究并有防汛防旱抢险实践经验，确定权重的过程中综合所有专家意见。鉴于指标体系较大，指标较多，本书作者利用 Expert Choice 软件，采用层次分析法（AHP）通过求解判断矩阵最大特征值对应的特征向量对各级指标进行赋权。该方法不需要专家直接给出权重，只需给出指标之间重要性的比较结果。

6.1.3 评定指标评价等级

制定各个层级评价指标的评价标准，然后由本书选定的专家依据评价标准评定抢险专业队伍抢险能力评价体系中所有指标的评价等级，形成各个评价指标的评价等级集合 V：

$$V = [v_1, v_2, \cdots, v_n]$$

（6-3）

式中：$v_i(i=1,2,\cdots,n)$ 表示在所有专家中，将特定评价指标评定为某一等级的人数，n 是元素个数，即评价标准所确定的评价等级数量。

6.1.4 构造评价指标的模糊关系矩阵

由于本课题甄选的评价指标均属于定性指标，所以我们采用百分制统计法，将专家给出的评价指标的评价等级转换成评语集，即在所有专家中，将特定评价指标评定为某一等级的人数所占总人数的比例，并由这些比例分数构造评价向量。例如,本书作者将指标评价标准分为五级,分别是"★""★★""★★★""★★★★""★★★★★"五个等级,邀请10位专家对"任职资质"评价指标进行等级评定,认为防汛防旱抢险专业队伍任职资质"★★""★★★""★★★★"的分别有2人、4人、4人,那么"任职资质"评价指标的评语集(即模糊评价向量)为[0,0.2,0.4,0.4,0]。

然后将某一上级指标下设的所有下级指标的评语集构造成模糊关系矩阵 C。

$$C = \begin{bmatrix} c_{11} & c_{12} & \cdots & c_{1n} \\ c_{21} & c_{22} & \cdots & c_{2n} \\ \vdots & \vdots & \vdots & \vdots \\ c_{m1} & c_{m2} & \cdots & c_{mn} \end{bmatrix} \tag{6-4}$$

式中:c_{mn} 表示在所有专家中,将特定评价指标评定为某一等级的人数所占总人数的比例,n 表示评价等级的数量,m 表示某一上级指标下设的所有下级指标的数量。

6.1.5 合成模糊综合评价集

将利用层次分析法(AHP)确定的指标权重与前文构造的模糊关系矩阵 C 进行合成运算,就得到评价指标的模糊综合评价集。

$$D = WC = [w_1, w_2, \cdots, w_m] \begin{bmatrix} c_{11} & c_{12} & \cdots & c_{1n} \\ c_{21} & c_{22} & \cdots & c_{2n} \\ \vdots & \vdots & \vdots & \vdots \\ c_{m1} & c_{m2} & \cdots & c_{mn} \end{bmatrix} = [d_1, d_2, \cdots, d_n]$$

$$\tag{6-5}$$

式中:D 表示模糊综合评价集,W 表示指标权重,d_n 表示上级指标在各个评价等级上的得分,即评价结果。

6.1.6 给出评价结果

评价结果包括三个方面,分别为评价指标重要性比较、模糊综合评价集分析和原因探讨。

评价指标重要性比较主要是通过权重比较确定各个指标对于评价对象的重要程度。比较结果有助于我们清晰地区分评价对象的重要影响因素。我们可以据此有针对性地采取行动或者调配资源,对实践活动进行有效指导。

模糊综合评价集分析即对评价对象给出一个评价结果。具体而言,$d_1, d_2, \cdots, d_n$ 分别表示在对应评价等级上的得分,根据最大隶属度原则,$d_1, d_2, \cdots, d_n$ 中最大的数所对应的评价等级,即是最终的评价结果。评价结果反映了评价对象当前所处的状态。

原因探讨即分析评价对象出现当前状态的原因。具体而言,应从组织内外部环境着手,对评价结果进行有说服力的原因探讨。同时,组织可以依据评价结果和内在原因采取有效措施,改善评价对象当前状况。

6.2 防汛防旱抢险专业队伍能力评价指标权重的确立

6.2.1 指标权重确立的方法与步骤

指标的权重反映了评价指标的重要程度。在指标选定之后,各个指标权重的确定方法有多种,主要分为三类:主观赋权评价法、客观赋权评价法、组合赋权评价法。

主观赋权法,是基于决策者的知识经验或者偏好,按重要性程度,对各指标属性进行比较、赋值、计算并得出权重的方法,常用的主观赋权法有层次分析法(AHP)和德尔菲法(Delphi)。

常用的客观赋权法是根据原始数据之间的关系通过一定的数学方法来确定权重,其判断结果不依赖于人的主观判断,有较强的数学理论依据,通常包括主成分分析法、离差及均方差法、多目标规划法等。

针对主观赋权法和客观赋权法的优缺点,组合赋权法提出了一种集合主客观信息的集成方法,既充分了解了客观信息,又尽可能地满足了决策者的主观愿望。

本次指标权重的确定采用的是主观赋权法中的层次分析法(AHP)。

具体分析过程和步骤如下。

通过专家函咨询防汛防旱抢险专家,对同一层次下指标之间的重要性进行相互比较,构建判断矩阵,构建准则如表 6-1。

矩阵中的元素表示竖列指标相对于横列指标的重要性,用 1—9 代表相对重要性程度。值得注意的是矩阵中关于主对角线对称的元素互为倒数。

表 6-1 判断矩阵填写规则

标记	含义
1	竖列指标与横列指标相比,重要性相同
3	竖列指标比横列指标稍重要
5	竖列指标比横列指标明显重要

续表

标记	含义
7	竖列指标比横列指标极其重要
9	竖列指标比横列指标强烈重要
2,4,6,8	上述相邻判断的中间情况
若认为竖列指标没有横列指标重要,则标记 1/9—1	

根据判断矩阵填写规则,本书构建的判断矩阵模型如表 6-2 所示。

表 6-2 判断矩阵模型

指标	A_1	A_2	A_3	⋯	A_N
A_1	1	a_{12}	a_{13}	⋯	a_{1N}
A_2	a_{21}	1	a_{23}	⋯	a_{2N}
A_3	a_{31}	a_{32}	1	⋯	a_{3N}
⋯	⋯	⋯	⋯	⋯	⋯
A_N	a_{N1}	a_{N2}	a_{N3}	⋯	1

注:$A_1,\cdots,A_N$ 是同一层级的具体指标;$a_{ij}(i=1,\cdots,N;j=1,\cdots,N)$ 是专家依据判断矩阵填写规则给出的评分。

其中 Expert Choice 的权重计算过程如下:

$$令 \mathbf{A} = \begin{bmatrix} a_{11} & a_{12} & \cdots & a_{1n} \\ a_{21} & a_{22} & \cdots & a_{2n} \\ \vdots & \vdots & \vdots & \vdots \\ a_{n1} & a_{n2} & \cdots & a_{nn} \end{bmatrix} \tag{6-6}$$

其中,$a_{ij}=w_i/w_j$,表示矩阵 $\mathbf{A}$ 的一致性,w_i 为每一项指标的权重。

因为矩阵 $\mathbf{A}$ 的一致性很难成立,即 $a_{ij} \approx w_i/w_j$,所以为了使平方误差最小,令

$$\min z = \sum_{i=1}^{n} \sum_{j=1}^{n} (a_{ij}w_j - w_i)^2 \tag{6-7}$$

且式中的权重向量 $\mathbf{W}$ 受约束于

$$\sum_{i=1}^{n} w_i = 1, w_i > 0,, i=1,2,\cdots,n \tag{6-8}$$

令拉格朗日行数为

$$L = \sum_{i=1}^{n} \sum_{j=1}^{n} (a_{ij}w_j - w_i)^2 + 2\lambda (\sum_{i=1}^{n} w_i - 1) \tag{6-9}$$

对 w_i 求一阶微分，并令其为 0，得

$$\frac{\partial L}{\partial w_l} = 2\sum_{i=1}^{n}(a_{il}w_j - w_i) - \sum_{i=1}^{n}2(a_{il}w_i - w_l) + 2\lambda = 0 \quad (i=1,2,\cdots,n)$$

(6-10)

因此，式(6-8)与(6-10)构成了一个 $n+1$ 阶的非齐次线性方程组，它包含 $n+1$ 个未知数，$\lambda,w_1,w_2,\cdots,w_n$，可以求得它的一组唯一解。进一步可以将其写成矩阵的形式

$$\boldsymbol{BW} = \lambda \boldsymbol{e} \quad (6\text{-}11)$$

其中，

$$\boldsymbol{W} = [w_1,w_2,\cdots,w_n]^{\mathrm{T}}, \quad \boldsymbol{e} = [1,1,\cdots,1]^{\mathrm{T}}$$

$$\boldsymbol{B} = \begin{bmatrix} \sum_{\substack{i=1 \\ l \ne 1}}^{n} a_{i1}^2 + n - 1 & -(a_{12} + a_{21}) & \cdots & -(a_{1n} + a_{n1}) \\ -(a_{21} + a_{12}) & \sum_{\substack{i=1 \\ l \ne 2}}^{n} a_{i2}^2 + n - 1 & \cdots & -(a_{2n} + a_{n2}) \\ \vdots & \vdots & \vdots & \vdots \\ -(a_{n1} + a_{1n}) & -(a_{n2} + a_{2n}) & \cdots & \sum_{\substack{i=1 \\ l \ne n}}^{n} a_{in}^2 + n - 1 \end{bmatrix}$$

6.2.2 以江苏省防汛防旱抢险中心为例

按照上文的步骤和方法，本书结合已确定的防汛防旱抢险专业队伍能力评价指标体系，设计出防汛防旱抢险专业队伍能力评价指标的判断矩阵（详见附件3），本书利用 Expert Choice 软件，采用层次分析法（AHP），逐步确定在近期、中期、远期三个阶段抢险专业队伍抢险能力各级评价指标的权重。其中，近期指的是未来3~5年，由抢险中心的7位专家填写指标判断矩阵；中期指的是未来5~10年，由抢险中心的7位专家和河海大学3位专家填写指标判断矩阵；远期指的是未来10~20年，由河海大学3位专家和抢险中心主任填写指标判断矩阵。

1. 近期评价指标权重

（1）一级指标权重

在本书构建的防汛防旱抢险专业队伍抢险能力评价指标体系中，一级指标共

4个,分别为准备能力、响应能力、执行能力和恢复能力,其权重如表6-3所示。

表6-3　抢险能力评价一级指标权重

序号	一级指标	权重
1	准备能力	0.292
2	响应能力	0.222
3	执行能力	0.311
4	恢复能力	0.175

(2) 二级指标权重

二级指标共17个,数量不等地分布在四个一级指标下。二级指标的权重见下文。

①准备能力评价二级指标权重

准备能力评价二级指标有6个,分别为预案预警、队伍建设、财务保障、物资储备、培训开发和科技创新,其权重如表6-4所示。

表6-4　准备能力评价二级指标权重

序号	二级指标	权重
1	预案预警	0.143
2	队伍建设	0.283
3	财务保障	0.148
4	物资储备	0.141
5	培训开发	0.134
6	科技创新	0.152

②响应能力评价二级指标权重

响应能力评价二级指标有5个,分别为信息获取、预警准备、任务转换、快速投送和并行处置,其权重如表6-5所示。

表6-5　响应能力评价二级指标权重

序号	二级指标	权重
1	信息获取	0.180
2	预警准备	0.271
3	任务转换	0.138
4	快速投送	0.218
5	并行处置	0.193

③执行能力评价二级指标权重

执行能力评价二级指标有 4 个，分别为专业技术、组织激励、指挥协调和综合保障，其权重如表 6-6 所示。

表 6-6　执行能力评价二级指标权重

序号	二级指标	权重
1	专业技术	0.283
2	组织激励	0.224
3	指挥协调	0.249
4	综合保障	0.243

④恢复能力评价二级指标权重

恢复能力评价二级指标有 2 个，分别为恢复秩序和总结提高，其权重如表 6-7 所示。

表 6-7　恢复能力评价二级指标权重

序号	二级指标	权重
1	恢复秩序	0.414
2	总结提高	0.586

（2）三级指标权重

三级指标 60 个，数量不等地分布在二级指标下。鉴于三级指标数量众多，本书直接将其权重罗列于一个表格中，不再类似前文依据其下设于某一上一级指标，分类分表列出各个三级指标的权重。三级指标的权重如表 6-8 所示。

表 6-8　抢险能力评价三级指标权重

序号	三级指标	权重
1	完备性	0.285
2	操作性	0.331
3	科学性	0.384
4	任职资质	0.155
5	人员数量	0.106
6	抢险经验	0.221
7	协作能力	0.256
8	专业化水平	0.261

续表

序号	三级指标	权重
9	日常经费	0.278
10	预备经费	0.209
11	培训经费	0.219
12	科研经费	0.293
13	规格规模	0.102
14	采购管理	0.198
15	设计制作	0.350
16	维护养护	0.175
17	巡查检视	0.175
18	个体培训	0.227
19	团队培训	0.202
20	开发体系	0.570
21	科研意识	0.360
22	创新能力	0.281
23	调研能力	0.166
24	整改落实	0.193
25	渠道建设	0.586
26	日常监测	0.234
27	特殊巡查	0.180
28	分级制度	0.344
29	管理职责	0.304
30	管理机制	0.352
31	任务识别	0.171
32	团队组建	0.274
33	物资配备	0.281
34	装车效率	0.274
35	路线规划	0.504
36	快速配置	0.306
37	援助获取	0.191
38	路线应变	0.427

续表

序号	三级指标	权重
39	方案推演	0.282
40	远程咨询	0.292
41	预案执行	0.184
42	快速辅导	0.130
43	安全作业	0.173
44	人机配合	0.122
45	现场警示	0.079
46	运行保障	0.140
47	险情预判	0.172
48	情绪管理	0.500
49	团队激励	0.500
50	资源配置	0.363
51	决断建议	0.286
52	组织执行	0.351
53	后勤保障	0.352
54	现场应急	0.304
55	宣传能力	0.344
56	安全撤离	0.500
57	功能恢复	0.500
58	后评价	0.364
59	反馈能力	0.296

2. 中期评价指标权重

（1）一级指标权重

表 6-9　抢险能力评价一级指标权重

序号	一级指标	权重
1	准备能力	0.436
2	响应能力	0.201
3	执行能力	0.216
4	恢复能力	0.147

（2）二级指标权重

准备能力评价二级指标权重如表 6-10 所示。

表 6-10　准备能力评价二级指标权重

序号	二级指标	权重
1	预案预警	0.185
2	队伍建设	0.223
3	财务保障	0.111
4	物资储备	0.205
5	培训开发	0.153
6	科技创新	0.124

响应能力评价二级指标权重如表 6-11 所示。

表 6-11　响应能力评价二级指标权重

序号	二级指标	权重
1	信息获取	0.096
2	预警准备	0.360
3	任务转换	0.190
4	快速投送	0.138
5	并行处置	0.217

执行能力评价二级指标权重如表 6-12 所示。

表 6-12　执行能力评价二级指标权重

序号	二级指标	权重
1	专业技术	0.376
2	组织激励	0.269
3	指挥协调	0.170
4	综合保障	0.184

恢复能力评价二级指标权重如表 6-13 所示。

表 6-13　恢复能力评价二级指标权重

序号	二级指标	权重
1	恢复秩序	0.394
2	总结提高	0.606

(3) 三级指标权重

表 6-14 抢险能力评价三级指标权重

序号	三级指标	权重
1	完备性	0.338
2	操作性	0.228
3	科学性	0.434
4	任职资质	0.194
5	人员数量	0.163
6	抢险经验	0.297
7	协作能力	0.114
8	专业化水平	0.232
9	日常经费	0.314
10	预备经费	0.215
11	培训经费	0.195
12	科研经费	0.276
13	规格规模	0.217
14	采购管理	0.123
15	设计制作	0.238
16	维护养护	0.227
17	巡查检视	0.196
18	个体培训	0.327
19	团队培训	0.208
20	开发体系	0.464
21	科研意识	0.394
22	创新能力	0.167
23	调研能力	0.184
24	整改落实	0.255
25	渠道建设	0.392
26	日常监测	0.242
27	特殊巡查	0.366
28	分级制度	0.348
29	管理职责	0.317

续表

序号	三级指标	权重
30	管理机制	0.335
31	任务识别	0.182
32	团队组建	0.179
33	物资配备	0.426
34	装车效率	0.213
35	路线规划	0.404
36	快速配置	0.332
37	援助获取	0.264
38	路线应变	0.288
39	方案推演	0.393
40	远程咨询	0.320
41	预案执行	0.191
42	快速辅导	0.137
43	安全作业	0.202
44	人机配合	0.123
45	现场警示	0.085
46	运行保障	0.141
47	险情预判	0.123
48	情绪管理	0.650
49	团队激励	0.350
50	资源配置	0.470
51	决断建议	0.254
52	组织执行	0.275
53	后勤保障	0.331
54	现场应急	0.322
55	宣传能力	0.346
56	安全撤离	0.691
57	功能恢复	0.309
58	后评价	0.475
59	反馈能力	0.178
60	提高方案	0.346

3. 远期评价指标权重

(1) 一级指标权重

表 6-15　抢险能力评价一级指标权重

序号	一级指标	权重
1	准备能力	0.449
2	响应能力	0.226
3	执行能力	0.207
4	恢复能力	0.118

(2) 二级指标权重

① 准备能力评价二级指标权重

表 6-16　准备能力评价二级指标权重

序号	二级指标	权重
1	预案预警	0.252
2	队伍建设	0.220
3	财务保障	0.092
4	物资储备	0.178
5	培训开发	0.167
6	科技创新	0.091

② 响应能力评价二级指标权重

表 6-17　响应能力评价二级指标权重

序号	二级指标	权重
1	信息获取	0.096
2	预警准备	0.449
3	任务转换	0.194
4	快速投送	0.124
5	并行处置	0.136

③ 执行能力评价二级指标权重

表 6-18　执行能力评价二级指标权重

序号	二级指标	权重
1	专业技术	0.441
2	组织激励	0.295
3	指挥协调	0.120
4	综合保障	0.144

④ 恢复能力评价二级指标权重

表 6-19　恢复能力评价二级指标权重

序号	二级指标	权重
1	恢复秩序	0.361
2	总结提高	0.639

（3）三级指标权重

表 6-20　抢险能力评价三级指标权重

序号	三级指标	权重
1	完备性	0.267
2	操作性	0.253
3	科学性	0.480
4	任职资质	0.226
5	人员数量	0.122
6	抢险经验	0.352
7	协作能力	0.093
8	专业化水平	0.207
9	日常经费	0.273
10	预备经费	0.351
11	培训经费	0.202
12	科研经费	0.174
13	规格规模	0.253
14	采购管理	0.115
15	设计制作	0.203

续表

序号	三级指标	权重
16	维护养护	0.230
17	巡查检视	0.199
18	个体培训	0.312
19	团队培训	0.199
20	开发体系	0.490
21	科研意识	0.509
22	创新能力	0.155
23	调研能力	0.149
24	整改落实	0.187
25	渠道建设	0.258
26	日常监测	0.232
27	特殊巡查	0.510
28	分级制度	0.316
29	管理职责	0.379
30	管理机制	0.305
31	任务识别	0.256
32	团队组建	0.175
33	物资配备	0.407
34	装车效率	0.161
35	路线规划	0.401
36	快速配置	0.391
37	援助获取	0.208
38	路线应变	0.185
39	方案推演	0.449
40	远程咨询	0.366
41	预案执行	0.200
42	快速辅导	0.134
43	安全作业	0.225
44	人机配合	0.116
45	现场警示	0.089

续表

序号	三级指标	权重
46	运行保障	0.121
47	险情预判	0.115
48	情绪管理	0.650
49	团队激励	0.350
50	资源配置	0.454
51	决断建议	0.323
52	组织执行	0.223
53	后勤保障	0.331
54	现场应急	0.364
55	宣传能力	0.305
56	安全撤离	0.784
57	功能恢复	0.216
58	后评价	0.543
59	反馈能力	0.204
60	提高方案	0.253

6.3 防汛防旱抢险专业队伍能力评价标准的制定

6.3.1 抢险能力的分级

防汛防旱抢险专业队伍抢险能力评价指标体系由抢险准备能力、抢险响应能力、抢险执行能力和抢险恢复能力4个一级指标，17个二级指标，60个三级指标构成。防汛防旱抢险专业队伍抢险能力分为"★""★★""★★★""★★★★""★★★★★"五个等级，代表防汛防旱抢险专业队伍抢险能力"很弱、较弱、一般、较强、很强"或水平"很低、较低、一般、较高、非常高"等。

6.3.2 评价等级划分标准

经过多次讨论，本书作者制定出60个抢险能力评价三级指标的300条团队胜任力视角下的防汛防旱专业队伍抢险能力评价标准，具体如下。

1. 抢险准备能力的评价标准

抢险准备能力是指为了能够高效有序地开展抢险行动，而在预案预警、队伍建设、财务保障、物资储备、培训开发、科技创新等方面进行准备的能力。抢险准备能力的评价包括预案预警、队伍建设、财务保障、物资储备、培训开发和科技创新6个二级评价指标,预案预警完备性、预案预警操作性、预案预警科学性、任职资质、人员数量、抢险经验、协作能力、专业化水平、日常经费、预备经费、培训经费、科研经费、规格规模、采购管理、设计制作、维护养护、巡查检视、个体培训、团队培训、开发体系、科研意识、创新能力、调研能力和整改落实24个三级评价指标,具体如图5-28所示。各指标的评价标准和评价说明如表6-21—表6-26所示。

(1) 预案预警的评价标准

预案预警是指针对已知或可能的突发事件,编制切实可行的预案的能力,并且根据灾情程度和水平快速启动相应预案的能力。包括预案预警的完备性、操作性和科学性3个指标,各指标的评价标准和评价说明如表6-21所示。

表6-21 预案预警的评价标准

指标	等级	评价标准	评价说明
预案预警的完备性	★	不全	预案编制不全,仅对部分已知险情制定了较为笼统的应对措施
	★★	基本全但简单	1. 各项已知险情已有应急预案,险情描述准确,编制依据充分,预案内容基本齐全; 2. 预防预警、应急响应、专业及指挥人员保障、设备物资保障、交通运输保障、后勤及通讯保障等措施较为简单
	★★★	全、基本完备	1. 各项已知或可能的险情已有应急预案,险情描述准确,编制依据充分,预案内容齐全; 2. 预防预警措施、应急响应机制、专业及指挥人员保障、设备物资保障、交通运输保障、后勤及通讯保障等措施基本齐全,每一种抢险类型都有具体的应对方法
	★★★★	全且完备	1. 各项已知或可能的险情已有应急预案,险情描述准确,编制依据充分,预案内容齐全; 2. 预防预警措施、应急响应机制、专业及指挥人员保障、设备物资保障、交通运输保障、后勤及通讯保障等措施齐全,每一种抢险类型都有具体的应对方法,并通过上一级部门批准
	★★★★★	全且完备并有创新	1. 各项已知或可能的险情已有应急预案,险情描述准确,编制依据充分,预案内容齐全; 2. 预防预警措施、应急响应机制、专业及指挥人员保障、设备物资保障、交通运输保障、后勤及通讯保障等措施齐全,每一种抢险类型都有具体的应对方法,并通过上一级部门批准; 3. 综合前瞻性研究成果和实践经验,不断总结提高,完善险情应对方法

续表

指标	等级	评价标准	评价说明
预案预警的操作性	★	不具操作性	部分应急预案中列出的原则、流程、方法、措施等在实际抢险中不具操作性
	★★	可操作但不清晰	1. 各项应急预案中所列出的原则、流程、方法、措施等在实际抢险中具有一定的操作性; 2. 具体实施步骤简单、各类人员职责等不够清晰
	★★★	操作性强	1. 各项应急预案中所列出的原则、流程、方法、措施等在实际抢险中操作性强; 2. 具体实施步骤基本合理可行,各类人员职责清晰明确
	★★★★	操作性强且高效	1. 各项应急预案中所列出的原则、流程、方法、措施等在实际抢险中操作性强; 2. 具体实施步骤合理可行,各类人员职责清晰明确; 3. 抢险流程、方法、措施高效快捷
	★★★★★	操作性强且高效、灵活	1. 各项应急预案中所列出的原则、流程、方法、措施等在实际抢险中操作性强; 2. 具体实施步骤合理可行,各类人员职责清晰明确; 3. 抢险流程、方法、措施高效快捷; 4. 对不可预知事项有灵活应对举措,比如及时的信息反馈、应急调度等
预案预警的科学性	★	有明显错误	部分应急预案中列出的原则、流程、方法、措施等有悖客观规律,错误明显
	★★	无明显错误	1. 各项应急预案中所列出的原则、流程、方法、措施等符合逻辑,无明显错误; 2. 经论证,应急预案内容基本符合当前防汛形势及要求,但抢险流程、方法、措施较为简单
	★★★	全部通过论证	1. 各项应急预案中所列出的原则、流程、方法、措施等符合逻辑,无明显错误; 2. 经论证,应急预案内容符合当前防汛形势及要求,抢险流程清晰、方法科学、措施合理
	★★★★	全部通过论证,部分通过检验	1. 各项应急预案中所列出的原则、流程、方法、措施等符合逻辑,无明显错误; 2. 经论证,应急预案内容符合当前防汛形势及要求,抢险流程清晰、方法科学、措施合理; 3. 仅对部分应急预案进行过实践或演练
	★★★★★	全部通过论证、检验	1. 各项应急预案中所列出的原则、流程、方法、措施等符合逻辑,无明显错误; 2. 经论证,应急预案内容符合当前防汛形势及要求,抢险流程清晰、方法科学、措施合理; 3. 各项应急预案均进行过实践或演练检验,预案中各项内容准确、清晰、有效

（2）队伍建设的评价标准

队伍建设是指为完成预期的抢险任务，抢险专业队伍在多大程度上从人员数量和质量以及团队协作等方面做好了准备。包括任职资质、人员数量、抢险经验、协作能力和专业化水平 5 个指标，各指标的评价标准和评价说明如表 6-22 所示。

表 6-22　队伍建设的评价标准

指标	等级	评价标准	评价说明
任职资质	★	资质少	中级以上职称人员不少于 20%，40% 的队员具备相关抢险专业方面的资格证书
	★★	资质较少、达标率及格	1. 中级以上职称人员不少于 30%，50% 的队员具备相关抢险专业方面的资格证书； 2. 每个年度，60% 以上的队员参加过抢险演练，成绩达标率超过 60%
	★★★	资质过半、达标率良好	1. 中级以上职称人员不少于 40%，50% 的队员具备相关抢险专业方面的资格证书； 2. 每个年度，80% 以上的队员参加过抢险演练，成绩达标率超过 75%
	★★★★	资质超六成、达标率优秀	1. 高级职称人员不少于 5%，中级以上职称人员不少于 40%，60% 的队员具备相关抢险专业方面的资格证书，且较为齐全； 2. 每个年度，95% 以上的队员参加过抢险演练，成绩达标率超过 90%
	★★★★★	资质超七成、达标率 100%	1. 高级职称人员不少于 10%，中级以上职称人员不少于 50%，70% 的队员具备相关抢险专业方面的资格证书，且全； 2. 每个年度，95% 以上的队员参加过抢险演练，成绩达标率 100%
人员数量	★	数量不足	配备的人员无法满足预案要求的相应专业队伍级别和数量
	★★	基本满足	1. 配备的人员基本满足预案要求的相应专业队伍级别和数量； 2. 总人数达到要求的 80% 以上
	★★★	人员充足且达标数量过半	1. 配备的人员满足预案要求的相应专业队伍级别和数量； 2. 总人数达到预案要求，其中专业达标人员超过 50%
	★★★★	人员充足且达标数超八成并能用外力	1. 配备的人员满足预案要求的相应专业队伍级别和数量； 2. 总人数达到预案要求，其中专业达标人员数量超过 80%； 3. 可动用社会力量人员数量较充足
	★★★★★	人员充足且全部达标并能充分用外力	1. 配备的人员满足预案要求的相应专业队伍级别和数量； 2. 总人数达到预案要求，并 100% 专业达标； 3. 可动用社会力量人员数量充足

续表

指标	等级	评价标准	评价说明
抢险经验	★	无经验	没有承担过抢险任务
	★★	有点经验	承担过地方小规模抢险任务
	★★★	经验较丰富	承担过3次以上地方小规模抢险任务
	★★★★	经验丰富	承担过3次以上地方小规模抢险任务,1次以上大规模抢险任务,具备一定的经验
	★★★★★	经验非常丰富	承担过多次小规模抢险任务,3次以上大规模抢险任务,具备相当的经验
协作能力	★	很弱	队伍仅能独立完成一般抢险任务
	★★	较弱	队伍能独立完成一般抢险任务,并能配合第三方协同抢险
	★★★	一般	1. 队伍能完成较复杂的抢险任务,抢险过程中能够组织和配合多方力量协同完成任务; 2. 队伍内部分工较明确、角色较清晰
	★★★★	较强	1. 队伍能完成复杂的抢险任务,抢险过程中能够作为技术支撑力量,组织和配合多方力量协同完成任务; 2. 队伍内部分工明确、角色清晰,协作过程各司其职
	★★★★★	很强	1. 队伍具备较强的实力,能作为上级的技术支撑力量,协助制定方案,组织和配合多方力量协同完成任务; 2. 队伍内部分工明确、角色清晰,协作过程各司其职
专业化水平	★	很低	所有抢险队员仅保证3个月以下的训练时间,并经过部分科目的培训和演练
	★★	较低	所有抢险队员保证3个月以上的训练时间,并经过大部分科目的培训和演练
	★★★	一般	1. 所有抢险队员保证半年以上的训练时间,并经过全部科目的培训和演练; 2. 抢险队员具备基本的专业知识和专门的工作技能,可以按照职业标准进行抢险
	★★★★	较高	1. 所有抢险队员保证9个月以上的训练时间,并经过全部科目的培训和演练; 2. 抢险队员的装备(工具、着装)比较专业; 3. 抢险队员具备工作所需的专业知识和专门的工作技能,可以按照职业标准进行抢险
	★★★★★	非常高	1. 所有抢险队员全年训练,并经过全部科目的培训和演练; 2. 抢险队员的装备(工具、着装)非常专业; 3. 抢险队员具备工作所需的专业知识和专门的工作技能,可以按照职业标准进行抢险,并能够进行专业化的指导和培训

(3) 财务保障的评价标准

财务保障是为了应对可能出现的抢险任务,而投入资金的充裕程度。包括日常经费、预备经费、培训经费和科研经费 4 个指标,各指标的评价标准和评价说明如表 6-23 所示。

表 6-23 财务保障的评价标准

指标	等级	评价标准	评价说明
日常经费	★	严重不足	训练及维修养护经费严重不足
	★★	不足	训练及维修养护经费不足
	★★★	基本充足	基本保障全年训练及维修养护经费
	★★★★	充足	具备全年训练及维修养护经费
	★★★★★	宽裕	具备全年训练及维修养护经费,且具有宽裕经费用于项目研究与开发
预备经费	★	严重不足	抢险期间严重缺乏预备经费
	★★	不足	抢险期间勉强保证应急资金,但仍然存在一定缺口
	★★★	基本充足	抢险期间能基本调配应急资金
	★★★★	充足	抢险期间能合理调配应急资金,基本能较好应对突发情况的资金需求
	★★★★★	宽裕	抢险期间能非常合理调配应急资金,且根据险情需求,合理配置经费,出色完成抢险任务
培训经费	★	无经费	经费无保障
	★★	不足	没有专项经费保障,可以从其他经费中挤出部分来开支,但数额有限
	★★★	基本充足	有一定金额的专项经费保障,但数额偏小
	★★★★	充足	有一定金额的专项经费保障,但专款专用,其他项目或其他超出部分无法落实
	★★★★★	宽裕	用于培训经费保障充足,具有自主支配空间
科研经费	★	无经费	经费无保障
	★★	不足	没有专项经费保障,可以从其他经费中挤出部分来开支,但数额有限
	★★★	基本充足	有一定金额的专项经费保障,但数额偏小
	★★★★	充足	有一定金额的专项经费保障,但专款专用,其他项目或其他超出部分无法落实
	★★★★★	宽裕	用于科研工作的经费保障非常充足

（4）物资储备的评价标准

物资储备是为了确保顺利开展可能出现的抢险工作，抢险专业队伍能够设计制作、储存、维护充足的相关物资和设备的能力。包括物质储备的规格规模、采购管理、设计制作、维护保养和巡查检视 5 个指标，各指标的评价标准和评价说明如表 6-24 所示。

表 6-24 物资储备的评价标准

指标	等级	评价标准	评价说明
规格规模	★	严重不足	只有最简单的抢险材料工具，如铁锹 10 把，编织袋 100 只等，在规格和数量上远远不够
	★★	有欠缺	简单的抢险物资、工具数量充足，但高规格物资、工具等欠缺
	★★★	基本充足	有基本的抢险材料工具，数量充足，有一定规格的机动抗旱排涝设备，如 20 台套等
	★★★★	充足	有较充裕的抢险基础材料工具，同时也有一定数量的高规格机动抗旱排涝设备及大型抢险设备，如 2 台挖掘机、2 台自卸车等
	★★★★★	齐全且充裕	各类防汛抢险基础物资和设备非常齐全，同时也具有充裕的高规格专业设备
采购管理	★	无序无规划质量差	采购管理无序混乱，无采购规划，且物资质量较差
	★★	基本有序	有初步采购计划、物资质量一般、无相关采购制度
	★★★	有条理但不规范	有兼职的人员负责采购、实施采购，但采购流程不规范，质量、品种不尽合理
	★★★★	基本规范	有固定的人员负责采购，并实施采购，但淘汰或报废过期的物资、设备方面执行不严，采购流程有瑕疵，需要更加规范
	★★★★★	规范且高效	有固定的部门负责采购，按流程、按计划、有步骤地实施采购，合理淘汰或报废过期的物资、设备
设计制作	★	没有实施	不能制作简易设备，也不能设计抢险原型设备
	★★	可做简易包装	能够制作简易包装、功能标识，缺乏抢险原型设备的设计能力
	★★★	可简易设计制作	可简易设计包装，制作外观名称标识显目、功能标识清楚的简易设备
	★★★★	可模仿设计制作	较好地依据需要设计抢险原型设备，同时高效制作简易设备用于实际抢险工作
	★★★★★	自主研发设计并制作	具有非常高效的能力来设计抢险原型设备和制作耐用高效的抢险工具，并受到抢险人员的充分肯定，甚至在一定范围内得到推广和利用

续表

指标	等级	评价标准	评价说明
维护养护	★	没有实施	缺乏对物资和设备的维护,影响设备的使用和实际工作
	★★	无序进行	对防汛抢险设备、物资不定期做一些简单的清洗、保洁等,仍有少部分设备物资存在浪费和损毁
	★★★	基本有序	对防汛抢险设备、物资做一些简单的保养、维护等,但个别重要设备状态可能较差
	★★★★	规范有效	按计划实施防汛抢险设备、物资的维修养护,保证功能性使用,服役设备无不可用状态
	★★★★★	制度化、精细化	制定完备养护制度,按规程、规范,实施防汛抢险设备、物资的维修养护,做到精细化、可视化管理
巡查检视	★	没有实施	工作中非常欠缺对设备和物资进行定期巡视检查
	★★	无序进行	没有定人定岗,想来就来,走马观花,无规律、无记录、无制度
	★★★	基本有序	定人定岗,缺乏严格执行,有记录但缺乏规律性巡视
	★★★★	制度化	制定定期巡查制度,有详细记录,但整改落实不到位
	★★★★★	制度化且落实到位	制定翔实的巡视制度,做到周检、月试,有章可循,按规程、规范,实施管理,整改落实非常到位

(5) 培训开发的评价标准

培训开发是针对抢险专业队伍及其成员组织实施有计划的、连续的学习,促成其抢险知识、技能、态度及行为发生改善,从而确保他们能够更好地完成未来的抢险任务。包括个体培训、团队培训和开发体系3个指标,各指标的评价标准和评价说明如表6-25所示。

表6-25 培训开发的评价标准

指标	等级	评价标准	评价说明
个体培训	★	没有实施	没有任何从思维认知、基本知识、技能以及体能等方面对员工个体进行的培训
	★★	仅少量技能培训	仅对部分员工进行技能培训、演练,不能满足实际需要
	★★★	缺乏系统性	1. 根据当前需要进行全员培训,但缺乏系统性的计划、规划; 2. 针对员工安排各类技能培训,但数量较少,课程内容不够丰富,难以满足实际需要

续表

指标	等级	评价标准	评价说明
个体培训	★★★★	比较系统	1. 根据当前需要,比较系统地规划、实施培训和演练; 2. 培训包括思维认知、基本知识、技能以及体能等方面内容,培训方式多样,提高抢险队员能力和水平较为明显
个体培训	★★★★★	系统且前瞻	1. 根据需要,系统前瞻地规划、实施培训和演练; 2. 培训方式多样,培训内容多元、翔实,结合培训、演练反馈不断改进,积极调动抢险队员的学习热情,持续有效提高抢险队员的能力和水平
团队培训	★	没有实施	没有任何为提高抢险专业团队适应、领导和协作等能力而开展的将其作为一个整体而更好地完成抢险任务的系统化培训
团队培训	★★	仅简单培训	仅做简单的抢险专业团队训练、拉练、演练等
团队培训	★★★	缺乏系统性	1. 根据当前需要进行团队培训,但缺乏系统性的计划、规划; 2. 仅针对抢险科目安排各种团队训练、拉练、演练等抢险技能为主的培训,数量较少,缺乏团队意识、协作能力等方面的培训
团队培训	★★★★	比较系统	1. 根据当前需要,比较系统进行规划、实施团队培训; 2. 除了针对抢险科目安排各种团队训练、拉练、演练等抢险技能为主的培训,还安排团队意识、适应、领导和协作能力等方面的培训,培训方式多样,提高抢险队员团队抢险能力较明显
团队培训	★★★★★	系统前瞻	1. 根据需要,系统前瞻地规划、实施团队培训和演练; 2. 培训方式多样,内容翔实,方法得当,培训效果既着眼于眼前需要,又瞄准未来的团队发展;结合培训、演练反馈不断改进,积极调动抢险队员的学习热情,能够持续有效提升团队领导、协作和适应等方面的能力和水平
开发体系	★	没有实施	没有内部培训开发体系,也没有外部师资、专家库等培训资源
开发体系	★★	不完善	有兼职人员从事技术研究咨询,但没有内部培训体系
开发体系	★★★	较完善	有专职人员从事培训工作,并且能提供基本的培训规划和相关内容
开发体系	★★★★	基本成体系	1. 有专门人员或部门从事培训体系的开发工作,吸收国内外的先进技术及设备,开发或改造适合当地的技术或设备等; 2. 能为抢险专业团队提供必要的培训咨询和辅导,帮助员工提升能力和不断发展
开发体系	★★★★★	体系完备可行	1. 有各类人才齐全的开发团队,建设有名师工作室或劳模工作室,自主组织培训; 2. 具有完备可行的培训规划、课程、师资以及评估等培训内容,自主开发抢险技术或设备等,并向国内外推广

(6)科技创新的评价标准

科技创新是针对抢险实践中遇到的疑难问题,发展创造性解决方案的能力,以及预期未来可能遇到的抢险困境并开展前瞻性研究的能力。包括科研意识、创新能力、调研能力和整改落实4个指标,各指标的评价标准和评价说明如表6-26所示。

表6-26 科技创新的评价标准

指标	等级	评价标准	评价说明
科研意识	★	严重缺乏	队伍建设缺乏科研意识,没有定制任何培养科研人才的相关办法,没有制定任何促进科研项目发展的具体实施计划
	★★	意识薄弱	队伍建设科研意识薄弱,有培养科研人才和开展科研项目的初步想法,但没有出台任何办法,也没有制定任何实施计划
	★★★	意识一般	队伍建设具有一定科研意识,鼓励科研方面人才培养,积极开展科研项目建设,出台的相关办法较少,没有制定具体实施计划
	★★★★	意识较强	1. 队伍建设具有科研意识,鼓励科研方面人才培养,积极开展科研项目建设,出台相关办法保障科研项目顺利进行,制定初步实施计划; 2. 队员有意识对于抢险实践中遇到的以及将来可能遇到的难题进行研究和分析
	★★★★★	意识强烈	1. 队伍建设具有强烈科研意识,鼓励科研方面人才培养,积极开展科研项目建设,出台相关办法保障科研项目顺利进行,科学制定具体实施计划,明确队伍未来科研工作的发展规划; 2. 队员对于抢险实践中遇到的以及将来可能遇到的难题主动进行研究和分析
创新能力	★	匮乏	队伍发展完全忽视创新能力培养,队员创新思维匮乏,没有组织开展任何科技创新活动,无任何创新成果
	★★	成果极少	队伍发展不注重创新能力培养,队员创新思维一般,没有组织开展或较少组织开展科技创新活动,队员参与度不够,极少有创新成果
	★★★	成果较少	队伍发展注重创新能力培养,队员创新思维较强,定期组织开展科技创新活动,队员参与度一般,有较少的创新成果
	★★★★	成果较丰富	1. 队伍发展注重创新能力培养,队员创新思维较强,定期组织开展科技创新活动,大部分队员能积极参与,创新成果较丰富; 2. 队员对于抢险实践中遇到的以及将来可能遇到的难题可以提出创造性解决方案

续表

指标	等级	评价标准	评价说明
创新能力	★★★★★	成果丰富	1. 队伍发展十分注重创新能力培养,队员创新思维强,定期组织开展科技创新活动,所有队员都能积极参与,创新成果丰富,对队伍今后发展帮助极大; 2. 队员对于抢险实践中遇到的以及将来可能遇到的难题可以提出创造性解决方案,并能及时转化为科技创新成果
调研能力	★	没有调研	队伍没有开展工作调研,忽视队员的新想法,没有组织队员去其他单位学习交流
	★★	偶尔调研	队伍偶尔开展工作调研,偶尔了解队员的新想法,提供很少的机会去其他单位学习交流
	★★★	定期调研	队伍定期开展工作调研,经常了解队员的新想法,定期组织队员去其他单位学习交流
	★★★★	定期调研并总结经验	队伍定期开展工作调研,并总结调研结果,分析今后队伍科研建设的思路,重视队员的创新想法,定期组织队员去其他单位学习交流
	★★★★★	理论联系实践解决问题	队伍积极组织开展工作调研,并认真总结调研结果,分析今后队伍科研建设的思路,重视队员的创新思路和想法,定期组织队员去其他单位学习交流
整改落实	★	没有实施	忽视在抢险实践或活动中发现的问题,视而不见
	★★	偶尔实施	对通过抢险实践或其他方式发现的问题,偶尔进行整治和改进
	★★★	及时实施	对通过抢险实践或其他方式发现的问题,及时整治和改进,避免同样问题再次出现
	★★★★	有效实施	对通过抢险实践或其他方式发现的问题,分析原因,提出对策并进行演练,从而避免同样问题再次发生
	★★★★★	有效实施并举一反三	对通过抢险实践或其他方式发现的问题,总结问题一般特征,分析原因,提出对策,反复演练,从而避免同类问题再次发生

2. 抢险响应能力的评价标准

抢险响应能力是指对抢险事件做出快速有效反应的能力,包括获取相关信息、启动应急预案、将抢险物资和人员送达现场等。抢险相应能力的评价包括信息获取、预警准备、任务转换、快速投送和并行处置5个二级评价指标,渠道建设、日常监测、特殊巡查、分级制度、管理职责、管理机制、任务识别、团队组建、物资配备、装车效率、路线规划、快速配置、援助获取、路线应变、方案推演和远程咨询16个三级评价指标,具体如图 5-29 所示。各指标的评价标准和评价说明如表 6-27—表 6-30 所示。

(1)信息获取的评价标准

信息获取是围绕任务目标,通过一定的技术手段和方式方法及时准确地获取抢险所需信息的能力。包括渠道建设、日常监测和特殊巡查 3 个指标,各指标的评价标准和评价说明如表 6-27 所示。

表 6-27 信息获取的评价标准

指标	等级	评价标准	评价说明
渠道建设	★	没有实施	完全没有建设信息获取的渠道,信息获取速度、准确度、安全度无法保障
	★★	信息渠道缺乏	仅具有部分信息获取的渠道,且信息获取速度、准确度、安全度无法保障
	★★★	有基本渠道	基本具有信息获取的专门渠道,信息获取速度稳定,内容相对准确,传送过程较安全
	★★★★	比较完备	根据相关规范标准建设较完备的信息获取专门渠道,信息获取速度稳定,内容准确,传送过程安全
	★★★★★	非常完备	根据相关规范标准建设非常完备的信息获取专门渠道,并出台信息获取相关注意事项,信息获取速度快速稳定,内容十分准确,传送过程安全
日常监测	★	不能及时获取	难以及时获取水文、气象等监测信息
	★★	不能准确评估	能基本获取水文、气象等监测信息,但缺乏对信息的准确评估
	★★★	可做基本判断	能够获取水文、气象资料并进行大致判断
	★★★★	可准确评判	较频繁地获取水文、气象等监测信息,并做出准确系统的评估和判断
	★★★★★	有完善的监测系统	具备完善的水文气象信息采集、监测和获取系统,能够对这些信息数据进行准确系统评估,以及诱因分析
特殊巡查	★	没有实施	缺乏特殊巡查制度,不能组织有效人力物力财力进行特殊巡查
	★★	偶尔巡查	有限地组织人力物力和财力进行特殊巡查,缺少周期性巡查制度
	★★★	周期性巡查	灾害多发季节,能够周期性巡查,并主动与险情多发地区保持沟通交流
	★★★★	制度化	建设较完备的特殊巡查制度,在灾害多发季节较频繁地组织人力物力财力进行巡查
	★★★★★	制度化并系统化	能够在灾害多发季节对曾经发生过险情的地区进行重点关注、巡查,建立非常系统的特殊巡查制度

(2) 预警准备的评价标准

预警准备是指对警情级别及其特征进行了明确合理划分的规章制度。包括分级制度、管理职责和管理机制 3 个指标,各指标的评价标准和评价说明如表 6-28 所示。

表 6-28 预警准备的评价标准

指标	等级	评价标准	评价说明
分级制度	★	没有实施	没有对预警级别和特征做出明确可靠的规定
	★★	有预警准备	只对预警级别和特征做出非常粗略的规定,预警准备缺乏有效的分级、落实
	★★★	有效分级	根据险情发展、警情级别等对预警级别和特征做出较好的划分,比较细致和全面
	★★★★	分级制度化	根据省内发生防汛防旱、气象灾害的预警等级,制定针对性的预警准备分级制度,抢险队伍内部做好防汛抢险、抗旱排涝准备
	★★★★★	统筹预警准备	综合日常监测信息和省级预警信息,制定针对性的预警准备分级制度,并对各个级别给出切实可行的指导方案,联合上级、当地和相关队伍,做好防汛抢险、抗旱排涝准备
管理职责	★	缺乏组织分工	各级预警准备缺乏抢险人员的组织分工
	★★	组织分工不明确	各级预警准备仅有模糊的组织分工,人员责任不具体,不到位
	★★★	有基本的组织分工	各级预警准备制定了基本的人员组织分工
	★★★★	分工比较明确	各级预警准备制定了较完备、较清晰的人员组织分工,抢险人员职责任务明确
	★★★★★	分工非常明确	各级预警准备制定了非常明确的抢险人员职责分工,能够做到各司其职,责任明确
管理机制	★	没有	没有明确、可靠的预警响应机制
	★★	模糊	预警响应机制模糊,可操作性不强
	★★★	基本可靠	具有基本可靠的应急响应流程与方案
	★★★★	操作性比较强	预警响应流程和方案明确可靠,具有较好的操作性
	★★★★★	操作性非常强	结合信息化手段,具有完善高效、操作性非常强的预警响应流程与实施方法

(3)任务转换的评价标准

任务转换是指接收到抢险命令后,通过任务识别和研判,高效达成组织目标所需要的统筹规划能力。包括任务识别、团队组建、物资配备和装车效率4个指标,各指标的评价标准和评价说明如表6-29所示。

表6-29 任务转换的评价标准

指标	等级	评价标准	评价说明
任务识别	★	不能及时识别	接收到抢险命令后,不能及时了解任务相关信息,不能及时确定人员、物资、装备等组织方案
	★★	不能及时转化	接收到抢险命令后,能迅速了解任务相关信息,但不能及时确定人员、物资、装备等组织方案
	★★★	转化的执行方案指导性不强	1. 接收到抢险命令后,能迅速了解任务相关信息,准确判定任务类型; 2. 确定人员、物资、装备等的类型需求,结合预案提出任务执行方案,但方案不够详细,对实际任务指导性不强
	★★★★	转化出比较有效的任务执行方案	1. 接收到抢险命令后,能迅速了解任务相关信息,准确判定任务类型; 2. 确定人员、物资、装备等的类型和数量需求,结合预案和现场信息提出较有效的任务执行方案(核对任务方案、情况报告等资料,实际执行中又对方案进行了修改变更)
	★★★★★	转化出有效的任务执行方案	1. 接收到抢险命令后,能迅速了解任务相关信息,准确判定任务类型; 2. 确定人员、物资、装备等的类型和数量需求,结合预案和现场信息提出有效的任务执行方案(核对任务方案、情况报告等资料,方案与实际执行情况基本一致)
团队组建	★	无法组建较完整的团队且功能缺失	1. 团队组建方案未编入相关预案,接任务后无法组成较完整的团队; 2. 团队成员搭配混乱,重要岗位没有专业人员配置,不能很好地完成各项任务
	★★	组建团队较慢且有短板	1. 团队组建方案未编入相关预案,接任务后组建团队较慢; 2. 团队成员搭配存在缺项,在实际任务中部分岗位缺少专业人员,一些任务不能很好地完成
	★★★	可快速组建但搭配不太合理	1. 团队组建方案未编入相关预案,接任务后能快速组建团队; 2. 团队成员搭配存在缺项,在实际任务中部分岗位缺少专业人员,但能基本保障任务地执行
	★★★★	按预案迅速组建且搭配比较合理	1. 团队组建方案已编入相关预案,接任务后能迅速按照预案组建团队; 2. 团队成员搭配较为合理,在实际任务中表现较好,能顺利执行和完成各项任务,存在部分人员不能胜任岗位工作

续表

指标	等级	评价标准	评价说明
团队组建	★★★★★	统筹按预案迅速组建且搭配合理	1. 团队组建方案已编入相关预案,接任务后能迅速按照预案组建团队; 2. 统筹考虑可选人员的具体情况,团队成员搭配合理,分工明确,在实际任务中表现优良,能有效执行和完成各项任务
物资配备	★	仅凭经验	不能有效确定动用设备、物资数量,也没有装车清单,仅凭经验配备抢险物资
	★★	有主要物资的装车清单	根据抢险任务要求确定主要动用的设备、物资数量,并制作装车清单,按照清单装车
	★★★	有所有物资的装车清单	根据抢险任务要求规划、配备各类设备和抢险物资等,制作详细的装车清单,并按照清单调运各项物资
	★★★★	统筹、快速	统筹考虑抢险任务的需要和现场情况,能够根据险情和任务需要以及现场物资情况,制作详细的装车清单,并按照清单快速调运各项物资
	★★★★★	统筹、快速、模块化	统筹考虑抢险任务的需要和现场情况,能够根据险情和任务需要以及现场物资情况,制作详细的装车清单,并按照清单快速、模块化地调运各项物资
装车效率	★	效率很低	未编制物资设备调运预案,装车工作组织混乱,从接到任务起一般在4小时以上才完成装车工作
	★★	效率低	未编制物资设备调运预案,装车工作组织基本有序,从接到任务起能在4小时内完成装车工作
	★★★	效率一般	已编制物资设备调运预案,但预案编制不完善,不能按照预案组织装车工作,从接到任务起能在3小时内完成全部装车工作
	★★★★	效率高	已编制物资设备调运预案,能迅速按照预案组织装车工作,从接到任务起能在2小时内完成全部装车工作
	★★★★★	效率非常高	已编制物资设备调运预案,能迅速按照预案组织装车工作,从接到任务起能在1小时内完成全部装车工作

(4) 快速投送的评价标准

快速投送是指对于抢险物资和人员,通过合理选择,灵活调整运送方案,安全快速送达的能力。包括路线规划、快速配置和援助获取3个指标,各指标的评价标准和评价说明如表6-30所示。

表 6-30　快速投送的评价标准

指标	等级	评价标准	评价说明
路线规划	★	仅凭经验	接到抢险任务后,不能规划路线,仅凭驾驶人员经验自行制定路线
	★★	3小时内完成	接到抢险任务后,能在3小时内完成路线规划,相关路线全部形成图文资料配发各运输车辆
	★★★	2小时内完成	接到抢险任务后,能在2小时内完成路线规划,并对可能出现的交通状况制定备选路线,相关路线全部形成图文资料配发各运输车辆
	★★★★	1小时内完成	接到抢险任务后,能在1小时内完成路线规划,并对可能出现的交通状况制定备选路线,相关路线全部形成图文资料配发各运输车辆
	★★★★★	半小时内完成	接到抢险任务后,能在0.5小时内完成路线规划,并对可能出现的交通状况制定备选路线,相关路线全部形成图文资料配发各运输车辆
快速配置	★	超过4小时	在运输车辆到达现场后,需要超过4小时才能完成人员、物资、设备的匹配
	★★	2小时内	在运输车辆到达现场后,2小时内,完成人员、物资、设备的匹配,然后有序开展抢险工作
	★★★	1小时内	在运输车辆到达现场后,1小时内,完成人员、物资、设备的匹配,然后有序开展抢险工作
	★★★★	15分钟内	在运输车辆到达现场后,15分钟内,完成人员、物资、设备匹配,到达现场后能有序开展抢险工作
	★★★★★	到达后立即开展	在运输车辆到达现场前,已完成人员、物资、设备匹配,到达现场后立即有序开展抢险工作
援助获取	★	缺乏训练	对于人员和物资运送途中遇到的各类意外情况未制定应急处置预案,未进行相关情况的训练演练
	★★	有处置预案	对于人员和物资运送途中遇到的各类意外情况制定了应急处置预案
	★★★	进行过处置培训	对于人员和物资运送途中遇到的各类意外情况制定了应急处置预案,对相关人员进行了应急处置培训
	★★★★	演练预案	对于人员和物资运送途中遇到的各类意外情况制定了应急处置预案,预案经过了演练检验证实有效,对相关人员进行了应急处置培训
	★★★★★	配备手册且验证有效	对于人员和物资运送途中遇到的各类意外情况制定了应急处置预案,相关人员配备了应急处置手册(电子或纸质),预案经过了演练检验证实有效,对相关人员进行了应急处置培训

(5)并行处置的评价标准

并行处置是指能够利用人员和物资运送途中的时间,为了更好地完成即将到来的抢险任务,而进行相关准备工作的能力。包括线路应变、方案推演和远程咨询3个指标,各指标的评价标准和评价说明如表6-31所示。

表6-31 并行处置的评价标准

指标	等级	评价标准	评价说明
路线应变	★	没有应对措施	面对行进途中出现的意外事件,既无预案也不能临场采取有效措施,影响任务开展
	★★	凭经验解决	面对行进途中出现的意外事件,能因地制宜采取措施,确保任务顺利开展
	★★★	有备用方案	面对行进途中出现的意外事件,已经事先制定备用方案,并能迅速有效执行,确保任务顺利开展
	★★★★	迅速有效执行备选方案	面对行进途中出现的意外事件,已经事先制定备用方案,并能迅速有效执行,确保任务顺利开展
	★★★★★	迅速有效执行备选方案且能因地制宜	1. 面对行进途中出现的意外事件,已经事先制定备用方案,并能迅速有效执行; 2. 遇到预案外的情况时也能因地制宜采取措施,确保任务顺利开展
方案推演	★	不能变通	对于相关抢险情况的变化,不能在运输途中进行传达和反馈
	★★	按需即时修订	在运输途中能根据掌握的实时情况,按需即时修订抢险方案
	★★★	按需即时修订并简单传达	1. 在运输途中能根据掌握的实时情况,按需即时修订抢险方案; 2. 将基本情况即时传达所有相关人员
	★★★★	按需即时修订并迅速传达	1. 在运输途中能根据掌握的实时情况,按需即时修订抢险方案; 2. 通过信息化手段迅速传达所有相关人员
	★★★★★	按需即时修订并有效互动完善	1. 在运输途中能根据掌握的实时情况,按需即时修订抢险方案; 2. 通过信息化手段迅速传达所有相关人员,相关人员也能通过信息系统进行意见建议的反馈,形成即时协同机制促进方案的迅速完善

续表

指标	等级	评价标准	评价说明
远程咨询	★	传统手段	未建立信息管理系统,仍通过传统手段进行指挥和咨询汇报
	★★	信息化手段	未建立信息管理系统,但能有效利用现有信息化工具,进行各项指挥协调、咨询汇报等工作
	★★★	通过系统及时交流	建立了信息管理系统,有效连接现场组织人员,抢险队员和协助指挥、决策人员,能通过系统即时交流情况
	★★★★	通过系统提供咨询服务	建立了信息管理系统,有效连接现场组织人员,抢险队员和协助指挥、决策人员,能通过系统即时掌握险情,并通过系统提供抢险咨询服务
	★★★★★	通过系统共享信息即时咨询	1. 建立了信息管理系统,有效连接现场组织人员,抢险队员和协助指挥、决策人员,系统提供信息共享、导航等功能; 2. 抢险队提供的抢险咨询与在现场时趋同

3. 抢险执行能力的评价标准

抢险执行能力是指贯彻落实抢险预案,进行现场管理,以完成抢险任务,达到预期效果的能力。抢险执行能力的评价包括专业技术、组织激励、指挥协调和综合保障4个二级评价指标,预案执行、快速辅导、安全作业、人机配合、现场警示、运行保障、险情预判、情绪管理、团队激励、资源配置、决断建议、组织执行、后勤保障、现场应急和宣传能力15个三级评价指标,具体如图5-30所示。各指标的评价标准和评价说明如表6-32—表6-35所示。

(1) 专业技术的评价标准

专业技术是指完成抢险任务所必须具备的知识、技能和能力。包括预案执行、快速辅导、安全作业、人机配合、现场警示、运行保障和险情预判7个指标,各指标的评价标准和评价说明如表6-32所示。

表6-32 财务保障的评价标准

指标	等级	评价标准	评价说明
预案执行	★	能力差	预案执行能力差,大部分预案内容无法按规定完成
	★★	能力一般	预案执行能力一般,预案内容50%能按规定完成
	★★★	能力较强	预案执行能力较强,预案内容70%能按规定完成
	★★★★	能力强	预案执行能力强,预案内容90%能按规定完成
	★★★★★	能力非常强	预案执行能力非常强,预案内容95%能按规定完成

续表

指标	等级	评价标准	评价说明
快速辅导	★	仅凭经验	没有出台快速辅导相关规范,快速辅导机制没有建立
	★★	有规范但不具体	出台了快速辅导相关规范,内容不具体,制定不科学,快速辅导机制没有建立
	★★★	机制基本建立	出台了快速辅导相关规范,内容具体,制定科学合理,快速辅导机制基本建立
	★★★★	机制基本建立且程序规范	出台了快速辅导相关规范,内容具体,制定科学合理,实际操作性较强,快速辅导机制基本建立,快速辅导程序规范
	★★★★★	机制完善且效果明显	出台了快速辅导相关规范,内容具体,制定科学合理,实际操作性强,快速辅导机制建立完善,快速辅导程序规范,实际效果明显
安全作业	★	隐患较多	作业过程没有按照安全生产相关内容要求执行,违规操作较多,安全隐患较多
	★★	隐患少	作业过程基本按照安全生产相关内容要求执行,违规操作现象少,安全隐患少
	★★★	隐患较少	作业过程基本按照安全生产相关内容要求执行,违规操作现象较少,安全隐患较少
	★★★★	无隐患	作业过程按照安全生产相关内容要求执行,同时制定安全作业具体要求,违规操作现象基本没有,无安全隐患
	★★★★★	无违规操作且无隐患	作业过程严格按照安全生产相关内容要求执行,同时制定安全作业具体要求,违规操作现象没有,无安全隐患,定期组织人员进行安全作业培训
人机配合	★	整体不熟练	人机配合整体不熟练,队伍只有30%人员能单独完成机械操作
	★★	整体不太熟练	人机配合整体不太熟练,队伍只有50%人员能单独完成机械操作
	★★★	整体较为熟练	人机配合整体较为熟练,队伍有70%人员能单独完成各项机械操作
	★★★★	整体熟练	人机配合整体熟练,队伍有85%人员能单独完成各项机械操作
	★★★★★	整体十分熟练	人机配合整体十分熟练,队伍有95%人员能单独完成各项机械操作

续表

指标	等级	评价标准	评价说明
现场警示	★	没有实施	没有出台现场警示相关规范,作业现场警示工具摆放不规范,没有设立具体警示人员
	★★	有粗略规范	出台了现场警示相关规范,内容较为粗略,作业现场警示工具摆放较为规范,设立了具体警示人员
	★★★	有具体规范	1. 出台了现场警示相关规范,内容具体,作业现场警示工具摆放规范合理,设立了具体警示人员,警示人员职责明确; 2. 很少因警示工作不到位导致不必要的伤害或损失
	★★★★	有具体规范且没有此类事故	1. 出台了现场警示相关规范,内容具体,规范制定科学合理,作业现场各类警示工具齐全,摆放规范合理,警示标志明显,设立了具体警示人员,警示人员职责明确; 2. 没有因警示工作不到位导致不必要的伤害或损失
	★★★★★	有具体规范、警示工作有序且没有此类事故	1. 出台了现场警示相关规范,内容具体,规范制定科学合理,作业现场各类警示工具齐全,摆放规范合理,明显设立了具体警示人员,警示人员职责明确,作业前对现场警示工作进行规划了,现场警示工作有序开展; 2. 没有因警示工作不到位导致不必要的伤害或损失
运行保障	★	不健全	抢险现场运行保障不健全,缺乏基本电力、人力配置
	★★	无应急保障	现场只能保持正常运行,无应急运行预案和保护
	★★★	保障基本健全	现场运行保障基本健全,电力等相关维护不到位,后勤保障基本到位
	★★★★	保障健全	运行现场保障健全,电力维护配备到位,后勤保障基本健全
	★★★★★	保障全面	抢险运行保障全面,后勤保障全面,应急方案准备到位
险情预判	★	预判错误	缺乏相关抢险经验或信息,错误判断险情
	★★	预判不准确	对险情有基本认识,但是对险情产生危害预判不准确
	★★★	基本准确	对险情有基本判断,能结合险情给出粗略的抢险方法
	★★★★	预判到位	对险情认识、判断到位,能够给出正确的抢险方案
	★★★★★	预判到位并能给出合理方案	对险情的认识到位,能够结合险情可能出现的几类情况,给出不同情况下有针对性的处置方案

（2）组织激励的评价标准

组织激励是指为了提高士气，使抢险现场人员更加积极地投入到抢险与避险工作中的能力。包括情绪管理和团队激励2个指标，各指标的评价标准和评价说明如表6-33所示。

表6-33 组织激励的评价标准

指标	等级	评价标准	评价说明
情绪管理	★	没有实施	不对现场抢险人员和群众的情绪进行任何干预和引导
	★★	及时引导	当抢险人员或群众出现负面情绪时，能及时进行沟通、引导
	★★★	主动避免	主动通过沟通、引导等措施避免或缓解抢险人员的负面情绪
	★★★★	正向干预大家情绪	通过多种途径（如加强沟通和改善分工）干预抢险人员和群众情绪，使其积极抢险或避险
	★★★★★	有方案并使大家积极性有序抢险	1. 情绪管理成为抢险工作的重要组成部分，甚至草拟或制订了情绪管理方案； 2. 通过提前沟通、引导等多种方式，使抢险队员积极主动并有序地投入到抢险工作中，使群众积极避险或配合抢险工作
团队激励	★	没有实施	无团队激励措施
	★★	有奖励	任务完成、出成果的给予一定奖励
	★★★	有奖惩	有相关团队激励措施，根据任务完成情况进行奖惩
	★★★★	制度化	抢险团队激励制度化，制定了相关的奖励措施并公示，确保激励的公开、公平和公正
	★★★★★	制度化且详细、队员认可	1. 制定了详细的激励方案和措施，鼓励奉献，强调公平，致力于发展团队精神； 2. 抢险队员普遍接受按照团队工作成果来获取奖励

（3）指挥协调的评价标准

指挥协调是指组织人员，配置资源，妥善处理抢险相关群体和人员之间的关系，促进相互理解，获得支持与配合，协助抢险领导部门和人员更好地掌控事态发展的能力。包括资源配置、决断建议和组织执行3个指标，各指标的评价标准和评价说明如表6-34所示。

表 6-34 指挥协调的评价标准

指标	等级	评价标准	评价说明
资源配置	★	不到位	现场无人员协调,配置不到位
	★★	效率较低	现场有协调人员,没有物资和人员,配置效率较低
	★★★	基本合理	现场有专人协调,能够基本达到物资和人员的配置
	★★★★	比较高效	现场协调比较到位,物资与人员配备达到合理配置,比较高效
	★★★★★	非常高效	现场协调非常到位,物资和人员达到非常合理与高效的配置,抢险各环节都具备合理的物资和人员配置,没有资源浪费和低效
决断建议	★	没有实施	不能协助现场领导指挥工作做出科学决策
	★★	少量建议	仅能为现场领导指挥工作提供少量的建议和参考
	★★★	可行的决策意见	能够向现场领导指挥工作提供可行的决策意见
	★★★★	协助决策	综合事态发展,能够向现场领导指挥工作提供较为合理、科学的方案和建议
	★★★★★	提供建设性意见	综合事态发展,随时向现场领导指挥工作提供非常合理科学、具有价值的方案和建议,帮助现场指挥顺利完成抢险任务
组织执行	★	非常欠缺	组织动员能力非常欠缺,现场工作非常被动,不能有效协调各方资源
	★★	动员能力欠缺	具有少部分的组织动员能力,具体协调工作仍然依赖其他方面,欠缺一定的执行力
	★★★	有一定的执行力	基本具有协调和动员本部队伍与社会力量的能力
	★★★★	比较好	具有较好的组织动员能力,可以合理指挥其他社会力量,并且具有较好的行动执行力
	★★★★★	非常主动	具备非常主动的组织动员能力,可以根据现场需要及时指挥和利用其他社会力量,并且高效执行抢险方案

(4) 综合保障的评价标准

综合保障是指为保障抢险工作实现预期目标,组织人员提供辅助性支持的能力。包括后勤保障、现场应急和宣传能力 3 个指标,各指标的评价标准和评价说明如表 6-35 所示。

表 6-35 综合保障的评价标准

指标	等级	评价标准	评价说明
后勤保障	★	没有实施	没有专门部门负责,也没有充足的后勤保障物资
	★★	仅生活保障	没有专门部门负责,仅提供帐篷、饮用水及食品等基本的生活物资
	★★★	有专门的基础保障	有专门部门负责生活保障,并能够提供医疗、运输、维修方面的基础保障
	★★★★	比较全面	有专门部门负责,能够提供生活、交通、医疗、电力、运输等比较全面的后勤保障
	★★★★★	全方位保障	有专门部门负责,能够提供生活、交通、医疗、电力、运输等全方位的后勤保障
现场应急	★	没有措施	没有应急资源储备,也没有现场应急预案
	★★	有应急物资储备	针对物资、电力、避难、通讯等方面出现的突发性需求,有一定的应急资源储备
	★★★	有简单应急预案	针对物资、电力、避难、通讯等方面出现的突发性需求,制定了现场应急预案,但预案内容比较简单
	★★★★	有详细应急预案	针对物资、电力、避难、通讯等方面出现的突发性需求,制定了现场应急预案,预案内容比较详细,包括如何获取、整合和利用其他可用资源进行应对等
	★★★★★	有详细并可靠的应急预案	针对物资、电力、避难、通讯等方面出现的突发性需求,制定了现场应急预案,并进行过培训和演练,预案内容详细且可靠
宣传能力	★	很差	没有宣传方面的预案,不能宣传组织正面形象,也不能正面引导舆论
	★★	较差	没有宣传方面的预案,可以借助媒介资源宣传组织正面形象,但不能有效地正面引导舆论
	★★★	有一定的宣传能力	有宣传方面的预案,但简单,能够借助媒介资源宣传组织正面形象,也能够在一定程度上正面引导舆论
	★★★★	比较强	有宣传方面的预案,比较详细,经过培训和演练,能够借助媒介资源正面引导舆论、宣传组织正面形象
	★★★★★	非常强	1. 有宣传方面的预案,非常详细,经过培训和演练,能够借助媒介资源正面引导舆论、宣传组织正面形象; 2. 有详细的宣传材料,能够有效传播抢险知识和技能

4. 抢险恢复能力的评价标准

抢险恢复能力是指抢险结束后,恢复现场秩序,对设备、物资进行入库、初步维修和保养,总结经验教训,提高抢险能力。抢险恢复能力的评价包括恢复秩序和总结提高 2 个二级评价指标,安全撤离、功能恢复、后评价、反馈能力和提高方案 5 个三级评价指标,具体如图 5-31 所示。各指标的评价标准和评价说明如表 6-36 和

表 6-37 所示。

（1）恢复秩序的评价标准

恢复秩序是指抢险任务结束后，抢险人员和物资有序撤离，并对设备进行功能性恢复的能力。包括安全撤离和功能恢复 2 个指标，各指标的评价标准和评价说明如表 6-36 所示。

表 6-36　恢复秩序的评价标准

指标	等级	评价标准	评价说明
安全撤离	★	仅凭经验	没有撤离预案或操作规范，也不清点登记所管辖物资和设备，仅凭个人经验进行撤离，现场秩序混乱，并存在一定的安全隐患
	★★	有简单撤离预案	有安全撤离预案，但内容简单，没有具体的撤离步骤和操作规范，在确保人员和物资设备安全、有序撤离方面作用不大
	★★★	基本安全有序	有安全撤离预案，对具体的撤离步骤、操作规范有明确要求，基本可以确保人员和物资设备安全、有序撤离
	★★★★	安全有序	有安全撤离预案，对具体的撤离步骤、操作规范有明确要求，部分队员进行过相关培训、演练，可以根据现场情况制作出比较有效的安全撤离方案，并能确保人员和物资设备安全、有序撤离
	★★★★★	安全有序快速	有安全撤离预案，对具体的撤离步骤、操作规范有明确要求，部分队员进行过相关培训、演练，可以根据现场情况制作出有效的安全撤离方案，并能确保人员和物资设备安全、有序、快速撤离
功能恢复	★	没有实施	没有任何功能恢复要求、规范或预案，设备物资回到中心后，不做任何维修和保养，直接入库
	★★	偶尔进行初步恢复	设备物资回到中心后，有时会对设备、物资进行初步维修和保养
	★★★	有初步恢复制度	建立了功能恢复制度，但内容简单，设备物资回到中心后，基本可以做到对设备、物资进行初步维修和保养
	★★★★	有比较详细的制度	建立了比较详细的功能恢复制度，设备物资回到中心后，各管理部门负责清点登记所管辖物资和设备，相关部门维修保养抢险设备，及时做好设备恢复以应对下一次任务
	★★★★★	有详细的制度	建立了详细的功能恢复制度，设备物资回到中心后，各管理部门负责清点登记所管辖物资和设备，对完好及损坏物资分别登记并上报，及时补充不足数量的物资，按照规范维修保养抢险设备，迅速做好设备恢复以应对下一次任务

(2) 总结提高的评价标准

总结提高是指抢险结束后,对抢险过程进行全面回顾、分析和评价,总结经验教训,提高对抢险工作规律认知与学习的能力。包括后评价、反馈能力和提高方案3个指标,各指标的评价标准和评价说明如表6-37所示。

表 6-37　总结提高的评价标准

指标	等级	评价标准	评价说明
后评价	★	没有实施	抢险任务结束后,不对抢险工作进行分析、总结
	★★	偶尔进行	抢险任务结束后,有时会对抢险工作进行分析、总结
	★★★	每次均简单进行	抢险任务结束后,总会对抢险工作进行分析、总结
	★★★★	每次均系统评价	抢险任务结束后,总会对抢险工作的目的、执行过程、效益、作用和影响进行系统客观的分析和总结
	★★★★★	每次均系统评价并改进	抢险任务结束后,总是对抢险工作的目的、执行过程、效益、作用和影响进行系统客观的分析和总结,并形成书面报告乃至新的制度,从而为今后的抢险工作提供指导
反馈能力	★	没有反馈	从来不将对于抢险工作的分析结果反馈给相关部门或个人
	★★	偶尔反馈	有时会把对于抢险工作的分析结果反馈给相关部门或个人
	★★★	及时反馈	抢险工作后评价结束后,总是将评价结果及时提供给相关部门或个人
	★★★★	及时反馈并交流	抢险工作后评价结束后,总是将评价结果及时提供给相关部门或个人并听取对方意见
	★★★★★	及时反馈并交流、改进	将抢险工作后评价结果进行反馈已经成为一项制度,反馈主体和对象对评价结果进行双向沟通,沟通结果纳入提高方案
提高方案	★	没有	不制定提高方案
	★★	零散	根据后评价结果和反馈情况,提出零散的改进措施
	★★★	不够系统	根据后评价结果和反馈情况,提出改进方案,有时会提出较为系统的改进方案
	★★★★	比较系统	根据后评价结果和反馈情况,总结规律性认知,提出改进方案
	★★★★★	非常系统	根据后评价结果和反馈情况,总结规律性认知,提出改进方案,并定期将改进思想、措施等形成制度或纳入相关抢险预案

第 7 章

江苏省防汛防旱抢险中心的抢险能力评价

7.1 江苏省防汛防旱抢险中心的抢险能力评价过程

江苏省防汛防旱抢险中心的抢险能力评价分为自评、三级指标等级评价和综合评定三个步骤。

第一步,自评。由江苏省防汛防旱抢险中心组织完成,并附自评等级证明材料。评价标准和自评打分表详见附件 4 和附件 5。2017 年 3 月 15 日—4 月 13 日江苏省防汛防旱抢险中心根据《江苏省防汛防旱专业队伍抢险能力评价标准》完成自评并提供了相关证明材料。

第二步,三级指标等级评价。由专家组根据自评等级证明材料得出。2017 年 4 月 15 日—4 月 17 日专家组(7 位专家)结合自评材料和实地考察情况评定出江苏省防汛防旱抢险中心抢险能力三级指标的得分,汇总结果如表 7-1 所示。

第三步,综合评定。将表 7-1 中的评价结果代入式(6-5),依次得出三级指标、二级指标、一级指标和总体隶属度结果。

表 7-1 江苏省防汛防旱抢险中心抢险能力评价指标评定汇总表

序号	指标	评定结果 ★	★★	★★★	★★★★	★★★★★
1	完备性	0	0	0	2	5
2	操作性	0	0	0	6	1
3	科学性	0	0	1	5	1
4	任职资质	0	2	4	1	0
5	人员数量	0	0	1	6	0

续表

序号	指标	评定结果 ★	★★	★★★	★★★★	★★★★★
6	抢险经验	0	0	0	3	4
7	协作能力	0	0	1	5	1
8	专业化水平	0	0	0	2	5
9	日常经费	0	0	1	1	5
10	预备经费	0	0	1	5	1
11	培训经费	0	0	2	5	0
12	科研经费	1	1	5	0	0
13	规格规模	0	0	0	1	6
14	采购管理	0	0	0	6	1
15	设计制作	0	0	2	2	3
16	维护养护	0	0	0	2	5
17	巡查检视	0	0	1	1	5
18	个体培训	0	0	1	5	1
19	团队培训	0	0	1	6	0
20	开发体系	0	0	2	5	0
21	科研意识	0	1	2	4	0
22	创新能力	0	0	1	6	0
23	调研能力	0	0	2	5	0
24	整改落实	0	0	1	6	0
25	渠道建设	0	2	4	1	0
26	日常监测	0	0	1	6	0
27	特殊巡查	1	5	1	0	0
28	分级制度	0	0	1	6	0
29	管理职责	0	0	2	5	0
30	管理机制	0	0	2	1	4
31	任务识别	0	0	1	1	5
32	团队组建	0	0	2	1	4

续表

序号	指标	评定结果 ★	★★	★★★	★★★★	★★★★★
33	物资配备	0	0	2	2	3
34	装车效率	0	0	1	1	5
35	路线规划	0	0	1	1	5
36	快速配置	0	0	1	0	6
37	援助获取	0	1	4	2	0
38	路线应变	0	1	1	5	0
39	方案推演	0	1	2	4	0
40	远程咨询	0	1	1	5	0
41	预案执行	0	0	0	2	5
42	快速辅导	0	1	2	4	0
43	安全作业	0	1	5	1	0
44	人机配合	0	0	1	1	5
45	现场警示	0	2	4	1	0
46	运行保障	0	0	0	5	2
47	险情预判	0	1	1	5	0
48	情绪管理	0	1	2	4	0
49	团队激励	0	1	2	3	1
50	资源配置	0	0	2	5	0
51	决断建议	0	0	0	2	5
52	组织执行	0	0	1	6	0
53	后勤保障	0	0	2	4	1
54	现场应急	0	0	2	5	0
55	宣传能力	0	1	6	0	0
56	安全撤离	0	0	0	1	6
57	功能恢复	0	0	0	1	6
58	后评价	0	0	0	2	5
59	反馈能力	0	2	5	0	0
60	提高方案	0	1	1	5	0

说明：评定结果中的数字代表各评价指标专家选择对应星级的数量。

7.2 江苏省防汛防旱抢险中心的抢险能力评价结果

7.2.1 三级指标的隶属度结果

根据表 7-1 的评定结果得出三级指标的隶属度矩阵如表 7-2 所示。根据各指标的隶属度得出江苏省防汛防旱抢险中心各抢险能力三级指标的评价等级,如表 7-2 所示。

表 7-2 江苏省防汛防旱抢险中心抢险能力评价指标评定等级的隶属度汇总表

序号	指标	★	★★	★★★	★★★★	★★★★★	评价等级
1	完备性	0.000	0.000	0.000	0.286	0.714	★★★★★
2	操作性	0.000	0.000	0.000	0.857	0.143	★★★★
3	科学性	0.000	0.000	0.143	0.714	0.143	★★★★
4	任职资质	0.000	0.286	0.571	0.143	0.000	★★★
5	人员数量	0.000	0.000	0.143	0.857	0.000	★★★★
6	抢险经验	0.000	0.000	0.000	0.429	0.571	★★★★★
7	协作能力	0.000	0.000	0.143	0.714	0.143	★★★★
8	专业化水平	0.000	0.000	0.000	0.286	0.714	★★★★★
9	日常经费	0.000	0.000	0.143	0.143	0.714	★★★★★
10	预备经费	0.000	0.000	0.143	0.714	0.143	★★★★
11	培训经费	0.000	0.000	0.286	0.714	0.000	★★★★
12	科研经费	0.143	0.143	0.714	0.000	0.000	★★★
13	规格规模	0.000	0.000	0.000	0.143	0.857	★★★★★
14	采购管理	0.000	0.000	0.000	0.857	0.143	★★★★
15	设计制作	0.000	0.000	0.286	0.286	0.429	★★★★★
16	维护养护	0.000	0.000	0.000	0.286	0.714	★★★★★
17	巡查检视	0.000	0.000	0.000	0.143	0.714	★★★★★
18	个体培训	0.000	0.000	0.143	0.714	0.143	★★★★
19	团队培训	0.000	0.000	0.143	0.857	0.000	★★★★
20	开发体系	0.000	0.000	0.286	0.714	0.000	★★★★

续表

序号	指标	隶属度 ★	★★	★★★	★★★★	★★★★★	评价等级
21	科研意识	0.000	0.143	0.286	0.571	0.000	★★★★
22	创新能力	0.000	0.000	0.143	0.857	0.000	★★★★
23	调研能力	0.000	0.000	0.286	0.714	0.000	★★★★
24	整改落实	0.000	0.000	0.143	0.857	0.000	★★★★
25	渠道建设	0.000	0.286	0.571	0.143	0.000	★★★
26	日常监测	0.000	0.000	0.143	0.857	0.000	★★★★
27	特殊巡查	0.143	0.714	0.143	0.000	0.000	★★
28	分级制度	0.000	0.000	0.143	0.857	0.000	★★★★
29	管理职责	0.000	0.000	0.286	0.714	0.000	★★★★
30	管理机制	0.000	0.000	0.286	0.143	0.571	★★★★★
31	任务识别	0.000	0.000	0.143	0.143	0.714	★★★★★
32	团队组建	0.000	0.000	0.286	0.143	0.571	★★★★★
33	物资配备	0.000	0.000	0.286	0.286	0.429	★★★★
34	装车效率	0.000	0.000	0.143	0.143	0.714	★★★★★
35	路线规划	0.000	0.000	0.143	0.143	0.714	★★★★★
36	快速配置	0.000	0.000	0.143	0.000	0.857	★★★★★
37	援助获取	0.000	0.143	0.571	0.286	0.000	★★★
38	路线应变	0.000	0.143	0.143	0.714	0.000	★★★★
39	方案推演	0.000	0.143	0.286	0.571	0.000	★★★★
40	远程咨询	0.000	0.143	0.143	0.714	0.000	★★★★
41	预案执行	0.000	0.000	0.000	0.286	0.714	★★★★★
42	快速辅导	0.000	0.143	0.286	0.571	0.000	★★★★
43	安全作业	0.000	0.143	0.714	0.143	0.000	★★★
44	人机配合	0.000	0.000	0.143	0.143	0.714	★★★★★
45	现场警示	0.000	0.286	0.571	0.143	0.000	★★★
46	运行保障	0.000	0.000	0.000	0.714	0.286	★★★★
47	险情预判	0.000	0.143	0.143	0.714	0.000	★★★★

续表

序号	指标	隶属度 ★	★★	★★★	★★★★	★★★★★	评价等级
48	情绪管理	0.000	0.000	0.286	0.571	0.000	★★★★
49	团队激励	0.000	0.143	0.286	0.429	0.143	★★★★
50	资源配置	0.000	0.000	0.286	0.714	0.000	★★★★
51	决断建议	0.000	0.000	0.000	0.286	0.714	★★★★★
52	组织执行	0.000	0.000	0.143	0.857	0.000	★★★★
53	后勤保障	0.000	0.000	0.286	0.571	0.143	★★★★
54	现场应急	0.000	0.000	0.286	0.714	0.000	★★★★
55	宣传能力	0.000	0.143	0.857	0.000	0.000	★★★
56	安全撤离	0.000	0.000	0.000	0.143	0.857	★★★★★
57	功能恢复	0.000	0.000	0.000	0.143	0.857	★★★★★
58	后评价	0.000	0.000	0.000	0.286	0.714	★★★★★
59	反馈能力	0.000	0.286	0.714	0.000	0.000	★★★
60	提高方案	0.000	0.143	0.143	0.714	0.000	★★★★

如表7-2所示，江苏省防汛防旱抢险中心抢险能力评价指标评定等级为"★★★★★"的指标有20个，分别是预案预警完备性、抢险经验、专业化水平、日常经费、规格规模、设计制作、维护养护、巡查检视、管理机制、任务识别、团队组建、装车效率、路线规划、快速配置、预案执行、人机配合、决断建议、安全撤离、功能恢复和后评价；评定等级为"★★★★"的指标有31个，分别是预案预警操作性、预案预警科学性、人员数量、协作能力、预备经费、培训经费、采购管理、个体培训、团队培训、开发体系、科研意识、创新能力、调研能力、整改落实、日常监测、分级制度、管理职责、物资配备、路线应变、方案推演、远程咨询、快速辅导、运行保障、险情预判、情绪管理、团队激励、资源配置、组织执行、后勤保障、现场应急和提高方案；评定等级为"★★★"的指标有8个，分别是任职资质、科研经费、渠道建设、援助获取、安全作业、现场警示、宣传能力和反馈能力；评定等级为"★★"的指标仅有特殊巡查1个。

7.2.2 二级指标的隶属度结果

1. 根据近期权重计算的隶属度

使用式(6-5)，根据表6-8和表7-2中的数据进行计算，得出江苏省防汛防旱抢险中心抢险能力评价二级指标的隶属度(近期)，如表7-3所示。

表7-3　江苏省防汛防旱抢险中心抢险能力评价二级指标的隶属度汇总表(近期)

二级指标	隶属度 ★	★★	★★★	★★★★	★★★★★	评价等级	层次分析法得分
预案预警	0.000	0.000	0.055	0.639	0.306	★★★★	85.017
队伍建设	0.000	0.044	0.140	0.465	0.349	★★★★	82.329
财务保障	0.042	0.042	0.341	0.345	0.228	★★★★	73.474
物资储备	0.000	0.000	0.125	0.359	0.516	★★★★★	87.814
培训开发	0.000	0.000	0.224	0.742	0.032	★★★★	76.086
科技创新	0.000	0.051	0.218	0.731	0.000	★★★★	73.583
信息获取	0.026	0.296	0.394	0.284	0.000	★★★	58.737
预警准备	0.000	0.000	0.237	0.562	0.201	★★★★	79.291
任务转换	0.000	0.000	0.222	0.183	0.595	★★★★★	87.454
快速投送	0.000	0.027	0.225	0.127	0.622	★★★★★	86.937
并行处置	0.000	0.143	0.183	0.675	0.000	★★★★	70.694
专业技术	0.000	0.090	0.248	0.403	0.259	★★★★	76.597
组织激励	0.000	0.143	0.286	0.500	0.071	★★★★	70.000
指挥协调	0.000	0.000	0.154	0.642	0.204	★★★★	81.009
综合保障	0.000	0.049	0.482	0.418	0.050	★★★	69.394
恢复秩序	0.000	0.000	0.000	0.143	0.857	★★★★★	97.143
总结提高	0.000	0.133	0.260	0.347	0.260	★★★★	74.674

如表7-3所示,江苏省防汛防旱抢险中心抢险能力的二级评价指标评定等级(近期)为"★★★★★"的指标有4个,分别是物资储备、任务转换、快速投送和恢复秩序;评定等级(近期)为"★★★★"的指标有11个,分别是预案预警、队伍建设、财务保障、培训开发、科技创新、预警准备、并行处置、专业技术、组织激励、指挥协调和总结提高;评定等级(近期)为"★★★"的指标有2个,分别是信息获取和综合保障。

2. 根据中期权重计算的隶属度

使用式(6-5),根据表6-14和表7-2中的数据进行计算,得出江苏省防汛防旱抢险中心抢险能力评价二级指标的隶属度(中期),如表7-4所示。

表 7-4　江苏省防汛防旱抢险中心抢险能力评价二级指标的隶属度汇总表(中期)

二级指标	隶属度 ★	★★	★★★	★★★★	★★★★★	评价等级	层次分析法得分
预案预警	0.000	0.000	0.062	0.602	0.336	★★★★	85.480
队伍建设	0.000	0.055	0.150	0.442	0.352	★★★★	81.809
财务保障	0.039	0.039	0.328	0.338	0.255	★★★★	74.589
物资储备	0.000	0.000	0.096	0.297	0.608	★★★★★	90.314
培训开发	0.000	0.000	0.209	0.743	0.047	★★★★	76.674
科技创新	0.000	0.056	0.225	0.718	0.000	★★★★	73.240
信息获取	0.052	0.373	0.311	0.263	0.000	★★	55.709
预警准备	0.000	0.000	0.236	0.573	0.191	★★★★	79.109
任务转换	0.000	0.000	0.229	0.204	0.567	★★★★★	86.754
快速投送	0.000	0.038	0.256	0.133	0.573	★★★★★	84.834
并行处置	0.000	0.143	0.199	0.659	0.000	★★★★	70.377
专业技术	0.000	0.090	0.267	0.380	0.265	★★★★	76.497
组织激励	0.000	0.143	0.286	0.521	0.050	★★★★	69.571
指挥协调	0.000	0.000	0.174	0.644	0.181	★★★★	80.077
综合保障	0.000	0.049	0.483	0.419	0.047	★★★	69.226
恢复秩序	0.000	0.000	0.000	0.143	0.857	★★★★★	97.143
总结提高	0.000	0.100	0.177	0.383	0.339	★★★★	79.163

如表 7-4 所示,江苏省防汛防旱抢险中心抢险能力的二级评价指标评定等级(中期)为"★★★★★"的指标有 4 个,分别是物资储备、任务转换、快速投送和恢复秩序;评定等级(中期)为"★★★★"的指标有 11 个,分别是预案预警、队伍建设、财务保障、培训开发、科技创新、预警准备、并行处置、专业技术、组织激励、指挥协调和总结提高;评定等级(中期)为"★★★"的指标仅有综合保障 1 个;评定等级(中期)为"★★"的指标仅有信息获取 1 个。

3. 根据远期权重计算的隶属度

使用式(6-5),根据表 6-20 和表 7-2 中的数据进行计算,得出江苏省防汛防旱抢险中心抢险能力评价二级指标的隶属度(远期),如表 7-5 所示。

表 7-5 江苏省防汛防旱抢险中心抢险能力评价二级指标的隶属度汇总表(远期)

二级指标	隶属度 ★	★★	★★★	★★★★	★★★★★	评价等级	层次分析法得分
预案预警	0.000	0.000	0.069	0.636	0.295	★★★★	84.537
队伍建设	0.000	0.065	0.160	0.413	0.362	★★★★	81.466
财务保障	0.025	0.025	0.271	0.434	0.245	★★★★	76.994
物资储备	0.000	0.000	0.086	0.287	0.627	★★★★★	90.806
培训开发	0.000	0.000	0.213	0.743	0.045	★★★★	76.711
科技创新	0.000	0.073	0.237	0.690	0.000	★★★★	72.354
信息获取	0.073	0.438	0.253	0.236	0.000	★★	53.040
预警准备	0.000	0.000	0.241	0.585	0.174	★★★★	78.674
任务转换	0.000	0.000	0.226	0.201	0.572	★★★★★	86.849
快速投送	0.000	0.030	0.232	0.117	0.622	★★★★★	86.603
并行处置	0.000	0.143	0.207	0.650	0.000	★★★★	70.146
专业技术	0.000	0.093	0.283	0.364	0.260	★★★★	75.823
组织激励	0.000	0.143	0.286	0.521	0.050	★★★★	69.571
指挥协调	0.000	0.000	0.162	0.608	0.231	★★★★	81.383
综合保障	0.000	0.044	0.460	0.449	0.047	★★★	70.003
恢复秩序	0.000	0.000	0.000	0.143	0.857	★★★★★	97.143
总结提高	0.000	0.094	0.182	0.336	0.388	★★★★★	80.343

如表 7-5 所示,江苏省防汛防旱抢险中心抢险能力的二级评价指标评定等级(远期)为"★★★★★"的指标有 5 个,分别是物资储备、任务转换、快速投送、恢复秩序、总结提高;评定等级(远期)为"★★★★"的指标有 10 个,分别是预案预警、队伍建设、财务保障、培训开发、科技创新、预警准备、并行处置、专业技术、组织激励、指挥协调;评定等级(远期)为"★★★"的指标仅有综合保障 1 个;评定等级(远期)为"★★"的指标仅有信息获取 1 个。

7.2.3 一级指标的隶属度结果

1. 根据近期权重计算的隶属度

使用式(6-5),根据表 6-4—表 6-7 和表 7-3 中的数据进行计算,得出江苏省防汛防旱抢险中心抢险能力评价一级指标的隶属度(近期),如表 7-6 所示。

表 7-6　江苏省防汛防旱抢险中心抢险能力评价一级指标的隶属度汇总表（近期）

一级指标	隶属度					评价等级
	★	★★	★★★	★★★★	★★★★★	
准备能力	0.006	0.027	0.179	0.535	0.253	★★★★
响应能力	0.005	0.087	0.250	0.387	0.272	★★★★
执行能力	0.000	0.070	0.290	0.488	0.152	★★★★
恢复能力	0.000	0.078	0.152	0.262	0.507	★★★★★

如表 7-6 所示，江苏省防汛防旱抢险中心抢险能力的一级评价指标评定等级（近期）为"★★★★★"的指标仅有抢险恢复能力 1 个；评定等级（近期）为"★★★★"的指标有 3 个，分别是抢险准备能力、响应能力和执行能力。

2. 根据中期权重计算的隶属度

使用式（6-5），根据表 6-10 至表 6-13，以及表 7-4 中的数据进行计算，得出江苏省防汛防旱抢险中心抢险能力评价一级指标的隶属度（中期），如表 7-7 所示。

表 7-7　江苏省防汛防旱抢险中心抢险能力评价一级指标的隶属度汇总表（中期）

一级指标	隶属度					评价等级
	★	★★	★★★	★★★★	★★★★★	
准备能力	0.004	0.024	0.161	0.511	0.301	★★★★
响应能力	0.005	0.072	0.237	0.431	0.256	★★★★
执行能力	0.000	0.081	0.296	0.470	0.152	★★★★
恢复能力	0.000	0.061	0.107	0.288	0.543	★★★★★

如表 7-7 所示，江苏省防汛防旱抢险中心抢险能力的一级评价指标评定等级（中期）为"★★★★★"的指标仅有抢险恢复能力 1 个；评定等级（中期）为"★★★★"的指标有 3 个，分别是抢险准备能力、响应能力和执行能力。

3. 根据远期权重计算的隶属度结果

使用式（6-5），根据表 6-16 至表 6-19，以及表 7-5 中的数据进行计算，得出江苏省防汛防旱抢险中心抢险能力评价一级指标的隶属度（远期），如表 7-8 所示。

表 7-8　江苏省防汛防旱抢险中心抢险能力评价一级指标的隶属度汇总表（远期）

一级指标	隶属度					评价等级
	★	★★	★★★	★★★★	★★★★★	
准备能力	0.002	0.023	0.150	0.529	0.296	★★★★

续表

一级指标	隶属度					评价等级
	★	★★	★★★	★★★★	★★★★★	
响应能力	0.007	0.065	0.233	0.427	0.266	★★★★
执行能力	0.000	0.089	0.295	0.452	0.164	★★★★
恢复能力	0.000	0.060	0.116	0.266	0.557	★★★★★

如表7-8所示,江苏省防汛防旱抢险中心抢险能力的一级评价指标评定等级(远期)为"★★★★★"的指标仅有抢险恢复能力1个;评定等级(远期)为"★★★★"的指标有3个,分别是抢险准备能力、响应能力和执行能力。

7.2.4　总体隶属度结果

使用式(6-5),根据表6-3、表6-9、表6-15和表7-6至表7-8中的数据进行计算,得出江苏省防汛防旱抢险中心抢险能力评价的总体隶属度,如表7-9所示。

表7-9　江苏省防汛防旱抢险中心抢险能力评价的总体隶属度汇总表

阶段	隶属度					评价等级
	★	★★	★★★	★★★★	★★★★★	
近期	0.003	0.062	0.224	0.440	0.271	★★★★
中期	0.003	0.051	0.197	0.453	0.295	★★★★
远期	0.003	0.051	0.195	0.459	0.293	★★★★

如表7-9所示,近期、中期和远期江苏省防汛防旱抢险中心抢险能力的综合评价等级均为"★★★★"。

7.3　江苏省防汛防旱抢险中心的抢险能力评价结果分析

7.3.1　总体评价结果分析

根据防汛防旱抢险专业队伍抢险能力模糊综合评价模型和层次分析法,我们分别得出了江苏省防汛防旱抢险中心抢险能力在近期、中期和远期的评价结果,结果如图7-1—图7-3所示。

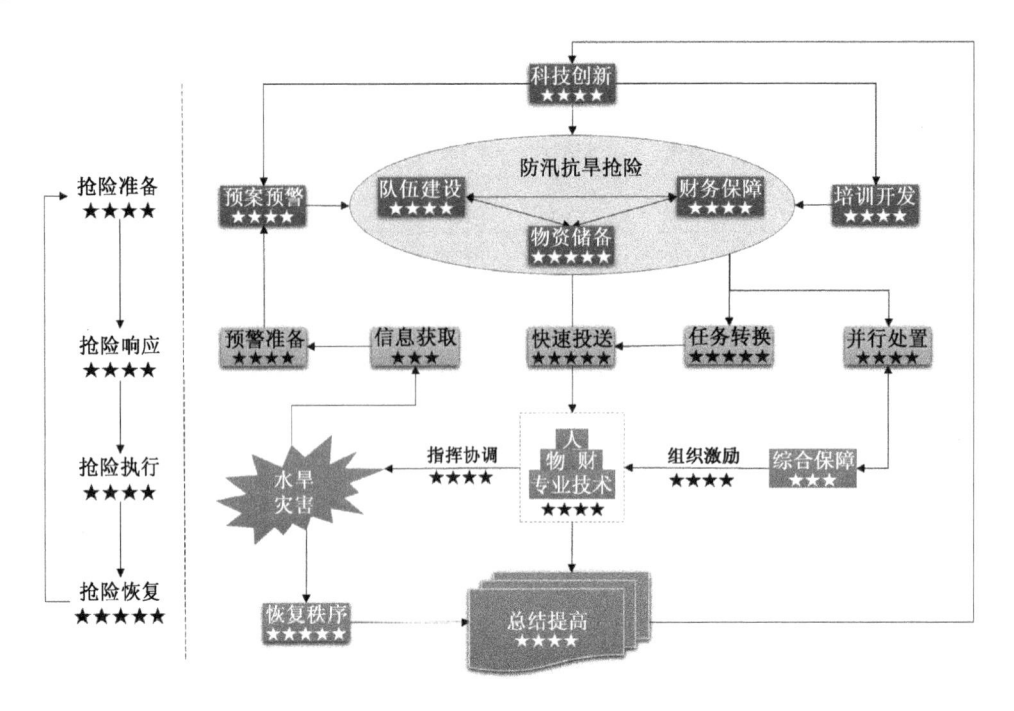

图 7-1　江苏省防汛防旱抢险中心抢险能力总体评价结果(近期)

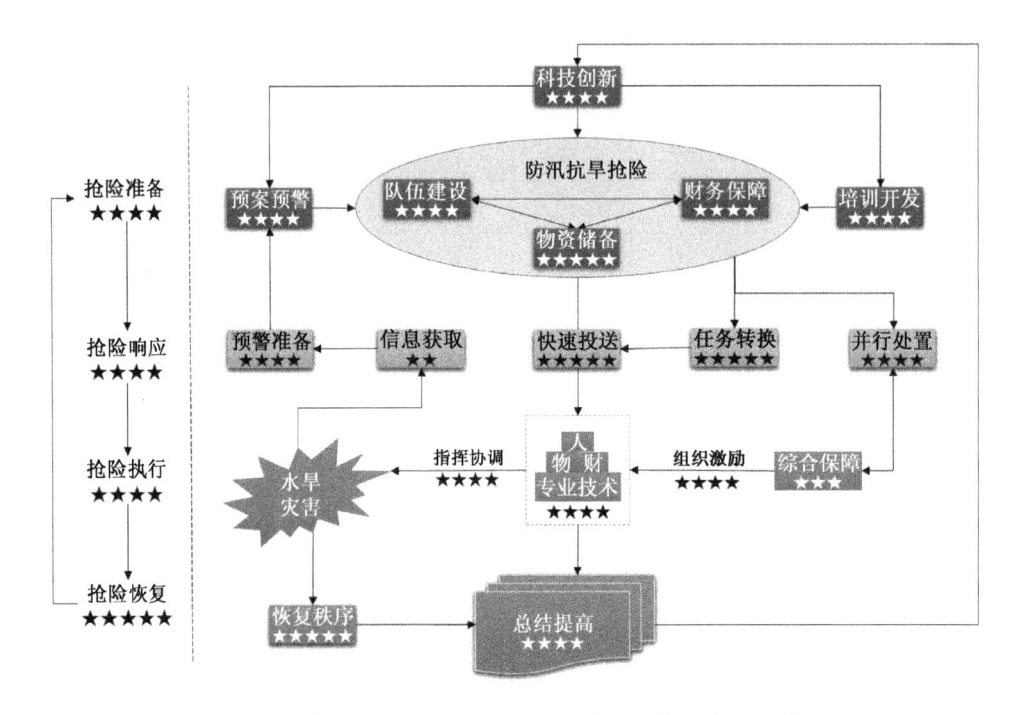

图 7-2　江苏省防汛防旱抢险中心抢险能力总体评价结果(中期)

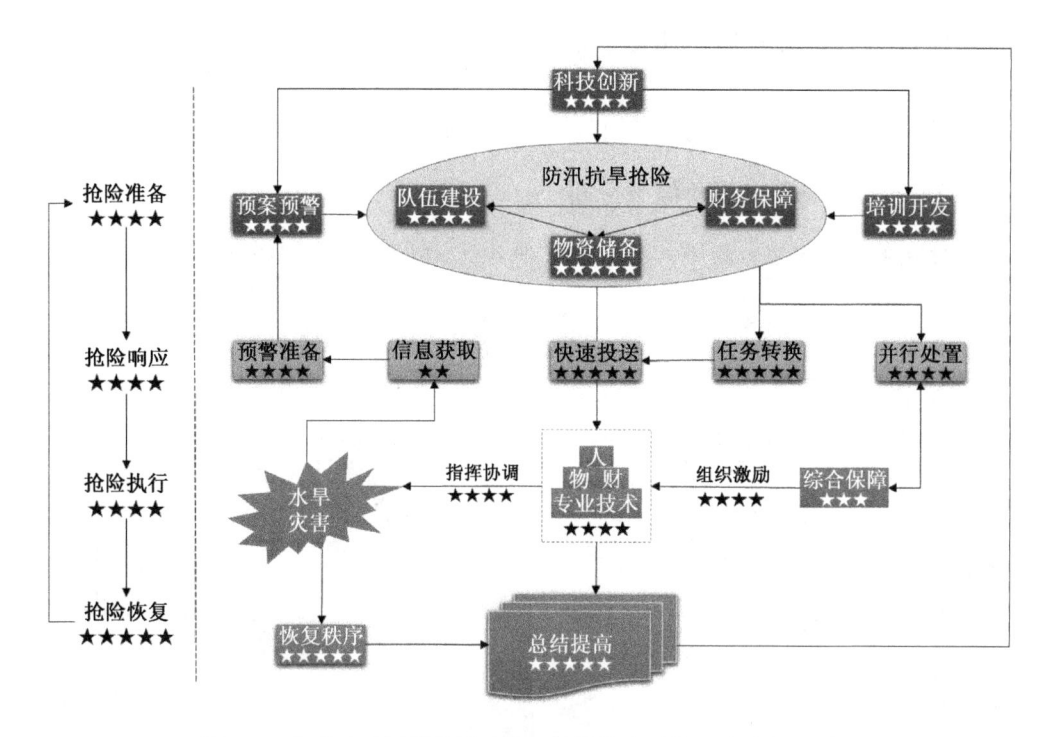

图 7-3　江苏省防汛防旱抢险中心抢险能力总体评价结果(远期)

从总体上来看,在近期、中期和远期江苏省防汛防旱抢险中心抢险专业队伍的抢险能力均属于较强的水平,能够较好地完成抢险各方面任务。从具体的评价结果分析,4 个一级指标中,抢险恢复能力最强,准备、响应和执行能力次之。不过,4 个指标的评定结果均超过了四星,且不同时期的能力评价结果均类似。其次,江苏省防汛防旱抢险中心在二级指标中存在两个短板,一是信息获取能力,其评价结果最低,长期来看其评价结果也从三星降为二星。因为获取灾害信息是未来进行抢险决策的基础,而且随着科技的发展,制度化和系统化的信息获取工作也越来越重要。二是综合保障能力,抢险活动执行的过程中,后勤保障、现场应急和宣传能力也是抢险专业技术之外的重要能力,是抢险活动顺利进行的保障。此外,虽然其他的二级指标均被评为四星或五星,但是其中的能力水平依然存在着较大的差异。评价等级为四星的指标中,预警准备、专业技术、培训开发、总结提高、科技创新、财务保障和并行处置的层级分析法得分均低于 80 分,最低的仅为 70 分(并行处置和组织激励能力),而预案预警、队伍建设、指挥协调 3 个指标的得分高于 80,预案预警能力为 85 分,并且在不同的时期各指标与自身的差异不显著。评价等级为五星的二级指标中,虽然评分均较高,但是恢复秩序能力的层次分析法得分为 97,而其他 3 个指标小于等于 90,也存在显著的差异。

207

因此，从评价结果来看，江苏省防汛防旱抢险专业队伍除了需在信息获取和综合保障等明显的短板方面加强建设，还需要重视预警准备、专业技术、培训开发、总结提高、科技创新、财务保障和并行处置等能力建设。

7.3.2 抢险准备能力评价结果分析

江苏省防汛防旱抢险中心抢险准备能力的评价结果如图 7-4 所示。

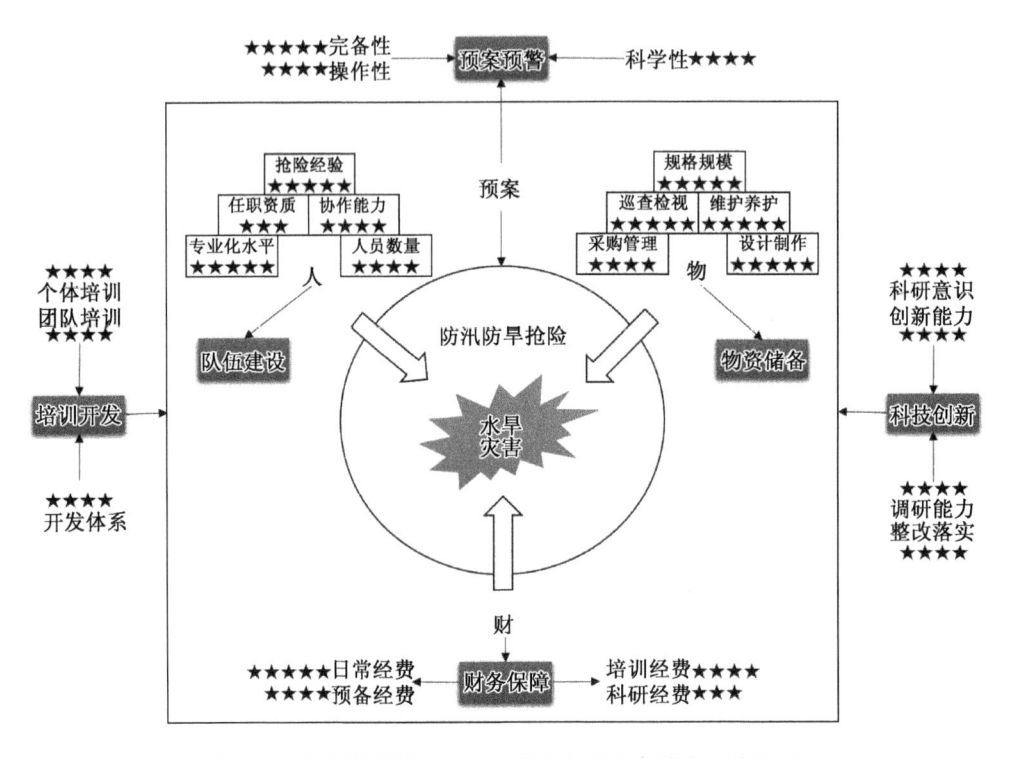

图 7-4 江苏省防汛防旱抢险中心抢险准备能力评价结果

如图 7-4 所示，抢险准备能力主要是对人、财、物的准备进行评价。从准备能力总体上来看，江苏省防汛防旱抢险中心的准备能力较强，能够为整个抢险活动的运行提供人、财、物。从各项具体指标来看，在预案预警能力方面，江苏省防汛防旱抢险中心的预案十分完备并有创新，能科学、高效地进行实践操作，但是部分预案也存在运行不灵活和没有通过实践检验的问题。在队伍建设能力方面，经过常年不同规模抢险经历的积累、专业化装备的不断改进，并通过开展专业化的指导和培训，省抢险专业队伍的抢险经验和专业化水平非常高；江苏省防汛防旱抢险中心抢险专业队伍在抢险任务中能够分工明确、角色清晰地各司其职，协同完成复杂任务，具有较高的协作能力；同时，抢险专业队伍中专业技术人员占总人数的 80% 以上，且有充足的社会力量予以动员，但是在协助制定方案上有欠缺，并且在抢险人员中存在部分非专业技术人员；抢险专业队伍成员的任职资质水平为中等，只拥有不足 5% 的高级职称人员，中级及以上职称和相关资格证书的人员不到 50%，抢险演练参与率和成绩达标率较低。在财务保障能力方面，江苏省防汛防旱抢险中心抢险专业队伍的日常经费充足，可用于项目研究与开发；预备和培训经费充足，能够基本满足抢险期间的合理调配和专项培训的需求；科研经费有一些但数额偏小，只可基本满足科研需求。在物资储备能力方面，江苏省防汛防旱抢险中心物资的规格规模、设计制作、维护养护、巡查检视能力均非常强；采购管理处于较高的水平，需在规范和高效程度上进一步加强。在培训开发能力方面，江苏省防汛防旱抢险中心具有系统的个体、团队培训和能力开发体系，但缺乏前瞻性，能力开发体系的完备性和可行性也存在欠缺。在科技创新能力方面，科研意识、创新能力、调研能力和整改落实能力均处于较高的水平。

7.3.3　抢险响应能力评价结果分析

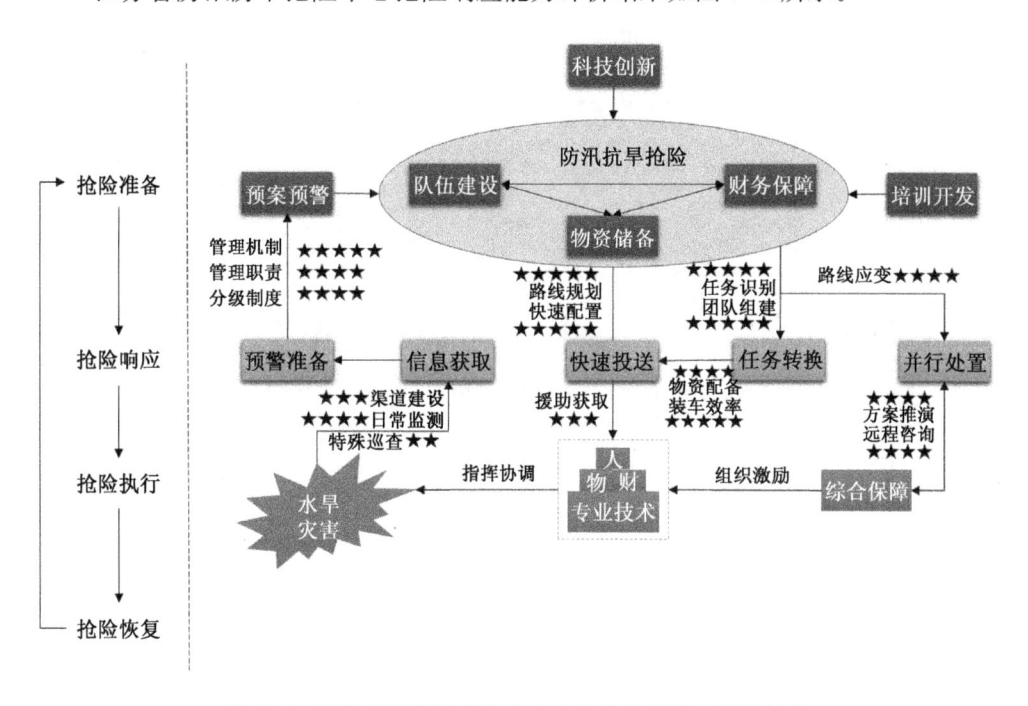

江苏省防汛防旱抢险中心抢险响应能力评价结果如图 7-5 所示。

图 7-5　江苏省防汛防旱抢险中心抢险响应能力评价结果

如图 7-5 所示，从总体上来看，江苏省防汛防旱抢险中心的任务转换和预警准备能力较强，其次是快速投送能力和并行处置能力，而信息获取能力有待提高。从各项指标具体来看,在预警准备能力方面,江苏省防汛防旱抢险中心具有操作性非常强的预警管理机制、分工比较明确的管理职责和制度化的分级制度,但是,在职责的分工和分工制度的统筹性上存在欠缺。在信息获取能力方面,江苏省防汛防旱抢险中心的信息获取能力较为不足,仅有基本的信息渠道来评判与抢险有关的信息;监测系统不完善,仅有偶尔的特殊巡查,需要进行全面的建设。在任务转化能力方面,江苏省防汛防旱抢险中心抢险专业队伍的任务识别能力、团队组建能力和装车效率十分高,能够根据险情和预案迅速、有效地开展相关工作;同时,虽然物资准备能力也处于较高的水平,但是还缺少模块化处理的能力。在快速投递能力方面,抢险中心能够在 0.5 小时内完成路线规划,迅速到达现场开展有序的抢险工作;若人和资源在运送的途中发生意外,也能较为有效地向外界获取援助,但是援助获取并未制度化。在并行处置能力方面,抢险中心的路线变更、方案推演和远程咨询能力均属于较强水平,但是路线变更缺乏因地制宜的能力,方案推演缺乏信息反馈能力,远程咨询缺乏信息的及时性。

7.3.4 抢险执行能力评价结果分析

江苏省防汛防旱抢险中心抢险执行能力的评价结果如图 7-6 所示。

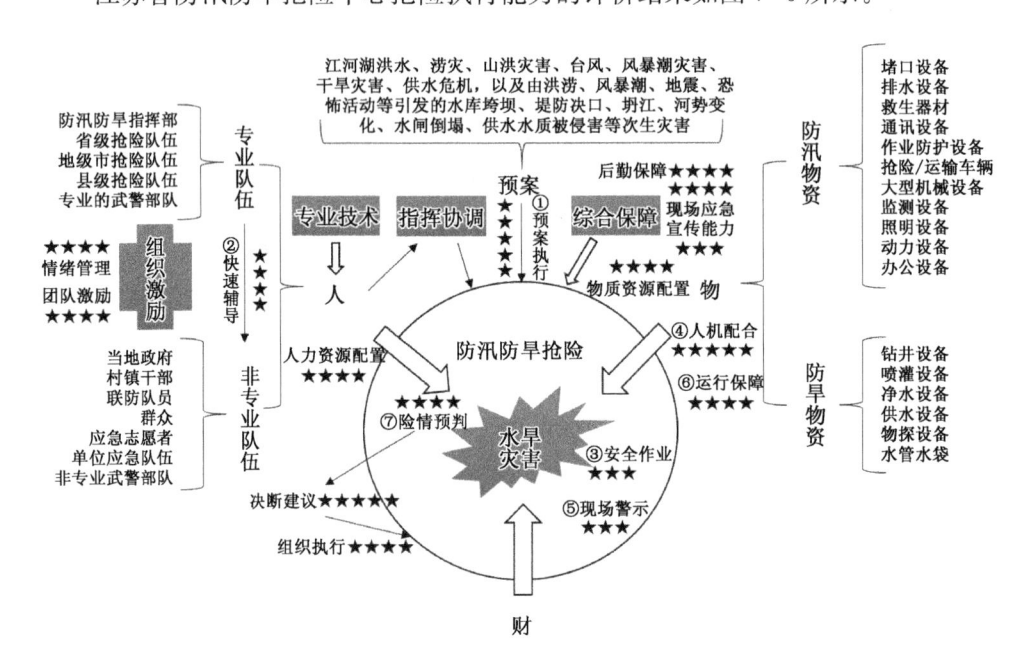

图 7-6 江苏省防汛防旱抢险中心抢险执行能力评价结果

如图 7-6 所示,从总体上来看,江苏省防汛防旱抢险中心的协调指挥能力最强，综合保障能力和组织激励能力次之，最后是综合保障能力。具体来看，在专业技术能力方面，抢险人员的预案执行能力非常强，人机配合十分熟练，能够通过基本的机制和程序对非专业队伍进行快速辅导，抢险运行现场的电力等后勤保障健全，险情预判到位且能给出正确的方案，但是在作业上也还存在一些安全隐患，虽有具体规范的现场警示，但有一些相关工作并未达到要求。在组织激励能力方面，抢险中心能够正向干预大家的情绪，制度化地进行团队激励，但是仍需要加强情绪管理的制度化，提高队员对团队的认可度。在组织协调能力方面，抢险现场人员能够比较高效地将物资和人员进行合理配置，向上级提供建设性意见，正确执行上级的任务和命令。在综合保障能力方面，后勤保障和现场应急均有较为详细和全面的预案，不过仍需要在预案的全面性和可靠性上进行加强；在宣传上，江苏省防汛防旱抢险中心只有较为简单的宣传预案，还需要在宣传预案的详细程度、宣传的日常培训演练和制度化上加强建设。

7.3.5 抢险恢复能力评价结果分析

江苏省防汛防旱抢险中心抢险恢复能力的评价结果如图 7-7 所示。

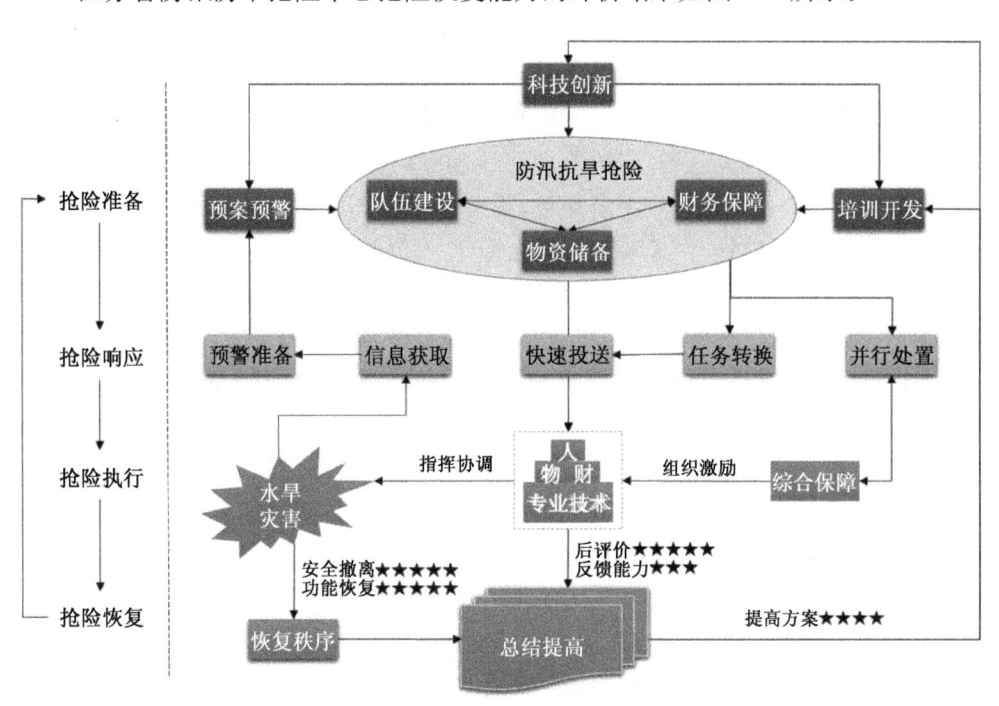

图 7-7 江苏省防汛防旱抢险中心抢险恢复能力评价结果

如图 7-7 所示，从总体上来看，江苏省防汛防旱抢险中心的恢复秩序能力很强,总结提高能力次之。在恢复秩序能力方面,灾后抢险人员能够安全有序地快速撤离,有详细的功能恢复制度。在总结提高能力方面,在抢险任务完成后,能够系统地对抢险工作进行评价并改进,能够及时将评价进行反馈,并能够制定出系统可行的提高方案。

7.4 江苏省防汛防旱抢险中心的抢险能力建设的建议

(1) 完善各类预案。为做好防汛防旱相关准备工作,江苏省防汛防旱抢险中心要在前期抢险工作和演练的基础上,结合上一年的自然灾害情况来预测未来形势,并不断修订预案,将各类工作不断细化、明确责任和职能分工。

(2) 做好功能恢复和人才培养工作。在汛前,江苏省防汛防旱抢险中心必须制定明确的制度来做好设备的维护、保养和整理工作,以保证所有设备在实际抢险过程中能够正常高效运行;同时,加强对防汛防旱抢险专业队伍的培训,通过理论和实战演练提高抢险人员的抢险业务水平和实战能力,学习抢险各项设备和器材操作使用等技术技能,以及必要的人际交往技能,有利于队伍成员之间能更为高效地配合。

(3) 加强系统化和制度化建设。在 60 个三级指标中,评定等级为四星的指标有 31 个,虽然从大部分的指标评定结果看,以现有的能力江苏省防汛防旱抢险中心能够较好地完成抢险任务,但抢险中心还没有将各项工作的体系进行系统化和制度化建设,如人员综合管理系统建设、抢险现场管理的制度化和规范化建设、设备管理平台信息化建设、个人装备制度化管理等,通过清晰的制度化考核系统来衡量防汛防旱抢险专业队伍的素质。因此,江苏省防汛防旱抢险中心应在原有工作的基础上通过管理工作的系统化和制度化实现进一步自身提高。

(4) 加强信息获取能力。信息获取能力是江苏省防汛防旱抢险中心的能力短板,但是信息获取能力也是各级领导根据灾害实际情况进行决策的基础,其重要性可见一斑。根据评价结果和调研结果,信息获取能力的提高要求构建系统化和标准化的信息渠道、制度化特殊巡查,通过建立明确的信息沟通渠道和反馈渠道,以确保所有设计灾害信息能够及时、准确、高效地传递。

(5) 加强综合保障能力。在后勤保障上,不仅要注重对物的保障,同时也要重视对人的保障,确保水、食品等供应到位。在宣传能力上,要细化宣传方案,安排专人负责宣传报道工作,准确快捷地借助所有能够利用的媒体资源、宣传材料传播灾情信息和抢险救助的相关知识和技能。良好的内外部资源制度保障,可以使得防汛防旱抢先专业队伍能有更好的绩效表现。

(6) 要加强组织文化建设。汛前,江苏省防汛防旱抢险中心可以通过组织多样化的团队活动来增强抢险专业队伍的团队凝聚力和个体奉献精神,有助于维持队伍成员的高度相互信任;汛中,通过有形的宣传标识和无形的精神鼓励,使团队有一致的目标,来提高抢险专业队伍在抢险时的投入度和专注度;汛后,通过制度化的合理公正的考评,对优秀队员进行物质和精神上的激励,在增强个人动力的同时也能够正向引导队伍朝着共同的目标进步,提升整个抢险专业队伍绩效水平。

(7) 防汛抗旱抢险专业队伍抢险能力是地方防汛抗旱能力建设的重要内容,可在本研究得出的防汛抗旱抢险专业队伍抢险能力评价指标体系的基础上构建地方防汛抗旱能力评价指标体系,这对地方以评促建加强防汛抗旱能力具有重要的参考价值。本书仅对江苏省防汛防旱抢险中心1支专业抢险队伍进行了评价,江苏省省、市、县三级共有88支防汛防旱抢险专业队伍,若能对全省88支专业队伍进行抢险能力评价,对4个一级指标、17个二级指标和60个三级指标的得分情况进行横纵向的比较,一方面各支队伍可以根据评价结果进行针对性的建设;另一方面江苏省防汛防旱指挥部办公室或13个地级市的防汛防旱指挥部办公室可对所辖防汛抗旱抢险专业队伍建设进行统筹管理,对共性薄弱环节进行系统规划建设、个性化问题进行针对性处理。此外,本书构建的评价指标体系和综合评价模型系统、科学、可行且操作简单,可据此开发信息系统,将其编制成手机或电脑程序,更加及时便捷地获取各支防汛抗旱抢险专业队伍的抢险能力情况,提升地方的防汛抗旱抢险能力。

第8章

我国防汛防旱抢险专业队伍能力建设的方案与措施

8.1 指导思想、基本原则和总体目标

8.1.1 指导思想

贯彻落实灾害风险管理思想、综合减灾理念和"两个坚持、三个转变"方针,充分发挥防汛防旱抢险工作对于我国社会、经济发展的保障作用。以加强我国防汛防旱抢险工作为基本出发点,以提高我国防汛防旱抢险专业队伍工作能力为核心,以改革创新为动力,以强化政策指导、创新人才机制和构建工作体系为重点,全面提高我国防汛防旱抢险专业队伍工作的积极性、创造性和有效性。系统看待能力建设工作,突出重点,着力提高我国防汛防旱抢险专业队伍的准备能力、响应能力、执行能力和恢复能力,努力建立起一支面对灾害不但能打硬仗,而且胜任多种灾害预防和风险管理的高素质、复合型防汛防旱抢险专业队伍。

8.1.2 基本原则

(1)坚持政治,以德为先。我国防汛防旱抢险工作对于确保人民群众生命、财产安全,保障经济和社会持续、稳定发展意义重大。要站在政治高度,深刻认识我国防汛防旱抢险工作肩负的重大使命,在我国防汛防旱抢险专业队伍中注入使命感,培养防汛防旱抢险专业队伍中每个人员强烈的责任感。

(2)追求长效,完善制度。我国防汛防旱抢险工作的重点由抗灾减灾转向防灾。这不仅是灾害管理理念的升级,而且在实践中能够产生更高的灾害管理效益。但是,这种转变意味着灾害管理动力的转变,即由灾害事件驱动转为防汛防旱抢险

专业队伍主动推动。灾害管理由此转变成了常态化的活动,这意味着我国防汛防旱抢险工作需要进行制度化、系统化、精细化。

(3) 创新机制,激发活力。灾害因其紧迫性、剧烈性而能够激发人类抗灾、减灾的强烈动机;常态化的防灾工作则缺少了类似的激发机制。创新人才机制有助于解决这一问题,通过在选拔、培养、激励、考核、发展等环节营造适宜的人才工作、成长环境,满足我国防汛防旱抢险专业队伍人员的归属、发展、自主动机,激发他们的工作积极性、主动性和创造性。

(4) 统筹规划,分段推进。我国防汛防旱抢险专业队伍能力建设是一项持续改进的工作,通过定期评估、识别能力短板,进而规划能力体系,分阶段、有重点地推进能力建设。阶段性建设期结束后再次进行评估和对标,并进入下一个能力建设周期。

(5) 系统导向,形成合力。我国防汛防旱抢险工作显然不是独立于其他的政府、社会工作的。我国防汛防旱抢险工作往往需要调动社会多方面的力量,其成效有赖于一系列领域的政策、制度和资源。因此,我国防汛防旱抢险专业队伍能力建设意味着需要协同推进相关领域政策、制度的建设,特别是,通过制定新的政策来对我国防汛防旱抢险工作提供政策支持,通过改革有关政策和制度来减少、消除对于我国防汛防旱抢险工作的直接制约。

8.1.3 总体目标

用5年左右的时间建立起一支符合"两个坚持"(坚持以防为主、防抗救相结合,坚持常态减灾和非常态救灾相统一)、"三个转变"(从注重灾后救助向注重灾前预防转变,从应对单一灾种向综合减灾转变,从减少灾害损失向减轻灾害风险转变)工作要求的防汛防旱抢险专业队伍。在人员数量上,拥有充足的防汛防旱力量储备,能够在需要时快速动员、组织起符合各级预警要求的防汛防旱抢险专业队伍;在人员质量上,拥有一批训练有素、堪当防汛防旱抢险工作中坚的骨干,建立起熟悉防汛防旱抢险工作、覆盖相关专业领域的专家队伍;在队伍结构上,防汛防旱抢险骨干和专业队伍能够有效指导、协调非专业人员、队伍快速、有效地投入防汛防旱抢险工作中。当建设期结束时,我国防汛防旱抢险专业队伍应在准备能力、响应能力、执行能力和恢复能力等方面达到如下要求。

(1) 准备能力:符合"全"的要求。在制度建设(包括指挥系统、组织保障、协调联动、隐患排查、宣传警示、信息系统建设、队伍管理等各种制度)、预案预警、人员保障、财务保障、物资保障、培训开发、科技创新等诸多方面构建起符合我国防汛防旱抢险准备工作要求的能力,从而能够胜任日常的防灾工作和灾害发生时的救灾、减灾工作。

（2）响应能力：响应抢险救灾任务符合"快"的要求。构建能够对灾害事件做出快速、有效反应的能力，包括信息获取、预警准备、任务转换、快速投送和并行处置等方面的能力。

（3）执行能力：执行抢险救灾任务符合"准"的要求。能够正确贯彻我国防汛防旱抢险预案的精神，落实我国防汛防旱抢险预案规定的任务（比如，准确预判险情，快速辅导非专业防汛防旱抢险人员，保证安全作业，科学管理现场，做好抢险保障等）；能够综合时态发展，科学决断，有效配置资源，推动抢险任务的有效执行；能够有效激励参与防汛防旱抢险任务的人员、队伍，提高他们的执行力。

（4）恢复能力：符合"细"的要求。在防汛防旱抢险工作结束后能够细致地救助受灾人员，协助恢复受灾地区社会运行，初步维修和保养防汛防旱抢险设备。对防汛防旱抢险工作的经验、教训进行深入、细致的评价和反馈，以达到提高我国防汛防旱抢险能力的目的。

8.2 主要任务

8.2.1 推行能力评估与对标，把握抢险工作水平

我国防汛抗旱抢险专业队伍能力建设的首要任务是摸清当前的能力状况。以深圳市大鹏新区防汛防旱抢险专业队伍能力建设为例，通过个人和团队访谈、焦点小组、问卷调查等方式，从不同角度、层次把握大鹏新区防汛防旱抢险专业队伍能力的水平、结构和其他特点。表8-1给出了2017年7月开展的大鹏新区防汛防旱抢险专业队伍能力评估中，防汛防旱抢险工作人员和主管给出的部分自评结果。从中可以发现，防汛防旱抢险工作人员对于大鹏新区的防汛防旱抢险专业队伍能力总体上持积极态度，各项指标的平均得分均在4分（含义为"高"）。防汛防旱抢险办主管的评价则提供了更为具体、详细的信息，对于大鹏新区防汛防旱抢险专业队伍能力的强点和弱点给出了有价值的提示性信息。比如，指挥系统建设能力和隐患排查能力是强项；而人员培训开发能力、创新能力、总结提高能力有待提高。结合2017年8月进行的课题组调研，对比"两个坚持""三个转变"的要求，可以进一步识别、归纳出大鹏新区防汛防旱抢险专业队伍能力建设的突出问题和关键任务。

表 8-1 大鹏新区防汛防旱抢险专业队伍能力评估自评结果

指标	等级工作人员评价 均值	标准差	等级(含义:防汛防旱抢险办负责人评价)
一级指标:准备能力			
二级指标:制度建设			
指挥系统建设制度	4.14	0.67	4(有防汛防旱抢险指挥系统,应急指挥到位:实施防汛防旱抢险指挥部组织架构)
组织保障制度	4.09	0.68	3(组织保障工作基本到位,且有一套组织保障制度:有防汛防旱抢险工作管理制度和防汛防旱抢险工作手册)
协调联动制度	4.09	0.56	3(协调联动工作基本到位,且有一套协调联动制度:执行防汛防旱抢险手册和预案)
隐患排查制度	4.11	0.63	4(通过一套隐患排查制度确保隐患排查工作到位,运行良好:执行新区城管水务局安全生产工作方案,各级防汛防旱抢险指挥部发布相关通知)
信息报备管理制度	3.99	0.86	3(有防汛防旱抢险信息管理系统,尚未发挥作用:有新区防汛防旱抢险决策指挥平台)
队伍管理制度	4.09	0.70	3(防汛防旱抢险专业队伍管理工作基本到位,且有一套防汛防旱抢险专业队伍管理制度:委托专业抢险工程队,有相关方案)
二级指标:预案预警			
完备性	3.93	0.69	3(全、基本完备)
操作性	3.97	0.66	3(操作性强:经历过三次台风正面登陆,无人员伤亡)
科学性	3.90	0.69	3(全部通过论证:经专家论证,每年修编一次)
二级指标:队伍建设			
任职资质	3.93	0.64	2(资质较低,达标率及格:防汛防旱抢险人员中仅1名工程师,1名助理工程师,其他无职称)
人员储备	3.91	0.63	2(基本满足:防汛防旱抢险办共8人,水务科和水务中心共约30人)
抢险经验	4.00	0.61	2(有点经验:有1~2年防汛防旱抢险经验)
协作能力	4.04	0.55	3(一般:新人多,协作相对差)
专业化水平	3.97	0.64	3(一般:依托外包服务队伍)
二级指标:财务保障			
日常经费	3.91	0.78	3(基本充足:每年经费约500~800万元,含物资、信息系统、科研等,通过申请部门预算获得)

续表

指标	等级工作人员评价 均值	等级工作人员评价 标准差	等级(含义:防汛防旱抢险办负责人评价)
二级指标:财务保障			
预备经费	3.81	0.77	3(基本充足:有经费,但基本不用,能不用就不用)
培训经费	3.74	0.81	3(基本充足:支出费用与第三方签合同)
科研经费	3.73	0.82	3(基本充足:课题难通过,每年科研经费不到50万元)
二级指标:物资储备			
规格规模	3.90	0.76	3(基本充足)
采购管理	3.86	0.73	4(基本规范:执行新区政府采购办法)
设计制作	3.72	0.77	2(仅少量设计制作:缺乏自行设计制作的器具)
维护养护	3.94	0.74	3(基本有序:采购物资在采购合同中约定养护办法,其他物资另签养护合同)
巡查检视	3.99	0.69	3(基本有序:定期巡查)
二级指标:培训开发			
个体培训	3.81	0.71	2(仅少量技能培训:只有几次市内大会培训)
团队培训	3.87	0.64	1(没有实施)
开发体系	3.71	0.84	1(没有实施)
二级指标:科技创新能力			
科研意识	3.59	0.77	3(意识一般:目前仅委托进行一次)
创新能力	3.67	0.79	3(成果较少:有个别做法得到市里肯定)
调研能力	3.60	0.87	4(定期调研并总结经验:领导组织定期调研)
整改落实	3.83	0.80	3(及时实施)
一级指标:响应能力			
二级指标:信息获取			
特殊巡查	4.09	0.68	4(制度化:有巡查制度)
渠道建设	4.67	0.69	3(有基本渠道:电话、传真、微信等)
二级指标:防御措施			
任务识别	4.17	0.61	4(分级制度化:分工非常明确,操作性非常强,按预案执行)
团队组建	4.09	0.70	3(可快速组建但搭配不合理:依靠第三方抢险,管理协调人员经验优先)

续表

指标	等级工作人员评价 均值	标准差	等级(含义:防汛防旱抢险办负责人评价)
二级指标:快速投递			
快速配置	4.04	0.73	3(能力较强:各单位按预案操作)
二级指标:并行处置			
远程咨询	3.87	0.70	2(借助信息化手段:视频会议)
方案推演	4.04	0.71	3(隐患较少:违章作业较少)
一级指标:执行能力			
二级指标:组织激励			
情绪管理	3.83	0.84	1(没有考虑)
团队激励	3.77	0.84	2(有时会采取:仅精神奖励)
二级指标:指挥协调			
资源配置	4.09	0.74	4(统筹、快速:有物资入库、调配制度)
决断建议	4.04	0.65	4(可行的决断建议:依靠专家)
组织执行	4.09	0.64	3(有一定的执行力)
二级指标:综合保障			
后勤保障	4.10	0.79	3(有专门的基础保障:后勤服务中心是防汛防旱抢险成员单位,各部门的后勤各自保障)
现场应急	4.17	0.59	3(有简单应急预案)
宣传能力	4.10	0.60	3(有一定的舆情监控能力)
一级指标:善后恢复			
二级指标:恢复秩序			
安全撤离	4.09	0.68	4(安全有序,接力作战,后续防范到位:有专门的抢险救灾队伍)
功能恢复	4.01	0.80	3(有初步的回复制度:每次灾后由防汛防旱抢险办发通知执行)
二级指标:总结提高			
后评价	3.91	0.70	1(没有实施)
交流反馈	4.04	0.76	2(偶尔反馈)
提高方案	4.09	0.70	2(零散)

8.2.2 构建复合型抢险队伍,适应综合防灾减灾新形势

目前,我国防汛防旱抢险专业队伍有几个突出的特点:第一,专职防汛防旱抢险专业人员初具规模,这为构建有效的防汛防旱抢险专业队伍奠定了基础;第二,防灾任务的执行队伍来自于工程建设单位,专业性强,抗灾期间则能够调动起各方的大量人力资源,快速有效;第三,在办事处、街道等层面均设置了相应的防汛防旱抢险专业单位,构建了防汛防旱抢险队伍的分级运行体制和机制。

基于我国防汛防旱抢险专业队伍目前的这些特点,构建复合型防汛防旱抢险专业队伍的重点在于强化指导、优化网络、盘活节点。所谓强化指导,指的是加强防汛防旱抢险专业人员的团队建设,从而提高其对于整个防汛防旱抢险专业队伍工作的指导能力。目前,作为防汛防旱抢险专业队伍,特别是日常防汛防旱抢险专业队伍的组织或管理机构,在团队方面有所欠缺。复合型的防汛防旱抢险专业队伍建设目标要求这支队伍的中枢机构对于各灾种有深刻的认识,能够从管理、工程、社会等多角度对防汛防旱抢险工作提供指导性意见和建议。这意味着,防汛防旱抢险的工作团队需要全方位地提高技术能力、领导能力、协作能力和变革发展能力。就技术能力而言,需要对团队所需的专业技术进行识别、规划、确定个人的专业发展方向,使团队整体能够覆盖防汛抗旱抢险工作涉及的专业领域;就领导能力而言,不但意味着防汛防旱抢险专业队伍作为一个整体能够在防汛抗旱抢险工作中起到带头、指导作用,而且要求其每一位工作人员能够依靠专业、关系和职位在工作中发挥影响力;就协作能力而言,意味着防汛防旱抢险工作人员之间能够无缝协作,相互补充;就变革发展能力而言,防汛防旱抢险人员需要与时俱进,特别是能够抓住微变革机会,比如,灾后评估、现场调研等,借助这些契机,推动自身能力的提高。

所谓优化网络,指的是我国防汛防旱抢险专业队伍与防汛防旱抢险成员单位和其他参与防汛防旱抢险单位之间建立起网络化的联系。图8-1是3种常见的组织结构,(a)图是典型的科层组织结构,同级单位之间的联系往往需要借助更高层次的单位才能得以实现;(b)图是星形组织结构,居于中心位置的单位与周边单位有直接联系,而周边单位之间的联系必须借助中心单位进行;(c)图是网络组织结构,网络成员之间建立了大量的直接联系。很显然,(c)图所示的组织具有最高的沟通效率,因而沟通路径较短因而信息失真的可能性也较低。目前,我国防汛防旱抢险专业队伍体系在结构上与科层组织结构较为接近。这种结构强调权威,有明确的指挥链,在应急抢险状况下能保证执行力。但是,就完成常态化、事务性的工作而言,星形组织和网络组织(特别是后者)的效率更高,成本更低。因此,在我国防汛防旱抢险专业队伍工作进行"以防为主"变革的情况下,我国防汛防旱抢险专

业队伍工作体系应做出相应调整。当然,相关组织结构和机构因政府体制的约束无法在短期内做出相应的改变,但是,我国防汛防旱抢险专业队伍体系仍然可以在信息传递通道、机制上进行渐进式的优化,使其具有星形结构和网络结构的若干优点。具体工作可以分两步走。第一步向星形结构转变,把我国防汛防旱抢险专业队伍建成信息中枢,涉及防汛防旱抢险工作的信息都向其集中报告或备案。这样做有利于我国防汛防旱抢险的领导全面了解整个新区的防汛防旱抢险工作,也便于防汛防旱抢险成员单位或其他组织查询相关防汛防旱抢险信息。第二步是向网络结构转变,我国各级防汛防旱抢险专业成员单位及其他相关组织,如有工作需要,建立直接的信息沟通渠道。

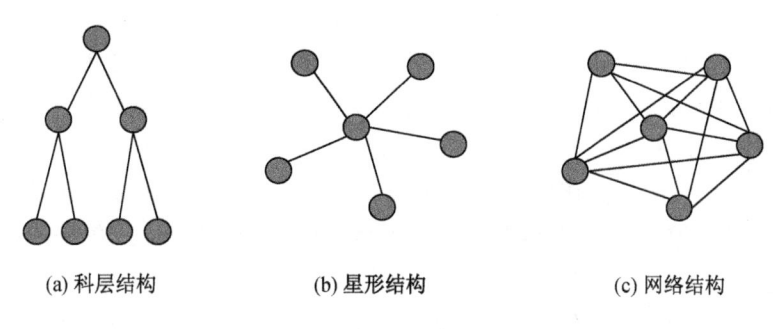

(a) 科层结构　　　(b) 星形结构　　　(c) 网络结构

图 8-1　三种常见的组织结构

所谓盘活节点,指的是通过创新机制,激发各级防汛防旱抢险专业单位、工作人员的积极性、主动性和创造性。我国防汛防旱抢险的工作岗位,收入不可谓高,工作条件不可谓好。即便如此,有相当数量的工作人员已经在自己的岗位上兢兢业业地工作了许多年。"以防为主,防抗结合"的转变不但意味着我国防汛抗旱抢险工作人员日常工作量的加码,而且对他们工作的积极性、主动性和创造性提出了更高的要求。当然,从管理角度看,对我国防汛防旱抢险工作人员的新要求反过来也对防汛防旱抢险管理提出了更高的要求,即如何激发和维持他们对于日复一日工作的积极性、主动性和创造性,或者简单说,如何增强对于做好防汛防旱抢险工作的责任感。从人力资源管理角度看,解决这个问题的关键是建立组织与成员之间的共同体,促使成员把组织的事情当成自己的事情。要做到这一点,我国防汛防旱抢险组织需要想防汛防旱抢险工作人员之所想,至少对他们的合理需求做出积极、快速的回应。从调研情况来看,防汛防旱抢险专业工作人员普遍反映的突出问题包括如下几个:一是工作补偿的问题,涉及加班费的标准和发放、基层网络人员的工作补偿以及临时工作人员或义工的适度补偿或奖励等;二是职业发展问题,比如,行政事务过多,无暇接受培训,即使接受培训,也存在培训内容和方式单一问题,无法满足防汛防旱抢险工作和个人需要。

8.2.3 加强知识管理,持续提高抢险能力

在"坚持以防为主、防抗救相结合,坚持常态减灾和非常态救灾相统一"指导下的防汛防旱抢险工作中,提高防汛防旱抢险能力的关键路径是实施知识管理战略。知识管理是对知识、知识创造过程和知识的应用进行规划和管理的活动。通过"知识积累—创造—应用—形成知识平台—再积累—再创造—再应用—形成新的知识平台"的循环过程,防汛防旱抢险队伍能够将工作实践和能力提升结合起来,持续增强防汛防旱抢险工作能力,提高防汛防旱抢险工作水平。

首先,在知识积累阶段,通过理论学习和工作实践等途径获取知识。特别是,知识管理强调从工作实践中获取有用的"活"知识。作为防汛防旱抢险专业工作主体的防汛防旱抢险工作人员也是知识管理的主体,在防汛防旱抢险工作中要留意工作的内容、特点、涉及的人和物、流程等常规信息,要特别注意工作中出现的新动向、新问题、新方法和新工具。作为防汛防旱抢险队伍,需要把知识积累作为一项战略任务,罗列和识别防汛防旱抢险工作中最为重要的常规性事项;对于这些事项,有计划、有步骤地从相关单位和人员处搜集各种相关性息,从各种现有应对方式中筛选出效果好、成本低的,形成范例或指导性的制度、文件或方案。当然,防汛防旱抢险组织也需要了解防汛抗旱抢险工作中出现的各种新问题、新动向(比如,物资储备空间不足的问题,善后工作不够细致的问题),促进防汛防旱抢险专业知识的创造。

其次,在知识创造阶段,针对防汛防旱抢险工作中出现的新问题、新动向,积极调研,集思广益,形成解决方案。在这方面,防汛防旱抢险工作的后评价提供了极好的契机。当然,这儿所说的后评价,不但指抢险救灾之后进行的后评价,也包括针对常规性防汛防旱抢险工作开展的后评价。就前者而言,抢险救灾工作事实上提供了对整体防汛防旱抢险工作的质量进行全面检验的机会,其中暴露出的问题对于改进防汛防旱抢险工作至关重要:它不但对下一次的抢险救灾工作具有指导、借鉴的作用,而且指明了后续常规性防汛抗旱抢险工作的重点方向。就常规性防汛防旱抢险工作的后评价而言,后评价是防汛防旱抢险队伍清楚、准确认识自身能力,持续改进工作绩效的必要组成部分;评价内容全面覆盖防汛防旱抢险队伍能力的方方面面,重点是阶段性能力发展目标的达标情况。

然后,防汛防旱抢险工作新知识应该在防汛防旱抢险工作中进行应用和检验。通过将新的方法、流程、方案付诸实施,一方面促进防汛抗旱抢险队伍能力提升,另一方面检验相关新知识在实践中的真正价值。如果应用失败,那么知识创造过程回复到上一阶段,即针对相关问题和动向重新开发解决方案。如果经多次、反复应用,证明相关做法可行,那么相关做法可纳入知识系统。

最后,对于经验证可行的防汛抗旱抢险知识,纳入知识管理平台,根据相关规定实现知识共享。当然,我国目前尚没有建成正式的知识管理平台。因此,当务之急是借助通用的数据库平台搭建初步的知识管理平台。

举个例子来说明防汛防旱抢险工作中的知识管理过程。对于抢险备勤单位不及时完成抢修的问题,有多种对策可供选择,包括非正式沟通、正式发函督促、评估并公示相关单位的绩效、修订投标准入条件等。这些措施可能分别适用于不同情况,比如,非正式沟通适用于偶尔出现问题的备勤单位,修订投标准入条件则试图从制度上解决上述问题。对于防汛防旱抢险管理机构来说,可以针对上述问题试验不同对策的有效性,总结出不同情况下最具效益的对策,形成解决该问题的知识点,并通过知识管理平台加以推广,达到提高防汛防旱抢险工作的效率和效益的目的。

8.3 实施步骤

我国防汛防旱抢险专业队伍能力建设应在国家防汛防旱总指挥部办公室的统一部署下,按照"以能力建设为中心,以个人和队伍持续发展为基本出发点"的要求整体推进。"以能力建设为中心"指各项工作以提高能力,而非仅仅完成事务性工作为目的。"以个人和队伍持续发展为基本出发点"指能力建设工作兼顾个人能力和队伍能力的提高,促进个人职业和组织共同发展。

8.3.1 抓好宣传发动,制定实施方案

国家防总、自然资源部、应急管理部等相关单位应召开动员会,提高对于防汛防旱抢险专业队伍能力建设重要性的认识,深入理解能力建设对于防汛防旱抢险工作"两个坚持""三个转变"的重要性和必要性。回顾上一阶段防汛防旱抢险工作,识别工作中的问题和薄弱环节,有针对性地制定实施方案。

我国防汛防旱抢险专业队伍能力建设实施方案整体上应具有战略性,不但反映个人、岗位能力的发展方向,而且体现防汛防旱抢险工作对于我国防汛防旱抢险专业队伍能力类型、水平和结构的要求。

8.3.2 立足岗位锻炼,提升业务能力

围绕工作目标任务,将能力建设工作逐级分解落实到岗,责任到人。明确相关岗位工作所需要的能力类型和水平。坚持"干中学"的理念,推进岗位练兵的能力建设方式;通过导师制、在职辅导、现场学习等形式,鼓励、支持资深员工帮、带年轻员工或新员工;推行全员调研制度,每名干部、员工都抽出一定时间,深入相关

单位调研,并亲自动手撰写有情况、有分析、有见解的调研报告;深入开展工作交流,快速、高效地分享想法和感受,员工之间建立信任,推动知识共享,建设学习型组织。

对于下属单位普遍欠缺的能力,其上级统一组织培训,有关单位组织合适人员参加。通过统一的培训,在团队内部成员之间形成一致的承诺,培养成员对团队的高度忠诚和投入。对于单位或团队能力的提升,各单位应从工程技术能力、协作配合能力、领导协调能力、变革提高能力、人际交往能力等方面入手,通过定期或不定期演练,共同探讨防汛防旱抢险工作的疑难问题,对抗灾抢险任务进行后评价、行动学习等,整体提升我国防汛防旱抢险专业队伍的战斗力。

8.3.3 加强管理督导,做好总结评估

对于各地区、各单位的防汛防旱抢险专业队伍能力建设,其上级要加强督促检查工作,完善责任追究和考核办法,把能力建设情况作为年度考核的一项重要内容,与单位绩效考核、年度工作任务完成情况挂钩,与干部的奖惩、选拔任用相结合。通过加强管理监督,使得全员对于目标有一个清晰的认识,有利于防汛防旱抢险专业队伍能力建设。

要认真总结、评估,不断改进、提高队伍能力建设成效。以定期评估和抗灾抢险后评价为抓手,把能力评估和对标工作落到实处,及时发现防汛防旱抢险工作中存在的问题。要转变思路,强调发现问题对于提高个人能力以及改善组织绩效的好处;对于出现的问题进行具体分析,避免武断地认为出现问题必定源于相关人员工作不力的情况。定期评估和后评价都应在个人层面和各层次的组织中进行,加强评价结果在相关人员、单位间的交流和探讨,努力形成防汛防旱抢险工作领域的创新性成果,推进我国防汛防旱抢险专业队伍能力不断上升新的台阶。

8.3.4 落实整改方案,实现知识转化

依据对上一阶段工作的评估,形成整改方案。要通过多种途径将新知识转化成真实的工作能力。对于我国防汛防旱抢险专业队伍的员工个人,要形成将新知识运用于工作的意识和动力,通过思想演练、与同事切磋、在工作中实践等多种途径将知识转变、固化成可随时调用的能力。对于我国防汛防旱抢险的工作单位,要建立有关整改落实的工作制度,保证整改落实落到实处。

要认识到知识向能力转化的过程并非一蹴而就,而是很可能伴随失败、返工等诸多令人不快的情况。因此,要深刻认识整改落实对于减轻后续工作压力,提高后续工作效益的巨大好处,义无反顾地进行整改落实工作。

很显然,我国防汛防旱抢险专业队伍能力建设是一项循环推进,螺旋上升的工

作。上述计划、实施、评估、整改四个阶段形成能力建设的一个周期。一个周期的结束紧接着下一周期的开始,新周期的开始意味着我国防汛防旱抢险专业队伍能力站在了一个更高的起点上。

8.4 措施

8.4.1 加强预案管理,提高预案约束力和指导价值

加强防汛防旱抢险预案的集中报备工作。统筹规划,补充制定需要但欠缺的预案。通过对比分析识别,排除各项预案中存在的不一致之处,推广成本低、效果好的做法。改善预案修订工作,侧重解决以往防汛防旱抢险工作中出现的新问题,反映防汛防旱抢险工作的新思路、新方法。科学、合理设置各级预警启动条件,提高预案作为防汛防旱抢险工作指导性文件的约束力和指导价值。

这项措施主要用于解决如下问题:(1)防汛防旱抢险预案、实施方案分散制定带来的管理混乱问题,特别是有些相关部门无法全面掌握辖区内的基础性防汛防旱抢险制度和资料的问题;(2)预案定期修订对于上一阶段防汛防旱抢险工作中出现的新问题关注不够的问题;(3)主要领导不按预案规定适时介入防汛防旱抢险工作的问题,以及成员单位响应不及时、不积极的问题。

8.4.2 落实"以防为主,防抗结合",促进隐患监测、排查的常态化、专业化

全面排查防汛防旱抢险隐患,加强成员单位相关信息的集中报备,建立隐患的分类、分级体系,形成防汛防旱抢险隐患数据库。完善、落实常态性监测、排查制度,切实推进相关工作的计划性和专业化,动态更新隐患数据库。借助决策支持系统或建立单独的信息系统,依托微信、QQ等信息平台,减轻基层单位和工作人员的工作负荷,实现对防汛防旱抢险隐患数据的实时掌握。维护、利用好防汛防旱抢险隐患数据库,使其为抗灾抢险过程中的突击排查提供基础性数据。把常态化隐患监测、排查工作纳入防汛防旱抢险相关单位、人员的绩效考核体系,明确岗位职责,将相关任务分解、落实到人。

这项措施主要用于解决如下问题:(1)灾前突击检查即使发现隐患可能也不具备充分的时间、条件来排除;(2)灾前选择巡查对象时欠缺可靠依据,在一定程度上具有随意性;(3)抗灾抢险过程中,各级单位因仓促导致的数据失实,报备不及时问题;(4)相关部门例如应急管理部在全面、及时掌握全区防汛防旱抢险隐患存在一定困难。

8.4.3 加强人才培养,构建高素质的复合型骨干队伍

深刻认识一支高素质、复合型的防汛防旱抢险骨干队伍对于防汛防旱抢险工作的重要性:在抗灾抢险中,他们是中坚力量;在常态化的防汛防旱抢险工作中,他们需要担负指导、协调、管理等更为广泛的职责。把防汛防旱抢险工作看作一种职业,通过提供职业生涯辅导帮助防汛防旱抢险骨干设计、选择发展路径;通过提供多样化的培训和发展项目,促使防汛防旱抢险骨干提高工作胜任力和能力;通过提供学习资料、交流机会、岗位轮换等方式,为防汛防旱抢险骨干创造支持性的学习环境;通过多样化的途径补偿、奖励防汛防旱抢险骨干艰苦工作,激发其做好防汛防旱抢险工作的责任感和自豪感。科学、合理、紧密结合救灾抢险工作的实际需要做好防汛防旱抢险专业队伍的规划,逐步形成一支人员数量充足、年龄结构合理、专业技能全面的防汛防旱抢险骨干队伍。建立、维护、更新防汛防旱抢险骨干人才技能清单,掌握他们的专长、经验、培训、职称等情况。结合防汛防旱抢险骨干和队伍的特点推进团队建设,形成一支在专业技能、领导协调、自我变革等方面能够胜任防汛防旱抢险工作的队伍。

这项措施主要用于解决如下问题:(1)防汛防旱抢险骨干数量欠缺,专业技能不足;(2)防汛防旱抢险骨干队伍缺少规划,在年龄、专业背景、技能等方面与防汛防旱工作要求存在差距;(3)防汛防旱抢险人员普遍缺乏专业化的培训,骨干人员在专业设备的使用、第三方备勤单位的选择和评估、防汛防旱抢险工作评价等方面缺少经验,无法满足常态化的防汛防旱抢险工作,特别是相关管理工作;(4)防汛防旱抢险骨干队伍缺少组织系统化、专业化防汛防旱抢险培训的经历和经验。

8.4.4 推进高绩效人力资源实践,为防汛防旱抢险专业队伍能力建设提供支撑

影响防汛防旱抢险专业队伍能力建设是否成功的一个基础性因素,是其所处组织的人力资源实践,具体的因素包括诸如工作安全、新职员的选拔招聘、队伍管理方式和决策、业绩与报酬的相关性、培训和开发体系、管理级别之间的差距和障碍、财务和业绩信息的共享等。

可以从下面6个方面推进高绩效人力资源实践。

(1)明确防汛防旱抢险专业队伍的愿景和目标,促进防汛防旱抢险专业队伍内部对于它们的认同。这是防汛防旱抢险专业队伍内部契合的核心。

(2)通过恰当的招聘和选拔,严把防汛防旱抢险专业队伍人力资源整体素质之门。选拔和招聘中除考察应聘者的基本素质外,应特别关注应聘者是否适应组织。这么做不但是基于相关的研究和证据(有研究表明,求职者与组织之间的文化

适应性和价值观的符合性能够显著预测日后的人员流动率和工作业绩),而且是由防汛防旱抢险工作本身的艰巨性和对任职者的奉献精神的要求决定的。科学的选拔和招聘有助于确保应聘者对防汛防旱抢险专业队伍和工作有所承诺,能增强入围者的情感投入。

(3) 加强对于防汛防旱抢险人员的培训和开发,这是对他们的有益投资。防汛防旱抢险工作的高绩效依赖于防汛防旱抢险人员的技能和首创精神。而造就防汛防旱抢险专业队伍能力的学习过程是高绩效工作系统不可或缺的重要组成部分。除了知识和专业技能的培训外,还有防汛防旱抢险人员综合能力的提高和防汛防旱抢险专业队伍文化方面的培训。伴随着工作技能的提高,防汛防旱抢险人员在队伍中的薪酬、职位也会有一定发展,从而进一步促进他们整个职业生涯的发展。

(4) 建设全方位的驱动与激励体系。首先,针对防汛防旱抢险工作的艰巨性和作息的不正常特征,切实落实国家劳动保障和员工权益保护相关的法律、法规,设置相应的津贴、补贴补偿他们的超常付出,从而实现对防汛防旱抢险人员付出的基本认可。其次,总结、宣传防汛防旱抢险专业队伍的光辉历程和取得的历史业绩,树立防汛防旱抢险专业队伍作为一个了不起的组织的光辉形象,激发防汛防旱抢险人员作为这个组织的一分子的荣誉感和使命感。再次,对于工作中涌现出来的卓越防汛防旱抢险骨干,把他们树立成典型。通过成立工作室、申报劳模等方式,扩大他们的影响,使他们对周围的同事起到示范和感召的作用。

(5) 做好防汛防旱抢险人员的保留工作。通过合理配置用好人才,通过日常管理和绩效管理留住人才,通过关系管理(领导和下属之间缩小层级差距,防汛防旱抢险专业队伍内部的信任、合作、团队式管理)和工作安全保障措施,创设一种和谐的环境和安全感,从而保持防汛防旱抢险组织发展所需要的人才资源。同时,这些人员保留的种种措施能够鼓励防汛防旱抢险人员采取长期的观点看待自己的工作和队伍的业绩。

(6) 推进防汛防旱抢险组织的持续变革。在国内各防汛防旱抢险组织内部以及各城管水务局中建立信赖、鼓励变革、权衡正确的行动文化。通过公正对待职员、领导接纳下属、协作开展工作建立信任;通过改变防汛防旱抢险专业队伍结构和改善工作流程来鼓励变革。最终目的是提高防汛防旱抢险人员参与的积极性,使人力资源管理最佳实践与防汛防旱抢险专业队伍期望的行为相一致,使高效管理的实践与防汛防旱抢险专业队伍文化协调一致。

8.4.5　强化第三方资源管理,提高应急资源的可用性

维护、更新防汛防旱抢险专家库,保持适度冗余,确保有专家能够及时响应防

汛防旱抢险咨询和指导需求。参与抢险备勤单位的甄选,确保相关工程资质能够满足防汛防旱抢险工作的特殊需要;建立备勤单位考核机制,向其反馈考核结果,强调需改进的方面,向负责备勤单位招标的机构反馈中标单位的后续防汛防旱抢险工作情况。广泛征询基层单位对于抢险物资类别、数量、功能等方面的要求,提高采购物资与防汛防旱抢险需求的匹配度;评估供应商对于储备物资的养护、管理情况,确保相关物资的可用性。通过定期拜访、信息交流和沟通等方式,加强与外部防汛防旱抢险专家、抢险备勤单位、抢险物资养护单位、疏散人员安置场所等单位的日常联系,提高他们配合抗灾抢险工作的意愿和能力。

这项措施主要用于解决如下问题:(1)抢险备勤单位有时出现的工作不及时问题;(2)抢险备勤单位招标准入条件与防汛防旱抢险工作要求并不完全一致的问题;(3)对第三方单位物资养护情况掌握不充分的问题;(4)与外部资源提供单位日常联系不足易于导致抗灾抢险期间沟通不畅的问题。

8.4.6 建立多渠道沟通机制,确保抢险抗灾信息顺畅流动

建立网络型沟通渠道,打通区域内各防汛防旱抢险单位之间、防汛防旱抢险单位与区域内组织和关键个人之间的信息沟通渠道。建立和完善防汛防旱抢险信息管理和报备制度,提高相关制度对于防汛防旱抢险成员单位的约束力。平时实现防汛防旱抢险信息的分散搜集,集中报备;应急状况下以分层管理为主,直接联系为辅。整合防汛防旱抢险信息系统或决策支持系统与微信、QQ等移动通信平台,提高信息及其报备的便利性和及时性;提高信息报备工作的便利性,强调报备初级信息,借助系统自动完成信息统计工作,借此提高信息准确性。

这项措施主要用于解决如下问题:(1)抢险救灾期间信息报备不及时、不准确的问题;(2)因灾害导致的与个别组织或个人联系不畅的问题;(3)各级机构在平时对防汛防旱抢险信息掌握不充分的问题。

8.4.7 提高信息管理能力,加强抢险工作的基础设施

防汛防旱抢险专业队伍能力建设,人、财、物方面的措施固然不可少,但是,要使人、财、物在防汛防旱抢险工作中形成合力,信息基础设施的建设不可或缺。以大鹏新区防汛防旱抢险工作为例,信息管理能力的建设可从以下几方面入手。

(1)全面、细致地识别、梳理防汛防旱抢险工作中需要报备或共享的数据及其来源,提出防汛防旱抢险工作系统的需求,以此为基础设计、开发防汛防旱抢险信息系统的架构。

(2)开发软件系统,配备硬件设施,特别注意相关信息系统在移动设备上的使用,以及在恶劣情况下如何保证信息系统运行的有效性。

（3）培训防汛防旱抢险人员，提高他们利用现代化设备和软件获取和处理信息的能力，促进防汛防旱抢险人员与防汛防旱抢险信息系统的整合。

（4）研究在恶劣条件下，特别是在正常的通信设施无法正常使用的情况下（如公共移动通信服务中断，灾害现场因交通问题无法到达），如何保障防汛防旱抢险工作所需的信息、情报的获取、识别、传递、分析和使用。

8.4.8 提供保障和激励，提高抢险工作执行力

改变片面依靠行政命令推动抢险救灾工作的方式方法，推行适度补偿的原则。通过发放补贴、临时调整工作量等方式，鼓励非专职防汛防旱抢险人员参与相关培训，逐步形成一支可以快速投入抢险救灾工作的储备力量。严格执行国家相关工资制度，发放值班、加班补贴，利用经济杠杆提高相关人员参与抢险救灾，特别是常态性防汛防旱抢险工作的积极性。加强后勤保障，免除防汛防旱抢险人员吃饭、交通等方面的后顾之忧。善用精神激励，充分认可防汛防旱抢险人员的工作，并在抢险救灾结束时候及时进行表彰。

这项措施主要用于解决如下问题：（1）抢险救灾期间实际可用的社会力量低于预期；（2）对专职防汛防旱抢险人员和临时投入抢险救灾工作的社会力量缺乏补偿，导致其工作积极性偏低的问题；（3）易于导致低估对灾害过度反应的成本。

8.4.9 做好灾后修复工作，提高善后处置能力

及时、细致地进行灾情统计、核查，全面掌握灾害带来的影响。推进灾情统计的信息化程度，提高相关工作的便利性、准确性和全面性。建立受灾事项的分类、分级制度，根据轻重缓急积极实施救助。提高对社会性救助的重视程度，安排转移安置人群有序、文明地撒离安置场所，恢复安置场所原貌，通过正式和非正式的途径感谢社会机构、企业、个人提供相关资源。分轻重缓急，保质按量地实施工程修复，发挥相关专家进行现场处置的长处；做好现场的警戒警示工作和相关区域的安全宣传工作，避免造成不必要的负面影响。认真、谨慎、及时地做好防汛防旱抢险工程认定工作，协助相关单位按照有关政策获得合理补偿。

这项措施主要用于解决如下问题：（1）灾后恢复重工程性修复，轻社会性修复；（2）重抢险救灾，但是对灾后恢复的重视程度相对较低。

8.4.10 推行抢险救灾后评价机制，促进抢险能力提升

抢险救灾任务结束后，对于其投入、产出、目标的实现、影响进行全面评估，确定抢险救灾任务的预期目标是否达到，主要效益指标是否实现，环境、社会和政治影响是否在可控范围内。特别是，按照机会成本的思路评价灾害影响，在统计时纳

入政府、社会、群众无偿投入的人、财、物资源,避免低估灾害带来的损失。总结经验教训,集思广益,重点对出现的问题进行思考、分析和上报,对取得的经验进行交流、评论和推广。形成整改方案,并落实到防汛防旱抢险专业队伍能力建设实施方案或防汛防旱抢险人员培训方案中,充分发挥抢险救灾实践对于防汛防旱抢险专业队伍能力提升的促进作用。

　　这项措施主要用于解决如下问题:(1) 对于抢险专业队伍或任务执行情况缺乏正式的评价体系,强调完成任务,忽略抢险抗灾实践对于检验和提升防汛防旱抢险能力的重要价值;(2) 抢险救灾汇报体系中重汇报成绩和妥善解决的问题,规避或很少上报疑难杂症,因而易于导致各机构掌握的情况与实际工作状况脱节;(3) 对抢险救灾工作缺少实质性的总结与反馈,抢险专业队伍工作水平的提高在一定程度上依赖于经验的缓慢积累,缺少理性反思、探讨的强大推动。

第 9 章

研究展望

自"一案三制"(应急预案、体制、机制、法制)的应急管理体系构建以来,我国在灾害应对方面取得了举世瞩目的成就,有效地减少了人民群众生命财产损失。但是从整体视角来看,依然存在着以下两个问题:第一,体制上的"碎片化"与"多中心化"问题;第二,能力结构上的防灾减灾与救灾恢复能力不协调。问题演化逻辑如图 9-1 所示。

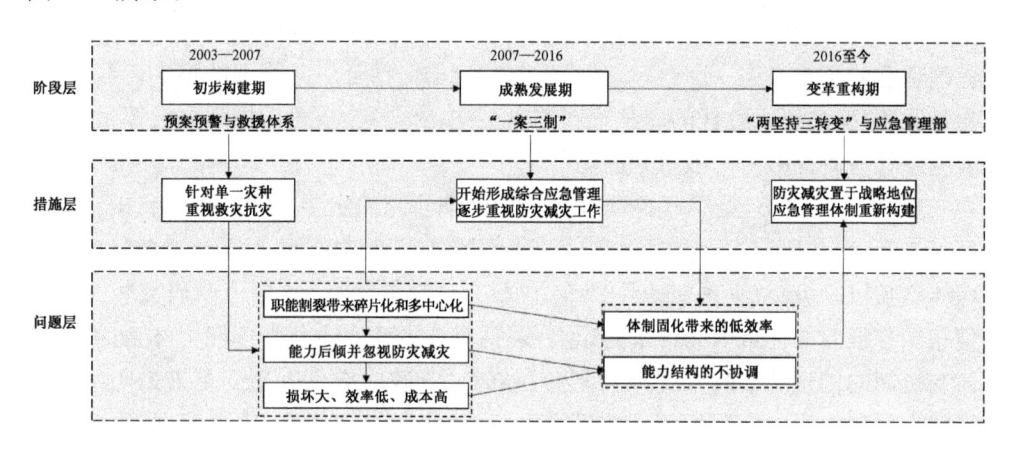

图 9-1 我国应急管理问题演化过程

(1) 在新时代应急管理体制方面

习近平总书记"两个坚持、三个转变"的理念与党中央国务院《深化党和国家机构改革方案》组建"应急管理部"的决定,标志着我国应急管理正面临着从"碎片化"向"整体性政府"的体制变革。建立在"科层制"的制度逻辑基础上的地方政府应急管理体制已然无法适应新时代下的动态环境与多元化目标。虽然应急管理"多中心化"从单一灾害管理角度,把行政管理与应急管理捆绑在一起,能够最大化利用现有行政体制架构、明确划分应急管理职责,但是重复建设、部门协调难度大等问题依然突出。而且,从应急管理体制的研究来看,多数学者已指出有效的管理机制、政府关系网络、合作方式对提高府际间行为、应急管理绩效都有显著的作用。因此,结合新时代地方政府所面临的内外部环境与使命进行地方政府应急管理体制变革已经成为了一项重要的研究课题。

(2) 在新时代应急管理能力结构方面

应急管理体系是应急管理能力的物质载体,应急管理能力的水平和结构是应急管理体系建设的核心。当前研究者主要是基于行为顺序逻辑,构建应急管理能力评价体系。灾害具有不可预期性和非线性是这些研究的一个隐含假设,从而导致研究者忽视了对灾害来临前的防灾减灾工作与地方政府正在面临的内外部环境、使命目标。并且,防灾减灾也未纳入应急管理评价的指标体系中,这也是导致理论与实践注重"后倾性"能力的一个重要原因。从组织胜任力的视角来看,一个组织拥有与环境和目标相关的、能在高环境变异下有效利用资源实现目标的能力,才将其称之为"胜任组织使命"。除此之外,系统而全面的组织内要素的互动设计也是其中的一个重要构成。从应急管理体系来看,尽管我国目前在应急响应能力上取得了巨大成就,但是防灾减灾、后评价与善后提高能力却出现了断层。当前在体制变革与角色转变的背景下,从注重应急处置到全过程应对是匹配新时代应急管理理念的基本方向。因此,新时代地方政府如何结合应急管理的根本使命,合理配备资源,构建组织胜任的应急管理常态工作、应急响应、善后提高与后评价,是当前应急管理研究的另一项重要课题。

总之,在研究方法上,理论研究是应急管理研究的主要方法。由于我国应急管理起步晚,当前研究主要是通过理论分析与国外经验借鉴,从不同的视角对应急管理体制与机制、应急管理能力评价等方面进行构建与修正。但当前研究较少考虑到我国各地方的情景因素带来的影响,包括对地方政府应急管理能力体系的结构、体制机制的构建的影响,以及是否会对当前地方政府应急管理变革带来阻力。这将减少研究的实际应用价值。在研究内容上,应急管理体系、应急管理理论、应急处置行为是当前应急管理研究的主要方向,危机管理理论是主要的指导性理论。而在这样的思想指导下,会导致过多注重灾害的管理,而忽视了应急管理的根本使命——保护人民生命财产安全。因而这将导致过于关注灾害处置,而忽视了防灾减灾这个减少灾害损失最有效的方式。灾害事件之所以能造成巨大的损失,除了灾害本身,最大的影响因素就是由防灾减灾工作的系统性不足。并且,在灾害处置的研究中,较少地考虑到"投入"与"提高"因素,只关注过程和结果。那么上级政府对下级政府应急管理绩效的考核便失去了大多意义,而且也无法体现应急管理的效率。

因此,在今后的研究中,亟需通过识别新时代中央政府和地方政府应急管理的本质属性、新时代应急响应组织胜任的演进机理，构建常态工作机制与后评价和善后提高机制，进而形成新时代中央政府和地方政府应急管理组织胜任的演化路径和变革模式。具体可以从以下内容展开。

（1）应急管理从多界别联合应急管理到常态组织胜任的本质属性和变革逻辑研究。

（2）应急响应组织胜任的演进机理和情景模型构建研究。

（3）应急管理组织胜任的约束条件和常态工作机制研究。

（4）应急管理组织胜任的后评价和善后提高机制研究。

（5）应急管理组织胜任的演化路径和变革模式研究

以上是一个跨公共管理、工商管理和防灾减灾工程等多学科的组织发展与变革问题，研究结论一方面可以拓展应急管理理论和组织胜任力理论，另一方面可以为中央政府和地方政府应急管理变革实践提供参考。应急管理部成立之后，我国应急管理工作进入新时代，深刻的体制变革与国家总体安全观正在深度契合，当前正是破解地方政府应急管理效率不高、能力结构不协调、体制与机制不合理瓶颈的关键时刻，进一步深入剖析"一窝蜂"式的多界别联合作战的抢险救灾模式，这将是水利部人力资源研究院致力的又一重大研究领域，必将会为新时代中央政府和地方政府变革、提高综合减灾、提前防灾、减少社会防灾救灾的综合成本提供系统性研究成果。

附件1：确定评价指标权重的判断矩阵

一、指标体系权重的确定方法

权重反映了指标的相对重要程度。指标层确定后，权重是影响最终评价结果的主要参数。防汛抗旱抢险专业队伍建设过程中，指标和权重都会变化，但在一定时期和环境下可以认为这种变化是微小的，一套能在较长时间内适用的指标体系和权重更具实用性。

一级指标的权重决定了总体权重分配，最为重要，故采用层次分析法（AHP）通过求解判断矩阵最大特征值对应的特征向量对指标进行赋权。该方法不需要专家直接给出权重，只需给出指标之间重要性的比较，此方法便于操作且直观，并能降低专家难度。具体过程为，通过专家函咨询防汛防旱抢险专家，对同一层次下指标之间重要性进行相互比较，构造判断矩阵，构造准则如表1，矩阵中的元素表示竖列指标相对于横列指标的重要性，用1—9代表相对重要性程度。值得注意的是矩阵中关于主对角线对称的元素互为倒数。

利用迭代法求解判断矩阵，解出最大特征值对应的特征向量并归一化，即得到初步的权重向量。

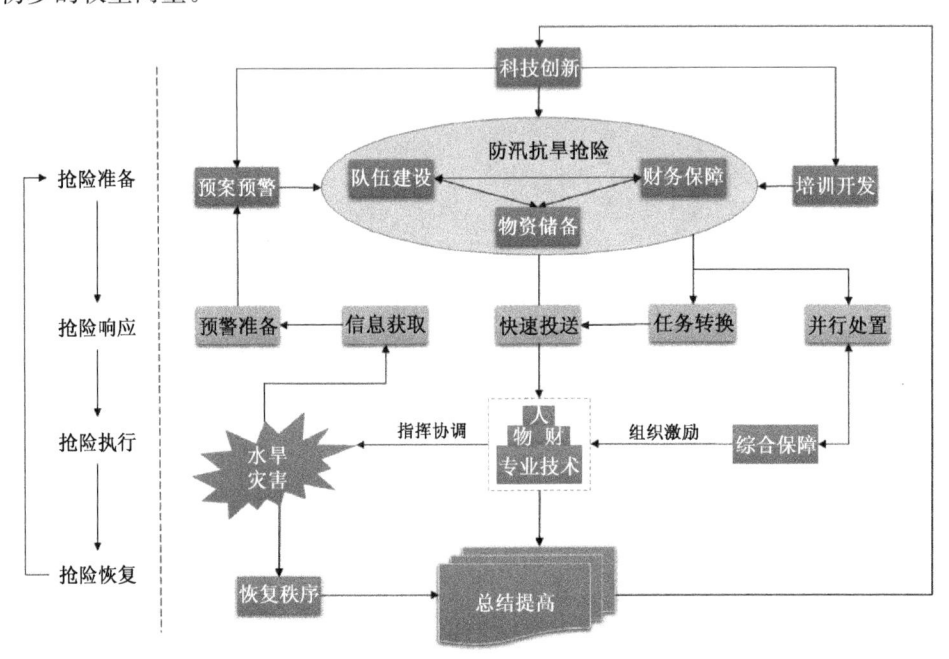

图1 抢险能力评价指标体系逻辑关系图

附件1:确定评价指标权重的判断矩阵

表1 判断矩阵填写规则

标记	含义
1	竖列指标与横列指标相比,重要性相同
3	竖列指标比横列指标稍重要
5	竖列指标比横列指标明显重要
7	竖列指标比横列指标极其重要
9	竖列指标比横列指标强烈重要
2,4,6,8	上述相邻判断的中间情况
若认为横列指标比竖列指标重要,则标记1/9—1	

二、判断矩阵调查

2.1 一级指标判断矩阵

表2 抢险能力评价一级指标判断矩阵

	准备能力	响应能力	执行能力	恢复能力
准备能力	1	…	…	…
响应能力		1	…	…
执行能力			1	…
恢复能力				1

2.2 二级指标判断矩阵

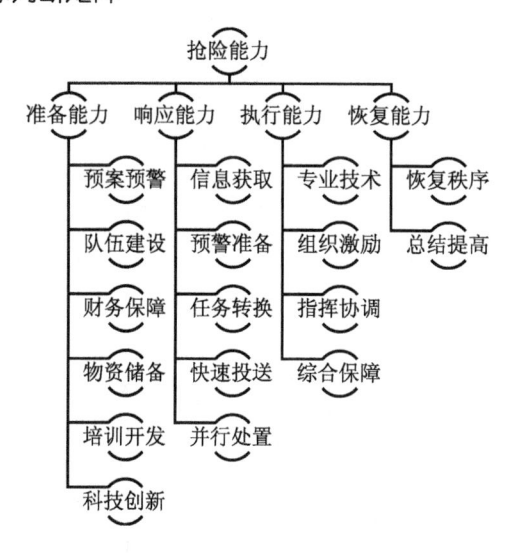

图2 二级指标层示意图

表 3　准备能力评价二级指标判断矩阵

	预案预警	队伍建设	财务保障	物资储备	培训开发	科技创新
预案预警	1	…	…	…	…	…
队伍建设		1	…	…	…	…
财务保障			1	…	…	…
物资储备				1	…	…
培训开发					1	…
科技创新						1

表 4　响应能力评价二级指标判断矩阵

	信息获取	预警准备	任务转换	快速投送	并行处置
信息获取	1	…	…	…	…
预警准备		1	…	…	…
任务转换			1	…	…
快速投送				1	…
并行处置					1

表 5　执行能力评价二级指标判断矩阵

	专业技术	组织激励	指挥协调	综合保障
专业技术	1	…	…	…
组织激励		1	…	…
指挥协调			1	…
综合保障				1

表 6　恢复能力评价二级指标判断矩阵

	恢复秩序	总结提高
恢复秩序	1	…
总结提高		1

2.3 三级指标判断矩阵

（1）准备能力评价

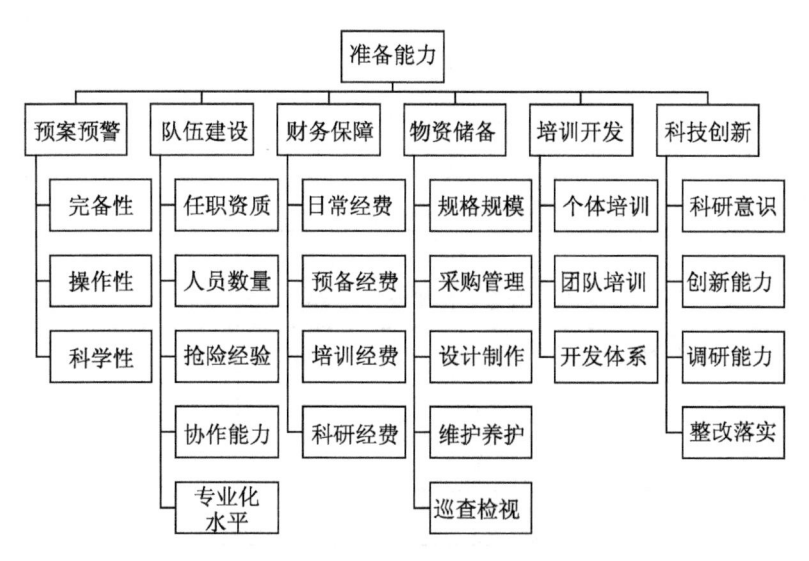

```
                         准备能力
    ┌──────┬──────┬──────┼──────┬──────┐
  预案预警 队伍建设 财务保障 物资储备 培训开发 科技创新
   完备性  任职资质 日常经费 规格规模 个体培训 科研意识
   操作性  人员数量 预备经费 采购管理 团队培训 创新能力
   科学性  抢险经验 培训经费 设计制作 开发体系 调研能力
           协作能力 科研经费 维护养护          整改落实
          专业化水平         巡查检视
```

图 3　准备能力三级指标层示意图

表 7　预案预警评价三级指标判断矩阵

	完备性	操作性	科学性
完备性	1	…	…
操作性		1	…
科学性			1

表 8　队伍建设评价三级指标判断矩阵

	任职资质	人员数量	抢险经验	协作能力	专业化水平
任职资质	1	…	…	…	…
人员数量		1	…	…	…
抢险经验			1	…	…
协作能力				1	…
专业化水平					1

表9 财务保障评价三级指标判断矩阵

	日常经费	预备经费	培训经费	科研经费
日常经费	1	…	…	…
预备经费		1	…	…
培训经费			1	…
科研经费				1

表10 物资储备评价三级指标判断矩阵

	规格规模	采购管理	设计制作	维护养护	巡查检视
规格规模	1	…	…	…	…
采购管理		1	…	…	…
设计制作			1	…	…
维护养护				1	…
巡查检视					1

表11 培训开发评价三级指标判断矩阵

	个体培训	团队培训	开发体系
个体培训	1	…	…
团队培训		1	…
开发体系			1

表12 科技创新评价三级指标判断矩阵

	科研意识	创新能力	调研能力	整改落实
科研意识	1	…	…	…
创新能力		1	…	…
调研能力			1	…
整改落实				1

（2）响应能力评价

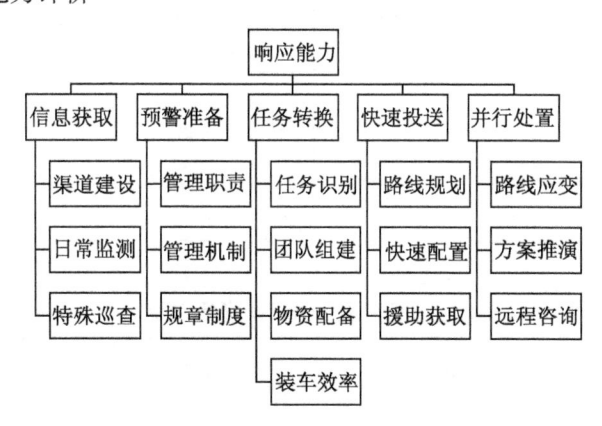

图 4　响应能力三级指标层示意图

表 13　信息获取评价三级指标判断矩阵

	渠道建设	日常监测	特殊巡查
渠道建设	1	…	…
日常监测		1	…
特殊巡查			1

表 14　预警准备评价三级指标判断矩阵

	管理职责	管理机制	规章制度
管理职责	1	…	…
管理机制		1	…
规章制度			1

表 15　任务转换评价三级指标判断矩阵

	任务识别	团队组建	物质配备	装车效率
任务识别	1	…	…	…
团队组建		1	…	…
物资配备			1	…
装车效率				1

表16 快速投送评价三级指标判断矩阵

	路线规划	快速配置	援助获取
路线规划	1	…	…
快速配置		1	…
援助获取			1

表17 并行处置评价三级指标判断矩阵

	路线应变	方案推演	远程咨询
路线应变	1	…	…
方案推演		1	…
远程咨询			1

（3）执行能力评价

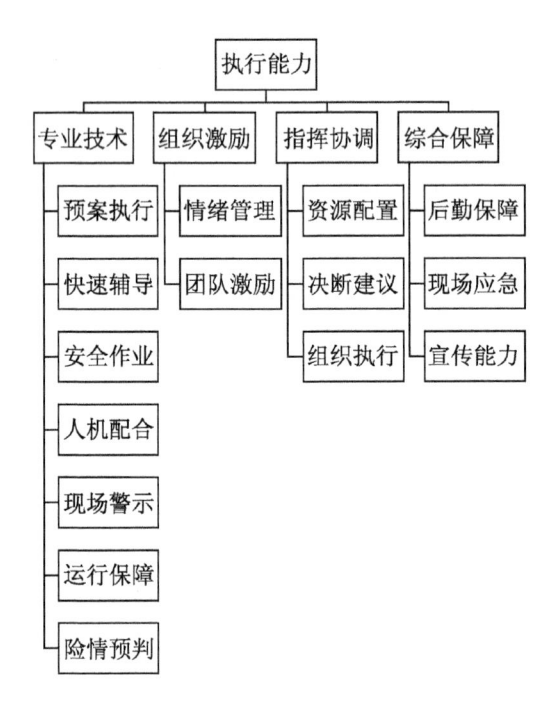

图5 执行能力三级指标层示意图

表 18　专业技术评价三级指标判断矩阵

	预案执行	快速辅导	安全作业	人机配合	现场警示	运行保障	险情预判
预案执行	1	…	…	…	…	…	…
快速辅导		1	…	…	…	…	…
安全作业			1	…	…	…	…
人机配合				1	…	…	…
现场警示					1	…	…
运行保障						1	…
险情预判							1

表 19　组织激励评价三级指标判断矩阵

	情绪管理	团队激励
情绪管理	1	…
团队激励		1

表 20　指挥协调评价三级指标判断矩阵

	资源配置	决断建议	组织执行
资源配置	1	…	…
决断建议		1	…
组织执行			1

表 21　综合保障评价三级指标判断矩阵

	后勤保障	现场应急	宣传能力
后勤保障	1	…	…
现场应急		1	…
宣传能力			1

(4) 恢复能力评价

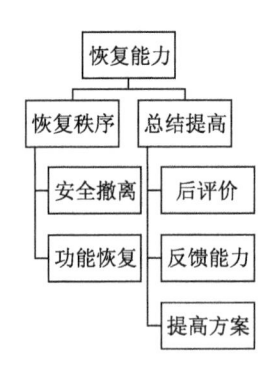

图 6 恢复能力三级指标层示意图

表 22 恢复秩序评价三级指标判断矩阵

	安全撤离	功能恢复
安全撤离	1	…
功能恢复		1

表 23 总结提高评价三级指标判断矩阵

	后评价	反馈能力	提高方案
后评价	1	…	…
反馈能力		1	…
提高方案			1

附件2：防汛防旱抢险专业队伍抢险能力评价打分表

防汛抗旱抢险专业队伍抢险能力评价指标体系由抢险准备能力、抢险响应能力、抢险执行能力和抢险恢复能力4个一级指标，17个二级指标，60个三级指标构成。指标体系逻辑关系如图1所示。

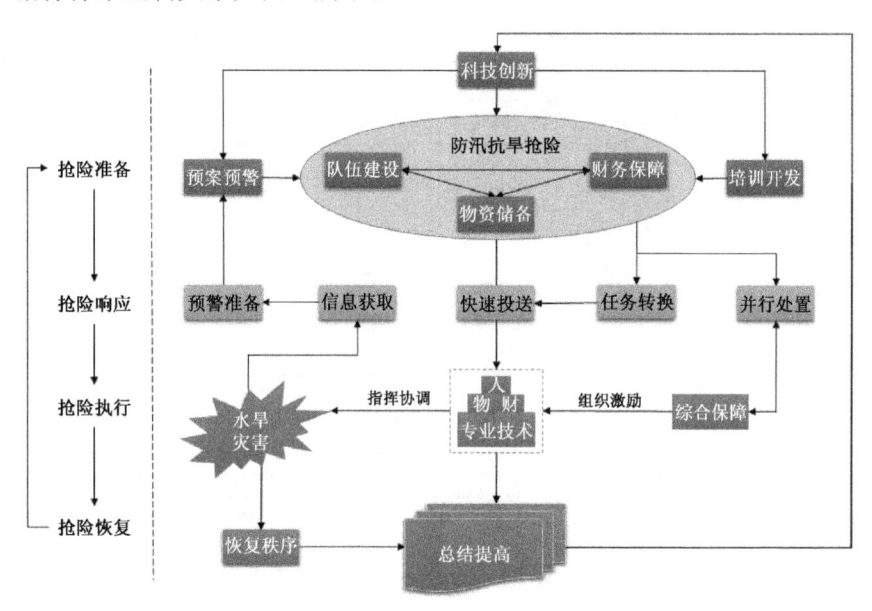

图1 抢险能力评价指标体系逻辑关系图

如图1所示，抢险准备能力反映的是为成功应对可能发生的险情，抢险专业队伍在多大程度上能够在相关方面做出足够的准备。抢险准备能力主要是从人、财、物的角度进行评价，包括队伍建设、财务保障和物资储备，以及有助于提升抢险准备能力的其他方面，比如预警预案、培训开发和科技创新；抢险响应能力衡量的是面对险情，抢险专业队伍能够在多大程度上及时完成物资和人员的调配工作，进入投送状态，包括信息获取、预警准备、任务转换、快速投送和并行处置等方面的能力；抢险执行能力评估的是抢险专业队伍能够在多大程度上成功完成抢险任务，包括专业技术、组织激励、指挥协调和综合保障等方面的能力；抢险恢复能力评判的是抢险结束后，抢险专业队伍能够在多大程度上恢复现场秩序、保证物资入库和维保设备，包括恢复秩序和总结提高两方面的能力。

防汛防旱抢险专业队伍抢险能力评价分为自评和等级评定两个步骤：第一步自评，由各抢险队组织完成，并附自评等级证明材料；第二步等级评定，由专家组根据自评等级证明材料综合评定。60个三级指标的打分表如下。

一、准备能力

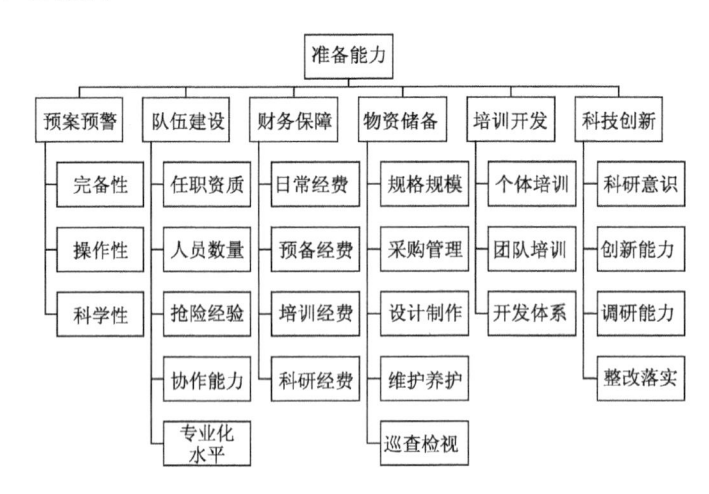

图 2 准备能力三级指标示意图

(一) 预案预警

表 1 预案预警指标的等级评定打分表

编号	指标	等级	评价标准	自评 等级	自评 证明材料清单	等级评定
1	完备性	★	不全			
		★★	基本全但简单			
		★★★	全、基本完备			
		★★★★	全且完备			
		★★★★★	全且完备并有创新			
2	操作性	★	不具操作性			
		★★	可操作但不清晰			
		★★★	操作性强			
		★★★★	操作性强且高效			
		★★★★★	操作性强且高效、灵活			
3	科学性	★	有明显错误			
		★★	无明显错误			
		★★★	全部通过论证			
		★★★★	全部通过论证,部分通过检验			
		★★★★★	全部通过论证、检验			

（二）队伍建设

表 2　队伍建设的等级评定打分表

编号	指标	等级	评价标准	自评 等级	自评 证明材料清单	等级评定
4	任职资质	★	资质少			
		★★	资质较少、达标率及格			
		★★★	资质过半、达标率良好			
		★★★★	资质超六成、达标率优秀			
		★★★★★	资质超七成、达标率100%			
5	人员数量	★	数量不足			
		★★	基本满足			
		★★★	人员充足且达标数量过半			
		★★★★	人员充足且达标数超八成并能用外力			
		★★★★★	人员充足且全部达标并能充分用外力			
6	抢险经验	★	无经验			
		★★	有点经验			
		★★★	经验较丰富			
		★★★★	经验丰富			
		★★★★★	经验非常丰富			
7	协作能力	★	很弱			
		★★	较弱			
		★★★	一般			
		★★★★	较强			
		★★★★★	很强			
8	专业化水平	★	很低			
		★★	较低			
		★★★	一般			
		★★★★	较高			
		★★★★★	非常高			

(三) 财务保障

表3　财务保障的等级评定打分表

编号	指标	等级	评价标准	自评 等级	自评 证明材料清单	等级评定
9	日常经费	★	严重不足			
		★★	不足			
		★★★	基本充足			
		★★★★	充足			
		★★★★★	宽裕			
10	预备经费	★	严重不足			
		★★	不足			
		★★★	基本充足			
		★★★★	充足			
		★★★★★	宽裕			
11	培训经费	★	无经费			
		★★	不足			
		★★★	基本充足			
		★★★★	充足			
		★★★★★	宽裕			
12	科研经费	★	无经费			
		★★	不足			
		★★★	基本充足			
		★★★★	充足			
		★★★★★	宽裕			

(四) 物资储备

表4　物资储备的等级评定打分表

编号	指标	等级	评价标准	自评 等级	自评 证明材料清单	等级评定
13	规格规模	★	严重不足			
		★★	有欠缺			
		★★★	基本充足			
		★★★★	充足			
		★★★★★	齐全且充裕			

续表

编号	指标	等级	评价标准	自评		等级评定
				等级	证明材料清单	
14	采购管理	★	无序无规划质量差			
		★★	基本有序			
		★★★	有条理但不规范			
		★★★★	基本规范			
		★★★★★	规范且高效			
15	设计制作	★	没有实施			
		★★	可做简易包装			
		★★★	可简易设计制作			
		★★★★	可模仿设计制作			
		★★★★★	自主研发设计并制作			
16	维护养护	★	没有实施			
		★★	无序进行			
		★★★	基本有序			
		★★★★	规范有效			
		★★★★★	制度化、精细化			
17	巡查检视	★	没有实施			
		★★	无序进行			
		★★★	基本有序			
		★★★★	制度化			
		★★★★★	制度化且落实到位			

（五）培训开发

表 5　培训开发的等级评定打分表

编号	指标	等级	评价标准	自评		等级评定
				等级	证明材料清单	
18	个体培训	★	没有实施			
		★★	仅少量技能培训			
		★★★	缺乏系统性			
		★★★★	比较系统			
		★★★★★	系统且前瞻			

247

续表

编号	指标	等级	评价标准	自评 等级	自评 证明材料清单	等级评定
19	团队培训	★	没有实施			
		★★	仅简单培训			
		★★★	缺乏系统性			
		★★★★	比较系统			
		★★★★★	系统且前瞻			
20	开发体系	★	没有实施			
		★★	不完善			
		★★★	较完善			
		★★★★	基本成体系			
		★★★★★	体系完备可行			

（六）科技创新

表6 科技创新的等级评定打分表

编号	指标	等级	评价标准	自评 等级	自评 证明材料清单	等级评定
21	科研意识	★	严重缺乏			
		★★	意识薄弱			
		★★★	意识一般			
		★★★★	意识较强			
		★★★★★	意识强烈			
22	创新能力	★	匮乏			
		★★	成果极少			
		★★★	成果较少			
		★★★★	成果较丰富			
		★★★★★	成果丰富			
23	调研能力	★	没有调研			
		★★	偶尔调研			
		★★★	定期调研			
		★★★★	定期调研并总结经验			
		★★★★★	理论联系实践解决问题			

续表

编号	指标	等级	评价标准	自评		等级评定
				等级	证明材料清单	
24	整改落实	★	没有实施			
		★★	偶尔实施			
		★★★	及时实施			
		★★★★	有效实施			
		★★★★★	有效实施并举一反三			

二、响应能力

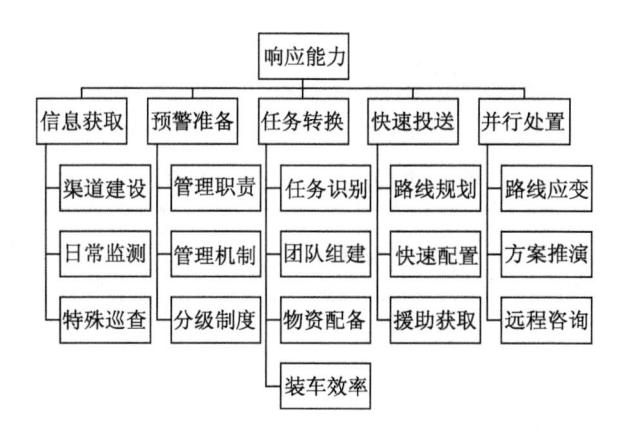

图 3 响应能力三级指标示意图

（一）信息获取

表 7 信息获取的等级评定打分表

编号	指标	等级	评价标准	自评		等级评定
				等级	证明材料清单	
25	渠道建设	★	没有实施			
		★★	信息渠道缺乏			
		★★★	有基本渠道			
		★★★★	比较完备			
		★★★★★	非常完备			

续表

编号	指标	等级	评价标准	自评		等级评定
				等级	证明材料清单	
26	日常监测	★	不能及时获取			
		★★	不能准确评估			
		★★★	可做基本判断			
		★★★★	可准确评判			
		★★★★★	有完善的监测系统			
27	特殊巡查	★	没有实施			
		★★	偶尔巡查			
		★★★	周期性巡查			
		★★★★	制度化			
		★★★★★	制度化并系统化			

（二）预警准备

表8 预警准备的等级评定打分表

编号	指标	等级	评价标准	自评		等级评定
				等级	证明材料清单	
28	分级制度	★	没有实施			
		★★	有预警准备			
		★★★	有效分级			
		★★★★	分级制度化			
		★★★★★	统筹预警准备			
29	管理职责	★	缺乏组织分工			
		★★	组织分工不明确			
		★★★	有基本的组织分工			
		★★★★	分工比较明确			
		★★★★★	分工非常明确			
30	管理机制	★	没有			
		★★	模糊			
		★★★	基本可靠			
		★★★★	操作性比较强			
		★★★★★	操作性非常强			

（三）任务转换

表 9　任务转换的等级评定打分表

编号	指标	等级	评价标准	自评 等级	自评 证明材料清单	等级评定
31	任务识别	★	不能及时识别			
		★★	不能及时转化			
		★★★	转化的执行方案指导性不强			
		★★★★	转化出比较有效的任务执行方案			
		★★★★★	转化出有效的任务执行方案			
32	团队组建	★	无法组建较完整的团队且功能缺失			
		★★	组建团队较慢且有短板			
		★★★	可快速组建但搭配不太合理			
		★★★★	按预案迅速组建且搭配比较合理			
		★★★★★	统筹按预案迅速组建且搭配合理			
33	物资配备	★	仅凭经验			
		★★	有主要物资的装车清单			
		★★★	有所有物资的装车清单			
		★★★★	统筹、快速			
		★★★★★	统筹、快速、模块化			
34	装车效率	★	效率很低			
		★★	效率低			
		★★★	效率一般			
		★★★★	效率高			
		★★★★★	效率非常高			

（四）快速投送

表 10　快速投送的等级评定打分表

编号	指标	等级	评价标准	自评 等级	自评 证明材料清单	等级评定
35	路线规划	★	仅凭经验			
		★★	3 小时内完成			
		★★★	2 小时内完成			
		★★★★	1 小时内完成			
		★★★★★	半小时内完成			

续表

编号	指标	等级	评价标准	自评 等级	自评 证明材料清单	等级评定
36	快速配置	★	超过4小时			
		★★	2小时内			
		★★★	1小时内			
		★★★★	15分钟内			
		★★★★★	到达后立即开展			
37	援助获取	★	缺乏训练			
		★★	有处置预案			
		★★★	进行过处置培训			
		★★★★	演练预案			
		★★★★★	配备手册且验证有效			

（五）并行处置

表11 并行处置的等级评定打分表

编号	指标	等级	评价标准	自评 等级	自评 证明材料清单	等级评定
38	路线应变	★	没有应对措施			
		★★	凭经验解决			
		★★★	有备用方案			
		★★★★	迅速有效执行备选方案			
		★★★★★	迅速有效执行备选方案且能因地制宜			
39	方案推演	★	不能变通			
		★★	按需即时修订			
		★★★	按需即时修订并简单传达			
		★★★★	按需即时修订并迅速传达			
		★★★★★	按需即时修订并有效互动完善			
40	远程咨询	★	传统手段			
		★★	信息化手段			
		★★★	通过系统及时交流			
		★★★★	通过系统提供咨询服务			
		★★★★★	通过系统共享信息即时咨询			

三、执行能力

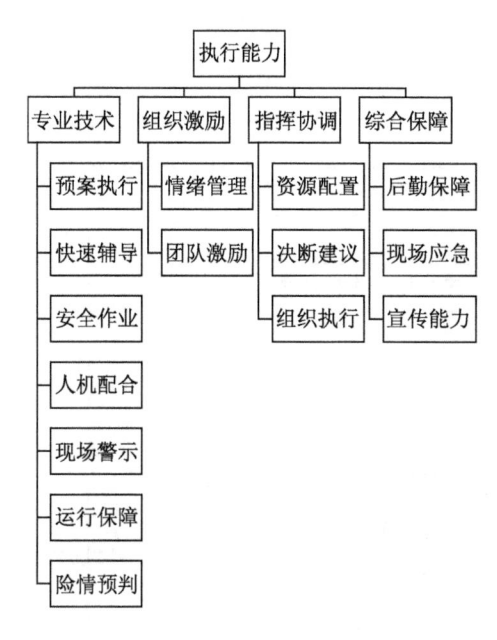

图 4　执行能力三级指标示意图

（一）专业技术

表 12　专业技术的等级评定打分表

编号	指标	等级	评价标准	自评		等级评定
				等级	证明材料清单	
41	预案执行	★	能力差			
		★★	能力一般			
		★★★	能力较强			
		★★★★	能力强			
		★★★★★	能力非常强			
42	快速辅导	★	仅凭经验			
		★★	有规范但不具体			
		★★★	机制基本建立			
		★★★★	机制基本建立且程序规范			
		★★★★★	机制完善且效果明显			

续表

编号	指标	等级	评价标准	自评 等级	自评 证明材料清单	等级评定
43	安全作业	★	隐患较多			
		★★	隐患少			
		★★★	隐患较少			
		★★★★	隐患无			
		★★★★★	无违规操作且隐患无			
44	人机配合	★	整体不熟练			
		★★	整体不太熟练			
		★★★	整体较为熟练			
		★★★★	整体熟练			
		★★★★★	整体十分熟练			
45	现场警示	★	没有实施			
		★★	有粗略规范			
		★★★	有具体规范			
		★★★★	有具体规范且没有此类事故			
		★★★★★	有具体规范、警示工作有序且没有此类事故			
46	运行保障	★	不健全			
		★★	无应急保障			
		★★★	保障基本健全			
		★★★★	保障健全			
		★★★★★	保障全面			
47	险情预判	★	预判错误			
		★★	预判不准确			
		★★★	基本准确			
		★★★★	预判到位			
		★★★★★	预判到位并能给出合理方案			

（二）组织激励

表 13　组织激励的等级评定打分表

编号	指标	等级	评价标准	自评 等级	自评 证明材料清单	等级评定
48	情绪管理	★	没有实施			
		★★	及时引导			
		★★★	主动避免			
		★★★★	正向干预大家情绪			
		★★★★★	有方案并使大家积极有序抢险			
49	团队激励	★	没有实施			
		★★	有奖励			
		★★★	有奖惩			
		★★★★	制度化			
		★★★★★	制度化且详细、队员认可			

（三）指挥协调

表 14　指挥协调的等级评定打分表

编号	指标	等级	评价标准	自评 等级	自评 证明材料清单	等级评定
50	资源配置	★	不到位			
		★★	效率较低			
		★★★	基本合理			
		★★★★	比较高效			
		★★★★★	非常高效			
51	决断建议	★	没有实施			
		★★	少量建议			
		★★★	可行的决策意见			
		★★★★	协助决策			
		★★★★★	提供建设性意见			
52	组织执行	★	非常欠缺			
		★★	动员能力欠缺			
		★★★	有一定的执行力			
		★★★★	比较好			
		★★★★★	非常主动			

（四）综合保障

表 15　综合保障的等级评定打分表

编号	指标	等级	评价标准	自评 等级	自评 证明材料清单	等级评定
53	后勤保障	★	没有实施			
		★★	仅生活保障			
		★★★	有专门的基础保障			
		★★★★	比较全面			
		★★★★★	全方位保障			
54	现场应急	★	没有措施			
		★★	有应急物资储备			
		★★★	有简单应急预案			
		★★★★	有详细应急预案			
		★★★★★	有详细并可靠的应急预案			
55	宣传能力	★	很差			
		★★	较差			
		★★★	有一定的宣传能力			
		★★★★	比较强			
		★★★★★	非常强			

四、恢复能力

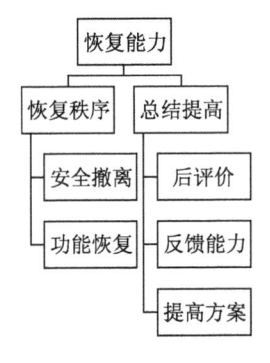

图 5　恢复能力三级指标示意图

（一）恢复秩序

表 16　恢复秩序的等级评定打分表

编号	指标	等级	评价标准	自评 等级	自评 证明材料清单	等级评定
56	安全撤离	★	仅凭经验			
		★★	有简单撤离预案			
		★★★	基本安全有序			
		★★★★	安全有序			
		★★★★★	安全有序快速			
57	功能恢复	★	没有实施			
		★★	偶尔进行初步恢复			
		★★★	有初步恢复制度			
		★★★★	有比较详细的制度			
		★★★★★	有详细的制度			

（二）总结提高

表 17　总结提高的等级评定打分表

编号	指标	等级	评价标准	自评 等级	自评 证明材料清单	等级评定
58	后评价	★	没有实施			
		★★	偶尔进行			
		★★★	每次均简单进行			
		★★★★	每次均系统评价			
		★★★★★	每次均系统评价并改进			
59	反馈能力	★	没有反馈			
		★★	偶尔反馈			
		★★★	及时反馈			
		★★★★	及时反馈并交流			
		★★★★★	及时反馈并交流、改进			
60	提高方案	★	没有			
		★★	零散			
		★★★	不够系统			
		★★★★	比较系统			
		★★★★★	非常系统			

附件3：防汛预案实例

1 总则

1.1 编制目的

为做好防汛、防旱、防台、抢险四手准备，建立健全防汛抢险、抗旱排涝应急响应机制，着力提高防汛抢险、抗旱排涝处置能力，最大限度减少灾害损失，保障经济社会全面协调可持续发展。

1.2 编制依据

依据《国家突发公共事件总体应急预案》《国家防汛防旱应急预案》以及《××省防洪条例》《××省突发公共事件总体应急预案》《××省防汛防旱应急预案》《××省防御台风应急预案》《××省气象灾害应急预案》等，结合本防汛防旱抢险专业队伍实际，制定本预案。

1.3 适用范围

本预案适用于××防汛防旱抢险专业队伍执行境内发生的(以及邻近地区发生但对本地区产生重大影响的)水旱灾害应急处置任务。水旱灾害包括：江河湖洪水、涝灾、山洪灾害、台风、风暴潮灾害、干旱灾害、供水危机，以及由洪涝、风暴潮、地震、恐怖活动等引发的水库垮坝、堤防决口、坍江、河势变化、水闸倒塌、供水水质被侵害等次生灾害。

1.4 工作原则

以现代化、规范化建设为主线，坚持"安全第一、常备不懈、以防为主、全力抢险"的工作方针，全员参与，保障防汛抢险、抗旱排涝及物资调运等工作的有序开展。

2 组织体系

建立健全防汛抢险、抗旱排涝应急响应网络体系，成立应急响应指挥组，统一指挥和协调全中心防汛抢险、抗旱排涝工作。

2.1 组织机构

2.1.1 应急响应指挥组

组长：

副组长：

成员：

2.1.2 抢险队员

抢险队、抗排队、机械队、水政支队职工及机关后勤工作人员。

2.2 机构职责

执行国家和省关于防汛应急工作的方针、政策和法律、法规、规章；执行省防汛防旱指挥部下达的防汛抢险、抗旱排涝指令；全面决策和指挥调度全中心应急响应工作，决定应急响应程序启动与终止；协助地方政府开展防汛抢险、抗旱排涝工作；及时向上级报告防汛抢险、抗旱排涝情况；防汛任务完成后，及时组织设备修复；根据上一年度演练及抢险实际情况，组织对预案进行相应评估和修订完善。

3 预警预防

3.1 信息监测

密切关注地区内灾害性天气、水情信息的监测和预报，及时对相关信息进行评估，根据评估结果做好相关准备。

3.2 预警准备

3.2.1 ××地区内发生防汛防旱、防御台风、气象灾害Ⅳ级预警时：通知全体职工，保持通信畅通，关注防汛形势，做好防汛设备、器材、物资的检查，采取预防措施，同时上报检查情况。

3.2.2 ××地区内发生防汛防旱、防御台风、气象灾害Ⅲ级预警时：中层干部取消休假，通知各单位(部门)职工，保持通信畅通，做好防汛抢险、抗旱排涝准备；做好防汛设备、器材、物资的检查，联系运输车辆，采取预防措施，同时上报检查情况。

3.2.3 ××地区内发生防汛防旱、防御台风、气象灾害Ⅱ级预警时：领导及中层干部取消休假，增派人手加强防汛值班，轮流安排班组24小时值班；召开防汛会议，部署应急响应工作，明确防御目标和重点；做好防汛设备、器材、物资的检查，适当准备运输车辆待命，随时应对防汛抢险、抗旱排涝及物资调运工作。

3.2.4 ××地区内发生防汛防旱、防御台风、气象灾害Ⅰ级预警时：全体干部、职工取消休假，全员24小时防汛值班备战，启动出机值班预案；召开专门会议，部署应急响应工作，明确防御目标和重点；做好防汛设备、器材、物资的检查，准备必要的运输车辆待命，根据灾害类型预防性安排设备器材装车；全体职工做好准备，随时可外出执行防汛抢险、抗旱排涝任务。

4 应急响应

4.1 应急响应程序

4.1.1 防汛值班人员接收到地区防汛防旱指挥部传真电报或指令后，应在3分钟内上报指挥组领导及成员。指挥组成员应在15分钟内到岗，并及时和受灾地区取得联系，了解受灾类型、地形、抢险作业条件等基本情况，必要时也可以派人现场勘察。

4.1.2 根据任务内容、性质启动对应响应预案,制定切实可靠的抢险方案。

4.1.3 指挥组确定现场负责人、技术负责人、出机人员和到岗准备人员名单,并迅速通知相关人员到岗准备。25人以上或者30台设备以上的任务应由1名副指挥担任现场负责人,其他规模较小的任务可由指挥组指定部门负责人或其他技术骨干担任现场负责人。现场出机人员由抢险队、抗排队负责人在抢险队、抗排队、机械队、水政支队中指定,并报指挥组批准及人事科备案,如需动用机关工作人员、内退及其他人员,由人事科指定并报指挥组批准。人事科负责打印出机人员名册及通信方式。

4.1.4 抢险队和抗排队按照任务要求确定动用设备、物资数量,合理确定运输车数量,打印装车清单,提供设备、物资保障。抢险队负责安排运输车辆到位准备装车。运输车辆租用社会车辆,抢险队每年联系部分社会运输车辆,建立长期合作关系。

4.1.5 所有人员应在30分钟内到岗,分别启动设备、物资、资金、后勤保障体系。

4.1.6 设备物资按照装车清单装车。

4.1.7 出机人员准备出差物品并从抢险装备仓库领取个人抢险装备。

4.1.8 现场负责人领取对讲机、应急药品箱、旗帜、资金、加油卡、随车饮用水及食品等。

4.1.9 办公室负责所有车辆后勤,打印车辆清单及通讯方式,制定行车路线,确定宣传方案,负责对外发布信息。

4.1.10 一般情况下人员物资车辆应在90分钟内准备完毕,按高速优先原则规划行车路线出发,车队使用对讲机保持联系,控制车速确保行车安全。

4.1.11 到达现场后,现场第一责任人全权负责,根据现场要求迅速展开应急响应任务,任务进度随时向指挥组汇报,并做好数据统计、信息上报和宣传工作。遇到复杂情况及时采取应对措施并及时上报。

4.1.12 应急响应任务完成后,由现场负责人安排召回。

4.2 出动应急排水车

4.2.1 为增强中心城市防汛抢险能力,我防汛防旱抢险专业队伍配备5台应急排水车,其中流量1 000立方米每小时的4台,流量1 500立方米每小时的1台。

4.2.2 组织指挥。指挥组负责统一指挥协调,接到出机任务后,应立即联系抢险任务现场,了解现场基本情况,召集指挥组成员通报任务情况,制定执行任务方案,及时调整应急排水车设备配置。如果5台应急排水车同时出动应由1名副指挥担任现场负责人。

4.2.3 确定出机人员。一般情况下每台应急排水车配备 4 名抢险队员,其中驾驶员 1 名,技术责任人 1 名,抢险队员 2 名。实行车长负责制,驾驶员为每台车第一负责人,保障安全行车及全面执行任务,技术责任人提供执行任务技术支持。抢险人员自行准备个人出差物品,领取个人抢险装备,统一着迷彩服、解放鞋,每台应急排水车指定 4 名出机人员,报人事科备案并打印出机人员名单及通讯录。

表 1　出机人员名单例表

编号	车号	车长(驾驶员)	后备	备选队员
1				
2				
3				
4				
5				

4.2.4 装备检查。应急排水车在日常工作中已定期维修保养,执行任务前每台车车长和技术负责人需快速检查以下项目:

(1) 检查轮胎气压,汽车及柴油发电机燃油、机油是否充足;

(2) 检查 8 寸进水软管 8 米 2 根、2 米 2 根及配套扳手 1 个;

(3) 检查 6 寸德标铝合金快速接头塑胶软管 25 米 24 件;

(4) 检查 0.37 千瓦小型潜水泵 1 台;

(5) 检查滤网装置 3 对;

(6) 检查垫脚木 4 只;

(7) 检查拖线板 1 个;

(8) 检查随车工具包 1 套、值班折叠座椅 1 个等。

每台车配备对讲机 1 部,手电筒 1 个、电水壶 1 个、开水瓶 1 个,毛毯 2 件,5 号车配备折叠梯 1 个。饮用水及食品根据任务性质由抗排队准备。

现场负责人领取加油卡 1 张、应急药品箱 1 个,领取适量现金分配到每台车长(缴纳过路费等)。

4.2.5 执行任务。

一般情况下移动排水车 90 分钟内应出发前往抢险任务现场。按高速优先原则规划行车路线,车队使用对讲机保持联系,控制车速确保行车安全,途中加油统一使用加油卡。

到达现场后,现场负责人全权指挥协调,根据现场要求调配人员及设备。积极配合当地政府,科学决策,灵活调度,以最快的时间开机运行,以最短的时间完成任务，坚决做到不扰民，尽量减少灾害的损失。

应急排水车抢险队员应严格按照操作规程操作和使用设备，确保人员和设备安全。特别要注意的是开动设备前一定要检查电器箱所有端子和接头，拧紧所有螺丝，防止行车途中振动造成螺丝松动，因接触不良而发生设备故障。

4.3 出动潜水电泵

4.3.1 配备26千瓦潜水电泵34台套，37千瓦潜水电泵30台套，以及2台套5千瓦变频泵。

4.3.2 组织指挥。指挥组负责统一指挥协调，接到出机任务后，应立即联系抢险任务现场，了解现场基本情况，召集指挥组成员通报任务情况，制定执行任务方案。确认是否使用发电机组、开关柜、气动工具等；选择使用软管或硬管优化机泵架设；根据扬程及输水距离确定输水管、电缆等抗排物资数量；并确定装车方案打印装车清单。抢险队负责调度运输车辆。

一般情况下，排涝进水管4米、出水管选择8米，抗旱进水管4米、出水管选择12米。如果规模超过30台电动泵应出1名副指挥担任现场负责人。

4.3.3 确定出机人员。每台套电动泵配备1名出机人员，每10台套电动泵配备1名组长（辅导师），大量出机以此标准配备人员。出机人员名单由抗排队队长指定，按规定确定辅导师后报人事备案并打印出机人员名单、通讯录。

4.3.4 物资设备装运。以出机10台套300毫米电动泵为例，需要运输货车（8米长以上）2辆。第1辆货车装300毫米电动泵10台、工具箱10只、螺丝10盆、配电柜10台、电缆10根、弯头10套、皮圈10套，第2辆货车装水管70~80节。大量出机以此标准配备运输车辆。

由抗排队人员负责装车，如任务量较大，可动用抢险队、水政支队、机械队、机关工作人员协助装车。

人工装运水管，300毫米水管装7.2米货车最多不应超过118节，8.7米货车不应超过142节，9.6米货车不应超过154节；350毫米水管装7.2米货车最多不应超过88节，8.7米货车不应超过103节，9.6米货车不应超过118节。

现场负责人领取对讲机、应急药品箱、出机人员通讯录、装车清单。

4.3.5 执行任务。一般情况下出动电动泵车队120分钟内应出发前往抢险任务现场。按高速优先原则规划行车路线出发，车队使用对讲机保持联系，控制车速确保行车安全。

到达现场后，现场负责人全权指挥协调，根据现场要求调配人员及设备。积极配合当地政府，科学决策，灵活调度，以最快的时间开机运行，以最短的时间完成任务，坚决做到不扰民，尽量减少灾害的损失。

出机人员应严格按照电动泵操作规程操作和使用设备，确保人员和设备安全。

特别要注意的是开动设备前一定要检查控制柜内所有端子和接头,拧紧所有螺丝,防止行车途中振动造成螺丝松动,因接触不良而发生设备故障。

4.4 出动柴油机泵

4.4.1 配备 295 型柴油机 20 台套、495 型柴油机 108 台套、300 毫米口径混流泵 40 台套、350 毫米口径混流泵 88 台套。

4.4.2 组织指挥。指挥组负责统一指挥协调,接到出机任务后,应立即联系抢险任务现场,了解现场基本情况,召集指挥组成员通报任务情况,制定执行任务方案。选择使用软管或硬管优化机泵架设;根据扬程及输水距离选择柴油机型、泵型,确定一体化或机脚木架设方案及输水管等抗排物资数量;并确定装车方案打印装车清单。抢险队负责调度运输车辆。

4.4.3 确定出机人员。每台套柴油机泵配备 1 名机工,每 10 台套柴油机泵配备 1 名组长(辅导师),大量出机以此标准配备人员。出机人员名单由抗排队队长指定,按规定指定辅导师后报人事备案并打印出机人员名单、通讯录。

出机人员自行准备个人出差物品,领取个人抢险装备,统一着迷彩服、解放鞋。

4.4.4 物资设备装运。以出机 10 台套 300 毫米柴油机泵为例,需要运输货车(8 米长以上)3 辆。第 1 辆货车装 495(295)型柴油机 10 台、工具箱 10 只、油盆螺丝 10 盆、三角带 40 根、油桶 10 只;第 2 辆车装 300 毫米水泵 10 台、弯头 10 套、皮圈 10 套、冷却水管 20 根、莲蓬头 10 只、机脚木 20 根、泵脚木 20 根;第 3 辆车装水管 70~80 节。大量出机以此标准配备车辆。

由抗排队人员负责装车,如任务量较大,可动用抢险队、水政支队、机械队、机关工作人员协助装车。

人工装运水管,300 毫米水管装 7.2 米货车最多不应超过 118 节,8.7 米货车不应超过 142 节,9.6 米货车不应超过 154 节;350 毫米水管装 7.2 米货车最多不应超过 88 节,8.7 米货车不应超过 103 节,9.6 米货车不应超过 118 节。

现场负责人领取对讲机、应急药品箱、出机人员通讯录、装车清单。

4.4.5 执行任务。一般情况下出动柴油机泵车队 120 分钟内应出发前往抢险任务现场。按高速优先原则规划行车路线出发,车队使用对讲机保持联系,控制车速确保行车安全。

到达现场后,现场负责人全权指挥协调,根据现场要求调配人员及设备。积极配合当地政府,科学决策,灵活调度,以最快的时间开机运行,以最短的时间完成任务,坚决做到不扰民,尽量减少灾害的损失。

出机人员应严格按照柴油机泵操作规程操作和使用设备,确保人员和设备安全。

4.5 防汛物资调运

4.5.1 现有防汛物资储备仓库约 8 000 平方米,储备省级防汛物资:编织袋

105万条、土工布34.14万平方米、彩条布64.78万平方米、钢管293.468吨、木材96.744立方米、围井5.94千米、板坝式挡水子堤3千米等。

4.5.2 值班人员接到上级指挥部调拨指令(传真电报、电话等),核实防汛物资名称、规格、数量、用途、送达地点、时间要求等信息,并立即报告指挥组。

4.5.3 抢险队负责联络运输车辆,通知仓库保管员,组织人员装车。一般情况下应30分钟内人、车到位,90分钟内装车出发。

4.5.4 物资装车后及时登记,打印物资出库单、回执单,物资名称、规格、数量、用途、送达地点、联系人、联系电话等信息要完整。

4.5.5 每台运输车辆配备不多于2名押运人员,随车携带传真电报、物资出库单、回执单。及时联系收货单位,了解现场道路情况,选择最佳安全路线。

4.5.6 物资到达现场,卸车清点完毕后,必须要求收货方在回执单上签字或盖章。

4.5.7 抢险队与收货单位保持通讯畅通,及时了解基本情况,并向收货单位通报调运情况及进度。

4.5.8 抢险队及时登记入账,核减库存,向省防指上报调运情况及进度。

4.5.9 部分防汛物资装车方案如表2所示。

表2 部分防汛物资装车方案

序号	名称	载重(吨)	最短车长(米)	物资数量	装车设备	装车时间
1	编织袋	10	8.0	200包/车 10万条	输送机 叉车	30~35分钟
2	麻袋	10	8.7	150包/车 1.5万条	叉车	20分钟
3	土工布	10	8.7	50件/车 1万平方米	输送机 叉车	40~50分钟
4	彩条布	10	8.0	500件/车 10万平方米	叉车	30分钟
5	冲锋舟	5	7.2	5台套/车	行车 叉车	30分钟
6	钢丝笼	8	8.0	80件/车 4 000只	叉车	30分钟
7	灯塔	8	8.7	2台/车	叉车	20分钟
8	钢管	8	8.0	3捆/车 273根	行车	20分钟

续表

序号	名称	载重(吨)	最短车长(米)	物资数量	装车设备	装车时间
9	扣件	8	8.0	200包/车 6 000只	叉车	30分钟
10	围井	8	9.6	80件/车 400米	叉车	30~40分钟

4.6 钢木土石组合坝

4.6.1 人员集中。值班人员接到省防汛防旱指挥部封堵决口指令后,按照分组分级原则,队长通知各组组长,各组组长通知本组队员,1小时内在办公楼前集合。带齐个人装备,统一着迷彩服、解放鞋,配备救生衣、安全帽,携带必要的通信工具。

4.6.2 抢险设备物资装车。抢险队负责联络运输车辆,钢管、跳板、扣件、木桩等抢险物资装车时,应根据封堵决口任务要求,区分各类型号规格,按决口两端需要分配装车,便于从决口两端同时抢险。

表3 抢险设备物资装车情况

抢险设备物资名称	车型数量	装卸班组	责任人	备注
钢管、扣件	9.6米*2辆	框架组 输送组		
木桩	9.6米*2辆	打桩组 填料组		
跳板	8.7米*2辆	运输组		
客车	客车*2辆	36人/辆		
挖掘机4台	平板车*4辆	机械队		
推土机2台	平板车*2辆	机械队		
吊车2辆		机械队		
冲锋舟5艘	8.7米*1辆	救护组		
装载机1台	平板车*1辆	机械队		

4.6.3 抢险物资设备运输。每辆运输车配备2名押运人员,其余人员按照分组分别乘坐客车。抢险车队按照"防汛指挥车—冲锋舟—钢管车—扣件车—跳板车—木桩车—客车—吊车—挖掘机—推土机—装载机—发电机组—抢险作业车—后勤保障车"顺序依次行进。

4.6.4 到达抢险地点后,立即组织卸车。按照抢险物资种类、规格,迅速卸车,并分别堆放在指定地点,不得堵塞车辆和人员进出的抢险通道,要确保现场畅通。卸车完毕后,运输车辆迅速撤离现场。

4.6.5 抢险队长应主动与当地防汛指挥部取得联系,简要报告情况,接受抢险任务,实施现场勘察。在防汛指挥部领导下,分析险情,组织分工,正确实施抢险方案。

4.6.6 封堵决口。将人员编成五个作业组,框架组:每端由1名指挥员和8名作业手组成,负责设置钢管框架及支撑杆件;木桩组:每端由1名指挥员和24名作业手组成,负责木桩的加工和植入;连接固定组:每端由1名指挥员和6名作业手组成,负责木桩与钢管框架的连接固定;填塞砌墙组:根据地方大小,由1名指挥员和若干名作业手组成,负责向钢木框架内堵塞石子袋及上、下游护坡;防渗组:由1名指挥员和若干名作业手组成,负责在迎水面护坡覆盖土工布,再用袋装土石料或红黏土防渗固坝。按照护固坝头(俗称裹头)、框架进占、导游合拢、防渗固坝封堵决口。

4.6.7 如果当地出现其他险情,按照省防汛防旱指挥部指令和抢险预案无条件配合当地防汛指挥部执行抢险任务,减少灾害的损失。

5 保障措施

5.1 设备保障

抢险队、抗排队、机械队分别负责对所管辖的抢险机械设备和抗排机械设备进行维修和保养,确保汛期所有设备完好,挖掘机、推土机、装载机、移动排水车、抗旱送水车、发电机组等抢险设备在汛期油位不低于三分之二。设备的进出、车辆行车、执行任务情况及应急维修情况必须及时登记到台帐上,任务执行完成后及时检查保养入库。

5.2 物资保障

抢险队、抗排队分别负责对所管辖的防汛抢险物资和抗排物资进行管理,物资出入库、使用情况必须及时记录,回收物资应及时清查,对完好及损坏物资分别登记并上报指挥组,对不足数量的物资及时补充齐备。

5.3 资金保障

财务科承担资金保障,及时提供应急响应任务所需资金,提供抢险设备专用加油卡(卡内不低于1万元)。

5.4 后勤保障

办公室负责客车准备、宣传报道、行车路线规划、车辆标识、传真电报发放、随车饮用水及食品准备。抢险队负责联系调运车辆,以及个人抢险装备、对讲机、应急药品箱、旗帜等装备。

5.5 培训

培训工作结合实际,采取多种组织形式,定期与不定期相结合,每年4—5月组织一次防汛抢险集中培训。

5.6 演练

针对易发生的各类险情有针对性地每年进行抗洪抢险演练,检验、改善和强化应急准备和应急响应能力。

参加省防汛防旱指挥部组织的全省防汛抢险演练。

6 后期处理

6.1 设备物资回到抢险队后,各管理部门负责清点登记所管辖物资和设备,对完好及损坏物资分别登记并上报指挥组,及时补充不足数量的物资,维修保养抢险设备,做好设备恢复以应对下一次任务。

6.2 应急响应结束后,现场负责人应对本次任务执行情况撰写任务评估报告上报指挥组。

6.3 汇总各类总结和信息,统计防汛抢险物料消耗情况,形成报告上报上级指挥部。

7 奖励与责任追究

对在防汛抢险、抗旱排涝工作中表现突出的先进集体和个人,给予表彰和奖励;对在防汛抢险、抗旱排涝工作中玩忽职守的单位(部门)和个人,依照有关规定追究相关人员责任。

样表1： 市（县、区）指挥部成员单位及人员通讯表

部门	职务	分管领导			姓名	联络人		
^	^	姓名	行政职务	办公电话	^	办公电话	手机	传真

样表2：_____市（县、区）办事处社区主要负责人通讯录

序号	姓名	工作单位职务	联系方式

样表 3：＿＿＿＿市（县、区）主要河流防汛行政责任人和技术负责人

河流名称	流域面积（km²）	行政责任人					技术负责人				
^	^	姓名	单位及职务	办公电话	手机号码		姓名	单位及职务	办公电话	手机号码	

样表 4：_____市（县、区）中小型水库行政责任人和技术负责人

序号	水库名称	所在街道	规模	行政责任人				技术负责人			
				姓名	单位及职务	办公电话	手机号码	姓名	单位及职务	办公电话	手机号码

样表 5：_____市（县、区）备汛队伍建设情况

单位	备汛队伍名称	指挥领导	直接负责人	联系电话	人数

样表6：_____市（县、区）防汛抢险专家组

编号	姓名	工作单位	职称	手机号码	专业
一、水工与水保组					
二、机电组					

续表

编号	姓名	工作单位	职称	手机号码	专业
三、给排水组					
四、地质灾害及其他组					

样表7：_____市（县、区）应急避难场所信息一览表

序号	名称	级别	类型	位置（地址）	面积（m²）	容纳人数（人）	主管单位	值班电话

样表8：_____市(县、区)防汛物资管理情况统计表

序号	物品名称	规格	单位	数量	完好情况	备注
1	小型发电照明装置	SFW6110B	台		正常	
2	手提式防水强光灯	IW5500	盏		正常	
3	多功能工作灯	JW7622	盏		正常	
4	防汛编织袋	80 cm×50 cm	条		正常	
5	防汛救生衣		件		正常	
6	防汛救生圈		只		正常	
7	汽油机水泵	ZB100	台		正常	
8	水泵润滑油	APL/CF4L	罐		正常	
9	雨衣		套		正常	
10	雨鞋		双		正常	
11	救生绳	8 m	捆		正常	
12	油桶	10 L /20 L	个		正常	
13	扎袋绳		条		正常	
14	快速防洪袋		个		正常	
15	铁铲		把		正常	
16	铁锄		把		正常	
17	转子排水系统（移动式泵车）	QH-1000	部		正常	
18	雨伞	26寸	把		正常	
19	喊话器		个		正常	
20	警戒带	200 m	圈		正常	
21	彩条布	4 m×30 m	卷		正常	
22	膨胀袋		个		正常	
23	油污吸附垫	40 cm×50 cm	片		正常	
24	吸油棒	8 cm×120 cm	条		正常	
25	船外机	30P	台		正常	
26	YLD-手电筒		把		正常	
27	多功能手电筒	RJW7102/LT	把		正常	
28	橡皮艇	8人艇	条		正常	
29	机动链条锯	18寸	台		正常	
30	抽水泵	WQ85-15-7.5KW	台		正常	
31	工具	常用工具	套		正常	
32	砍刀		把		正常	

_____办事处三防物资管理情况统计表

物资名称 \ 存放地点	罗屋田水库	盐灶水库	龙子尾水库	坑尾头水库	上洞水库	猪头山水库	合计
编织袋(只)							
麻织袋(只)							
土工布(m^2)							
粗砂(m^3)							
碎石(m^3)							
块石(m^3)							
救生衣(件)							
救生圈(个)							
冲锋舟(艘)							
橡皮艇(艘)							
发电机(台)							
小型发电照明灯(台)							
尼龙绳(捆)							
铁铲(把)							
锄头(把)							
斗车(台)							
手电筒(把)							
雨衣(套)							
水鞋(双)							
水泵(台)							
铅丝(公斤)							
汽油链锯(台)							

_____办事处三防物资管理情况统计表

序号	物资名称	物资数量	所属部门
1	防汛编织袋		
2	防汛土工织物		
3	便携式工作灯		
4	彩条布		
5	救生衣		
6	救生圈		
7	水泵		
8	防汛麻袋		
9	防汛橡皮舟		
10	橡皮舟船外机		
11	铁锄		
12	铁铲		
13	铅丝		
14	救生绳类		
15	防汛钢管		
16	防汛投光灯		
17	冲锋舟		
18	雨衣		
19	雨鞋		
20	快速防洪袋		
21	小型发电照明机		
22	手推车		
23	粗砂		
24	碎石		
25	块石		
26	车辆		
27	挖土机		
28	吊机		
29	泥头车		

_____办事处三防物资管理情况统计表

序号	物资名称	单位	数量	备注
1	割草机	部		
2	船尾机	部		
3	锄头	把		
4	铲	把		
5	编织袋	个		
6	救生衣	件		
7	救生圈	个		
8	土工布	卷		
9	雨衣	套		
10	防汛麻袋	只		
11	电筒	把		
12	块石	立方米		
13	碎石	立方米		
14	砂	立方米		
15	彩工布	卷		
16	钢杆	根		
17	斗车	部		

_____水库物资管理情况统计表

序号	物品名称	规格	单位	数量	完好情况	备注
1	防汛纺织袋		只		正常	
2	防汛土工织物		m²		正常	
3	复合土工膜		m²		正常	
4	便携式工作灯		盏		正常	
5	彩条布		m²		正常	
6	救生衣		件		正常	
7	救生圈		只		正常	
8	水泵	WB30	台		正常	
9	防汛麻袋		只		正常	
10	铁锄		把		正常	
11	铁铲		把		正常	
12	铅丝		kg		正常	
13	救生绳类		m		正常	
14	防汛钢管		kg		正常	
15	橡皮舟船外机	15HP	部		正常	
16	防汛投光灯	XLM-0075	台		正常	
17	发电机	3.5 kW	台		正常	
18	冲锋舟	40HP	艘		正常	
19	玻璃钢船	6人	艘		正常	
20	手推车		辆		正常	
21	粗砂		m³		正常	
22	碎石		m³		正常	
23	块石		m³		正常	
24	扎袋绳		条		正常	
25	快速防洪袋		只		正常	

样表9：_____市(县、区)督导组督查情况反馈表

督办组组长		督办组成员			
视察时间		填报人		联系方式	
序号	所在市(县、区)	隐患点名称	隐患情况描述	目前隐患治理情况	
1					
2					
3					
4					
5					
6					
7					
8					
9					
10					
11					
12					
13					
14					
15					
16					

样表 10：_____市（县、区）新增内涝点的行政责任人和治理责任人

内涝点名称	所在办事处	防汛行政责任人			治理责任人		
		姓名	职务	办公电话	姓名	职务	办公电话

样表11：_____市（县、区）重点易涝区转移一览表

办事处	社区	易涝区名称	转移负责人	联系电话	转移路线	安全撤离地点

样表 12　　_____（单位/办事处）防御_____（暴雨）情况统计表

填报单位(盖章):　　　　　　　　　统计时间至: 年 月 日 时 分

值班及现场指挥情况			隐患排查情况				防御情况			人员撤离情况			
值班领导姓名	现场指挥领导姓名	出动检查人次（人）	出动抢险队伍（人）	超防限水位水库（座）	底涵放水水库（座）	检查房屋（栋）	检查边坡（处）	内涝点检查（处）	检查工地（个）	开放避险中心（个）	沙滩浴场人员撤离（人）	海上作业人员撤离（人）	陆上(含山上)人员撤离（人）	安置人数（人）	其他人员安置（人）

284

续表

险情、灾情															经济损失(万元)	人员伤亡(人)	其他情况
倒塌房屋(栋)	山体滑坡(处)	河堤损毁(处)	海堤损毁(处)	水库设施损毁(处)	地面坍塌(处)	发生内涝(处)	倒塌树木(棵)	道路中断(处)	供水中断(处)	供电中断(处)	通讯中断(处)	燃气中断(处)	广告牌受损(个)			

注：①陆上人员撤离指山边、海边、旧屋、低洼等危险地带人员撤离（包括疏散人数）；安置人数指转移人员中安置的人数。
②不属于本单位排查的内容，可不用填。

示例1：_____市（县、区）防汛应急处置流程图
（以大鹏新区为例）

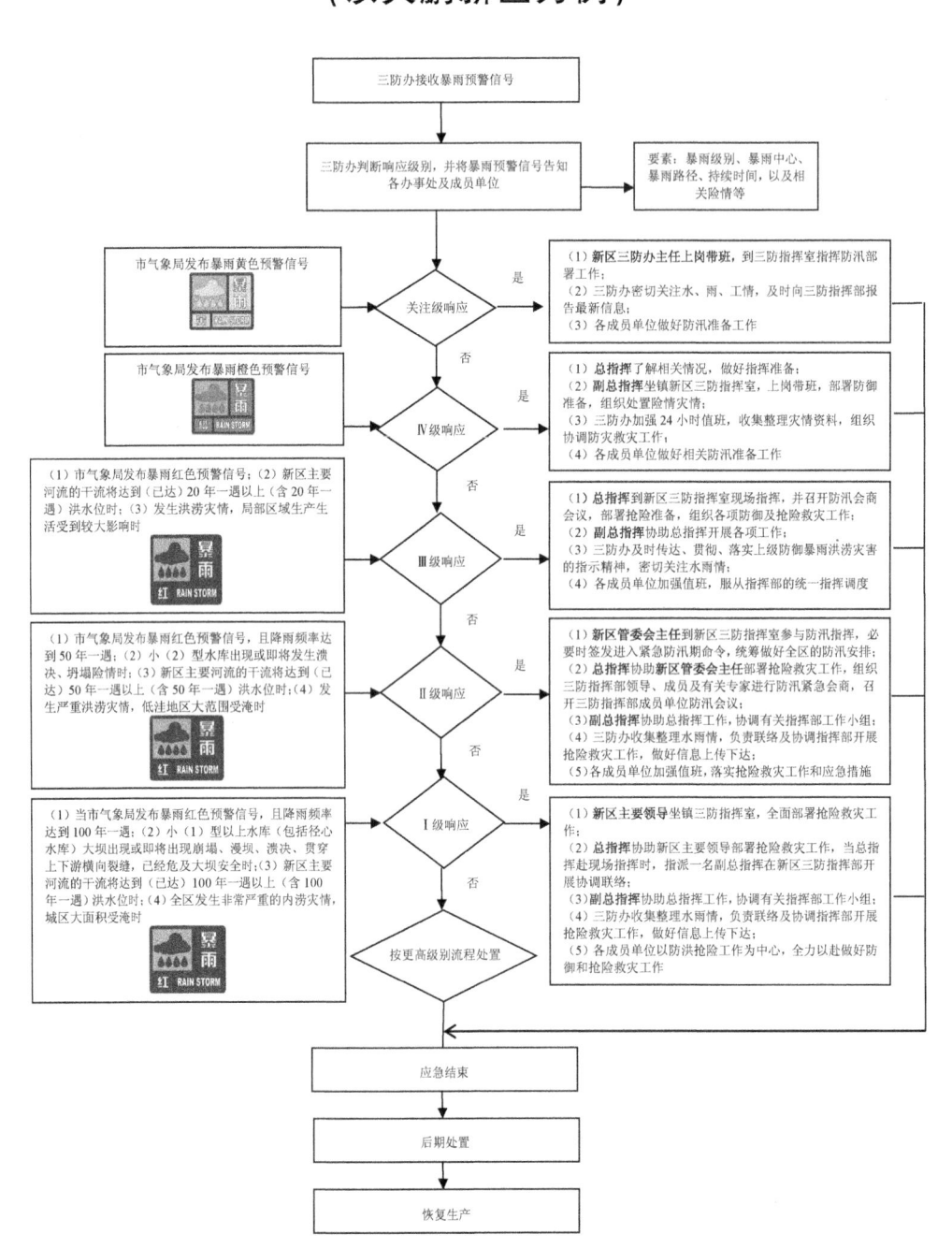

```
三防办接收暴雨预警信号
          ↓
三防办判断响应级别，并将暴雨预警信号告知各办事处及成员单位 → 要素：暴雨级别、暴雨中心、暴雨路径、持续时间，以及相关险情等
          ↓
【市气象局发布暴雨黄色预警信号】 → 关注级响应 —是→ 
  (1) 新区三防办主任上岗带班，到三防指挥室指挥防汛部署工作；
  (2) 三防办密切关注水、雨、工情，及时向三防指挥部报告最新信息；
  (3) 各成员单位做好防汛准备工作
          ↓否
【市气象局发布暴雨橙色预警信号】 → Ⅳ级响应 —是→ 
  (1) 总指挥了解相关情况，做好指挥准备；
  (2) 副总指挥坐镇新区三防指挥室，上岗带班，部署防御准备，组织处置险情灾情；
  (3) 三防办加强24小时值班，收集整理灾情资料，组织协调防灾救灾工作；
  (4) 各成员单位做好相关防汛准备工作
          ↓否
(1) 市气象局发布暴雨红色预警信号；(2) 新区主要河流的干流将达到（已达）20年一遇以上（含20年一遇）洪水位时；(3) 发生洪涝灾情，局部区域生产生活受到较大影响时
【暴雨红】 → Ⅲ级响应 —是→
  (1) 总指挥到新区三防指挥室现场指挥，并召开防汛会商会议，部署抢险准备，组织各项防御及抢险救灾工作；
  (2) 副总指挥协助总指挥开展各项工作；
  (3) 三防办及时传达、贯彻、落实上级防御暴雨洪涝灾害的指示精神，密切关注水雨情；
  (4) 各成员单位加强值班，服从指挥部的统一指挥调度
          ↓否
(1) 市气象局发布暴雨红色预警信号，且降雨频率达到50年一遇；(2) 小(1)型水库出现或即将发生溃决、坍塌险情时；(3) 新区主要河流的干流将达到（已达）50年一遇以上（含50年一遇）洪水位时；(4) 发生严重洪涝灾情，低洼地区大范围受淹时
【暴雨红】 → Ⅱ级响应 —是→
  (1) 新区管委会主任到新区三防指挥室参与防汛指挥，必要时签发进入紧急防汛期命令，统筹做好全区的防汛安排；
  (2) 总指挥协助新区管委会主任部署抢险救灾工作，组织三防指挥部领导、成员及有关专家进行防汛紧急会商，召开三防指挥部成员单位防汛会议；
  (3) 副总指挥协助总指挥工作，协调有关指挥部工作小组；
  (4) 三防办收集整理水雨情，负责联络及协调指挥部开展抢险救灾工作，做好信息上传下达；
  (5) 各成员单位加强值班，落实抢险救灾工作和应急措施
          ↓否
(1) 当市气象局发布暴雨红色预警信号，且降雨频率达到100年一遇；(2) 小(1)型以上水库（包括径心水库）大坝出现或即将出现崩塌、漫坝、溃决、贯穿上下游横向裂缝，已经危及大坝安全时；(3) 新区主要河流的干流将达到（已达）100年一遇以上（含100年一遇）洪水位时；(4) 全区发生非常严重的内涝灾情，城区大面积受淹时
【暴雨红】 → Ⅰ级响应 —是→
  (1) 新区主要领导坐镇三防指挥室，全面部署抢险救灾工作；
  (2) 总指挥协助新区主要领导部署抢险救灾工作，当总指挥赴现场指挥时，指派一名副总指挥在新区三防指挥部开展协调联络；
  (3) 副总指挥协助总指挥工作，协调有关指挥部工作小组；
  (4) 三防办收集整理水雨情，负责联络及协调指挥部开展抢险救灾工作，做好信息上传下达；
  (5) 各成员单位以防洪抢险工作为中心，全力以赴做好防御和抢险救灾工作
          ↓否
按更高级别流程处置
          ↓
应急结束
          ↓
后期处置
          ↓
恢复生产
```

示例2：＿＿＿＿＿＿市（县、区）三防成员单位应急响应行动表（以大鹏新区为例）

（1）关注级应急响应行动

预警信号：暴雨黄色预警信号
含义：6小时内可能或者已经受暴雨影响

应急响应　　（关注级）戒备状态

单位名称	应急响应行动
三防办	三防办主任到总指挥室指挥防汛部署工作，安排人员加强值班，密切关注市气象局发布的预警信息，搜集整理资料，及时向三防指挥部提供最新气象预报信息
综合办公室	与三防办加强沟通与联系，做好上传下达任务
政法办公室	通知海边民宿管理者及时告知游客，禁止其靠近海边；告知租客留守家中，不随便外出走动
经济服务局	督促所管辖的海滩、海滨养殖场、农家乐、酒店等做好防御准备，组织检查安全隐患，并通过广播、告示等方式提示游客
公共事业局	提示和督促中小学校、幼儿园、托儿所做好防御准备、检查安全隐患，暂停室外教学活动，做好在校学生（含校车上、寄宿）的安全保护，组织做好医疗救护准备工作
文体旅游局	通知所管辖的各旅游景点、文体场馆等做好防御准备，组织检查消除安全隐患，保障游客安全
生态保护和城市建设局	将预警信息发布到建筑施工单位，督促做好防御，视情况暂停高空、露天作业；督促物业管理机构做好地下车库等易积水区域的防洪排涝措施，并通过广播、张贴防汛提示等措施提醒居民做好防御准备
城市管理和水务局	密切关注雨情、水情、工情和水文气象信息等；开展防汛工程隐患排查和巡查工作，落实易涝点、在建水务工程、施工围堰、基坑等重点部位防御措施；根据水库、河涌水位做好水库、闸门等调度准备；督促排水管网运营单位派出人员、设备在易积水区域现场值守，检查和及时疏通淤堵的市政排水管网，确保排水顺畅；督促环卫作业单位及时检查并清理路边进水口，清除路面垃圾杂物保障排水顺畅
建设管理服务中心	向所管辖各在建工地传达预警信息，督促开展施工机械以及电路系统检查，及时消除安全隐患；视情况督促所辖工地暂停高空、露天作业

287

续表

单位名称	应急响应行动
交通运输局	会同交警部门确定应急交通管制线路,尽力保障交通安全通畅;加强交通监控,提前安排运力,随时转移滞留乘客
公安分局	加强对重点地区、场所的巡查和保护;维护积水路段交通秩序,提示进入高速公路的车辆注意防御;制止破坏防洪工程和水文、通信设施的行为
自来水公司	关注暴雨最新动态,保障供水设施的正常运行,设施抢修期间,应在危险区域放置警示标志,保障供水正常
供电局	关注暴雨最新动态,保障相关设施的正常运行,设施抢修期间,应在危险区域放置警示标志,保障电能正常
各办事处	密切关注暴雨预警信息,督促各社区做好安全隐患排查,发现险情、灾情及时上报办事处
各社区	防汛责任人到位,手机、电话保持畅通,派人24小时值班,专人负责检查排水设施、道路安全隐患并及时整改,加强检查分管行业或辖区范围的防汛准备工作,发现问题及时处理并上报三防指挥部
其他成员单位	加强值班,密切关注三防办暴雨预警信号,做好随时投入三防工作的准备
各成员单位根据应急防御情况,及时准确地向三防办汇报防汛情况	

(2) Ⅳ级应急响应行动

预警信号:暴雨橙色预警信号
含义:3小时内可能或者已经受暴雨影响,降雨量50毫米以上

应急响应　　(Ⅳ级)防御状态

单位名称	应急响应行动
总指挥	了解相关情况,做好指挥准备
副总指挥	坐镇三防指挥室参与指挥,部署防御准备,组织处置险情灾情
三防办	领导组织协调防灾救灾工作,加强值班力量,领导上岗带班,负责收集整理灾情信息,及时以手机短信向指挥部成员及相关工作人员发出防御信息,电话联络相关部门开展抢险救灾工作,跟踪抢险工作进展,保障三防指挥决策系统和通信系统的畅通
综合办公室	及时掌握突发事件事态进展情况,向市委、市政府总值班室报告,将有关信息通报综合办公室新闻中心
统战和社会建设局	通知各临时避难场所做好开放准备,公布和开放易涝区域周边的临时避难场所

示例2

续表

单位名称	应急响应行动
政法办公室	通知海边民宿管理者及时告知游客,说服其必须撤离;协助相关单位转移危破房、低洼地简易房、小流域洪水高危区出租屋内的租客
经济服务局	通知有关单位封锁沙滩,关闭海滨浴场、室外游乐场、游泳池等户外活动设施。督促指导各场馆、旅游企业做好防御准备,采取措施保护现场人员,妥善安置游客
公共事业局	督促中小学校、幼儿园、托儿所做好防御准备,视情况暂停户外教学活动,保障在校学生(含校车上、寄宿)的安全等;组织抢救伤病员,做好防疫工作,防止和控制灾区疫情、疾病的发生、传播和蔓延
文体旅游局	通知所管辖的各旅游景点、酒店、文体场馆等做好防御准备,组织检查消除安全隐患,督促按规范关停场所设施,提示游客注意防汛安全
生态保护和城市建设局	加强危旧房、建筑边坡、挡墙围墙、余泥渣土受纳场、地下车库等的巡查,督促在建工地暂停高空、露天作业,切断施工电源,加固或拆除有危险的建筑施工设施;加强施工场地巡查,疏散、撤离危险区域人员;督促检查所辖区域内积水情况和抢修水毁设施;督促物业管理机构做好地下车库等易积水区域的防洪排涝措施,在小区粘贴暴雨提示;督促燃气行业做好抢险救援准备,加强巡检,及时整治隐患、处理险情
城市管理和水务局	组织水库、河道、涵闸、泵站、供水管线等水务工程设施的管理单位加强巡查频次;掌握重点防汛工程运行情况,做好水库、堤防、涵闸等水务工程的防汛调度监督指导工作;水库、堤防、涵闸等工程管理单位的负责人要坚守自己的工作岗位,检查落实各项防汛准备工作,各水库严格控制在汛限水位以下运行,超过汛限水位或者可能出现溢洪的水库要提前上报三防指挥部;组织力量清疏路面排水设施,保证排水畅通,督促排水管网运营单位派出人员、设备在易积水区域现场值守,在积水区域设置警示标识,开展应急抽排,疏通淤堵的市政排水管网,确保排水顺畅;督促加强户外广告牌、路灯设施的检查、加固,视情况组织切断路灯广告等室外用电设施电源;在危险区域设置警戒线或警示牌,安排专人守护;加强对所管辖区域树木、设施的排查,及时加固或清除影响安全的树木、设施等;督促环卫作业单位及时检查并清理路边进水口,清除路面垃圾等杂物等以便顺畅排水
安全生产监督管理局	加强危化企业、工商企业及加油站等的安全宣传和巡查工作,督促其做好防雨准备,确保人员安全
生态资源环境综合执法局	配合经济服务局参与渔船防汛工作,通过移动信息平台及时向广大渔民发布暴雨预警信息,要求海上作业渔船及时回港;派出执法船艇协助经济服务局、属地办事处和社区深入各渔港、养殖区进行广泛宣传,监督各相关单位、人员及时做好防汛准备;协助经济服务局、属地办事处和社区尽量劝说海上人员特别是小型渔船人员上岸避雨;准备好应急救生设备,确保各执法船艇在应急救助状态,保证应急救助所需;协助经济服务局、属地办事处和社区禁止所有渔船出海,禁止游客出海游玩

289

续表

单位名称	应急响应行动
建设管理服务中心	督促在建工地暂停高空、露天作业,切断施工电源,加固或拆除有危险的建筑施工设施;加强对临时建筑、高边坡、深基坑、地下工程等的巡查工作,疏散、撤离危险区域人员
市规划国土委××区管理局	重点做好持续强降雨期间地质灾害隐患点及其等级、防治责任调查、认定,适时发布地质灾害预警信号;接到灾情、险情报告后,组织专家赶赴现场调查,协助当地政府开展群众撤离、抢险救灾等应急处置工作
交通运输局	妥善采取交通监控,提前安排运力,随时转移滞留乘客
公安分局	加强对重点地区、场所的保护;保障群众救助、人员疏散等抢险救灾工作期间的秩序维护;协助有关部门做好大型集会人员的疏散工作;在全区交通诱导屏上播出预警和抢险救灾信息
供电局	保障供电正常,负责对受损供电设备的抢修
电信分局	保证通讯畅通,及时恢复损毁的电信设施
自来水公司	关注暴雨最新动态,采取暴雨防御措施避免设施损坏,并在危险区域放置警示标志,保障自来水的正常供应
市燃气集团股份有限公司	保障供气正常,负责对存在安全隐患的供气设备进行抢修
各办事处	加强白天巡查和夜间值守,按照本部门预案做好暴雨防御工作,发现问题及时处理并报告三防办;做好应急抢险准备,必要时分赴险情现场指导开展抢险救灾工作;督促各社区做好防洪排涝安全隐患排查;办事处每隔3小时,将发现险情上报至三防办
各社区	抓好危房、旧房、瓦房安全隐患排查,对存在问题的危旧房屋,要及时将所有人员转移到安全场所;尽快清理辖区山边、河边、海边窝棚内的外来人员,预先做好安全防范工作;引导市民尽可能留在家中,并关好门窗,搬掉阳台边的盆花
其他成员单位	根据预警信号,加强值班,自觉开展三防工作
各成员单位必须每隔6小时,向三防指挥部汇报防汛情况	

(3) Ⅲ级应急响应行动

预警信号:暴雨红色预警信号
含义:3小时内可能或者已经受暴雨影响,降雨量100毫米以上

应急响应　　(Ⅲ级)紧急防御状态

示例 2

单位名称	应急响应行动
总指挥	坐镇三防指挥室现场指挥,并召开防汛会商会议,部署抢险准备,组织各项防御及抢险救灾工作
副总指挥	协助总指挥开展各项工作
三防办	及时传达、贯彻、落实上级防御暴雨洪涝灾害的指示精神,加强值班,密切监视水雨情变化,掌握水利工程情况,下发市、三防指挥部的防御通知,检查防洪措施落实情况,组织专业技术人员赶赴险情灾情现场提供抢险技术支持
综合办公室	协助做好三防视频会议信号对接工作,协调相关部门参与应急处置,及时掌握突发事件事态进展情况,向市委、市政府总值班室报告,将有关信息通报综合办新闻中心;协调相关应急资源参与突发事件处置工作,传达并督促有关部门(单位)落实市委、市政府有关决定事项和领导批示、指示
统战和社会建设局	通知开放并检查全部临时避险场所,及时告知公众,并将开放情况报告三防办;协助转移危险区域人员,做好避险安置群众的基本生活保障工作
政法办公室	进一步核实海边民宿内游客撤离情况;协助相关单位再次督促危破房、低洼地简易房、暴潮巨浪高危区、小流域洪水高危区出租屋内的租客转移至避难中心,禁止返回出租屋内
经济服务局	视情况组织保护和抢收农作物,指导渔业抢险救灾,组织协调通信和供电抢修工作,负责协调抢险救灾物资与器材及灾民生活必需品的调配
公共事业局	检查中、小学和幼儿园停课安排落实情况,督促学校和幼儿园采取有效措施保障在校学生、儿童安全;组织抢救伤病员,做好防疫工作,防止和控制灾区疫情、疾病的发生、传播和蔓延
文体旅游局	督促所管辖的各旅游景点暂停售票,采取措施保护游客安全;指导旅游企业详询气象、交通等信息,妥善安置游客;通知有关单位关闭海滨浴场、室外游乐场、游泳池等户外活动设施;通知文体场馆暂停营业,并做好场馆防暴雨安全措施
生态保护和城市建设局	负责辖区生态环境及环境监督管理工作,调查处理环境污染事故、生态破坏事件和环境违法行为;负责组织开展环境保护宣传教育工作
城市管理和水务局	加强水利工程运行监控,组织力量加强对病险堤防、水库、水(涵)闸等的巡查频次;科学调度防洪排涝设施,采取降低水位的必要紧急措施,对小型以上水库要控制在汛限水位以下,提前发布排洪预警信号,转移受影响群众,及时处置险情、灾情;组织开展低洼涝区、积水路段等区域的积水抽排;组织抢险专家分赴各办事处协同开展抢险救灾工作;督促排水管网运营单位在积水区域设置警示标识,加强人员、设备力量,及时疏通淤堵的市政排水管网,确保排水顺畅;在可能发生广告牌塌落、高空坠物等险情的危险地带划出警戒区域,做好危险地段人员的转移安置计划;切断霓虹灯及其他有危险的室外电源,督促市政公园及时闭园,同时做好已入园游客的安全防护工作

续表

单位名称	应急响应行动
安全生产监督管理局	进一步做好危化企业、工商企业及加油站等的安全宣传和巡查工作,督促其做好防雨准备,确保人员安全
生态资源环境和综合执法局	配合经济服务局参与渔船防汛工作,通过移动信息平台,向渔民群众发布防暴雨紧急信息,协助经济服务局、属地办事处和社区督促渔港内的渔船到就近避风港避风;组织力量进行拉网式检查,彻底撤离所有应转移的海上人员,协助龙岗边防大队对渔排和小型渔船上拒不上岸的人员采取必要的强制措施带其上岸,同时采取有力措施严禁私自返回渔船和渔排,随时掌握海上渔排养殖人员转移、渔船避雨、小型渔船人员撤离等信息;加强值班,做好海上救捞准备
建设管理服务中心	督促所辖在建工地暂停作业,关闭工地用电总闸,除必要人员外,所有人员应留在确保安全的室内;组织所辖在建工地检查危险区域防汛措施落实情况,组织所辖工地检查防汛措施落实情况,并在危险区域挂出警示标志,及时疏散、撤离有关人员
市规划国土委××区管理局	组织人员在可能发生山泥倾泻、山体滑坡、因地质作用引起的道路塌陷等地质险情的危险地带重点巡查,划出警戒区域,采取防护措施;发生地质灾害时积极协助当地办事处开展群众撤离、抢险救灾等应急处置工作,防止次生灾害发生
交通运输局	组织修复受灾中断的公路和有关交通设施,调配运力运送受灾人员、救援人员、救援设备和物资等;妥善安置滞留旅客;督促协调各公交公司,通过其所管辖范围的电子显示屏、车载电视等传播平台,播出和及时更新预警及抢险救灾信息
公安分局	随时准备投入抢险救灾;在灾区和危险区域实施交通治安警戒,开展治安救助工作;维护交通秩序,确保抢险救灾车辆优先、快速通行;在全区交通诱导屏上播出预警及抢险救灾信息
交警大队	随时准备投入抢险救灾,及时处置积水拥堵路段交通事故,实行交通管制;维护交通秩序,确保抢险救灾车辆优先通行;在路段交通诱导屏上播出相应预警信息
供电局	保证供电畅通,负责受损的供电设备的抢修
电信分局	保证通讯畅通,及时恢复损毁的电信设施
消防大队	做好抢险救灾的相应准备,必要时迅速参与抢险救灾
自来水公司	关注暴雨最新动态,采取防雨措施避免设施损坏,并在危险区域放置警示标志,保障自来水的正常供应
市燃气集团股份有限公司	做好抢险抢修准备,加强巡检,及时整治隐患、处理险情,保障供气正常
各办事处	加强值班,落实辖区各项暴雨防御工作,转移危房旧屋、临时建筑物、内涝区域及地质灾害危险区域内的人员,每2小时向三防办报告一次辖区的暴雨防御、抢险救灾及灾情统计情况

续表

单位名称	应急响应行动
各社区	协助参与人员转移和应急救援工作,做好转移群众情绪安抚工作
其他成员单位	加强值班,按本部门预案做好防汛工作,并及时与三防指挥部联系,服从三防指挥部统一指挥调度,随时准备执行各项防汛任务
	各成员单位必须每隔3小时,向三防指挥部汇报防汛情况

(4) Ⅱ级预警响应行动

预警信号:暴雨红色预警信号
含义:3小时内可能或者已经受暴雨影响,降雨量100毫米以上,且降雨频率达到50年一遇

应急响应　　(Ⅱ级)紧急防御状态

单位名称	应急响应行动
管委会主任	坐镇三防指挥室,全面部署抢险救灾工作;召开三防指挥部成员单位防汛紧急会议,传达上级精神,了解洪水防御总体情况,指导全区抢险救灾
总指挥	协助管委会主任部署抢险救灾工作,组织三防指挥部领导、成员及有关专家进行防汛紧急会商,召开三防指挥部成员单位防汛会议;当总指挥赴现场指挥时,指派一名副总指挥在三防指挥室开展协调联络工作
副总指挥	协助总指挥工作,协调有关指挥部工作小组
三防办	加强值班,密切监视水雨情变化,掌握水利工程情况,下发市、三防指挥部的防御通知,检查防洪措施落实情况,组织专业技术人员赶赴险情灾情现场提供抢险技术支持
综合办公室	负责对新闻媒体的防汛抗洪重大信息发布,协助三防办做好信息的上传下达及报送工作,及时向有关单位传达省、市、区领导防灾指示、批示精神
统战和社会建设局	协调驻各部队等抢险队伍,根据三防指挥部的要求,随时投入抢险救灾行动,协助各办事处救援、转移危险地区群众
政法办公室	协助其他相关单位检查海边民宿内游客,危破房、低洼地简易房、小流域洪水高危区出租屋内的租客是否全部撤离至安全区域
发展和财政局	负责抢险救灾所需经费的立项,统筹安排和及时拨付救灾资金,协调争取上级资金支持
经济服务局	组织保护和抢收农作物,指导渔业抢险救灾,组织协调通信和供电抢修工作;负责协调抢险救灾物资与器材及灾民生活必需品的调配
公共事业局	迅速组织医疗救护队伍,抢救受灾伤病员,做好灾区卫生防疫工作,监控和防止灾区疾病、疫情传播、蔓延,组织做好各学校的防洪工作
文体旅游局	督查所管辖的各旅游景点、海滨浴场、室外游乐场、游泳池等关闭情况,文体场馆活动停止、游客疏散安置等情况,排查隐患并及时处理;指导有关单位对行程推迟、暂缓或取消的旅客做好疏导服务;督促指导各场所做好防暴雨安全措施

续表

单位名称	应急响应行动
生态保护和城市建设局	督促在建工程停工,加强安全检查和加固工作,关闭工地用电总闸;督促物业管理机构落实地下车库停车场等低洼易涝区域的防洪排涝措施;督促燃气行业加强巡查,随时投入抢险救援
城市管理和水务局	严密监视水库、堤防等水利工程运行情况,发现问题及时处理;重大险情、灾情及时上报;协助转移水库下游、排洪河边区域的群众,负责所辖区域防洪排涝设施的安全运行,协调、指导做好相关市政设施的防洪防涝工作
生态资源环境综合执法局	协助经济服务局、属地办公室和社区做好海上及海滩的安全巡查;督促属地办事处和社区确保在册渔船、渔排等海上养殖作业人员百分百上岸避险;负责海上及海滩突发事件处理,参与海上救援
机关后勤服务中心	派出人员轮流值班,妥善安排三防指挥部工作人员及抢险救灾人员的食宿
建设管理服务中心	督促落实临时避险场所开放和救灾生活用品的发放、收集、核实灾情、受灾人口情况,并及时向三防指挥部汇报
市规划国土委××区管理局	加强地质监测、防御,在容易引起山泥倾泻、山体滑坡、泥石流的危险地带划出警戒区域、挂出警戒标志,及时协调组织疏散危险地带的人员,并协调督促做好地质灾害抢险救灾工作
交通运输局	保障交通设施的防洪防涝安全;保障抗洪排涝抢险救灾人员和物资设备的紧急运输;保障交通干线和抢险救灾重要线路的畅通
公安分局	维持社会治安秩序;保障运输抢险队伍、物资车辆优先通行;协助组织危险地区群众安全转移;限制高速公路车流车速,及时处置交通事故,必要时关闭高速公路、实行交通管制;对出现灾情的区域实施警戒,开展灾害事件发生地的治安救助工作;维护交通秩序,确保抢险救灾车辆优先、快速通行;在全市交通诱导屏播出预警和防御抢险救灾信息
供电局	保证供电畅通,负责受损的供电设备的抢修
电信分局	保证通讯畅通,及时恢复损毁的电信设施
各消防大队	做好抢险救灾的相应准备,必要时迅速参与抢险救灾
自来水公司	加派力量抢修损毁的设施,并在危险区域放置警示标志,保障供水正常
市燃气集团股份有限公司	加派力量抢修损毁的设施,并在危险区域放置警示标志,保障燃气的正常供应
各办事处	动员和组织民兵应急分队、广大干部群众投入暴雨防御工作,领导赴第一线指挥,责任人到位,做好险情的先期处置,以防事态进一步扩大;特别做好危险地带人员的安全转移工作;解救被洪水围困人员;协助相关单位做好受灾居民日用必需品供应工作;妥善安排外来支援人员的安置点及食宿安排,协助相关单位做好抢险队伍的车辆加油、抢险物资分配等工作
其他成员单位	加强值班,继续做好各自行业、管辖领域内的暴雨防御安全工作
各成员单位必须每隔2小时,向三防指挥部汇报防汛情况	

（5）Ⅰ级预警响应行动

预警信号：暴雨红色预警信号
含义：3小时内可能或者已经受暴雨影响，降雨量100毫米以上，且降雨频率达到100年一遇

应急响应　（Ⅰ级）特别紧急防御状态

单位名称	应急响应行动
主要领导	坐镇三防指挥室，全面部署抢险救灾工作： ①了解全区防汛抢险救灾总体情况，指导各单位抢险救灾； ②视情况发布总动员令，宣布全区进入紧急防汛期； ③视情况发布电视、广播、网络讲话，要求市民群众做好防灾避险
总指挥	协助主要领导部署抢险救灾工作，当总指挥赴现场指挥时，指派一名副总指挥在三防指挥部开展协调联络
副总指挥	协助总指挥工作，协调有关指挥部工作小组
三防办	发布暴雨特别紧急防御信号，加强值班；负责联络及协调指挥部各工作小组开展抢险救灾工作；做好信息的上传下达，督查、反馈市三防指挥部各项决定的落实情况
综合办公室	负责对新闻媒体重大信息的发布；指导、协助相关单位对灾情信息的发布和协助三防宣传报道工作；协调相关应急资源参与突发事件处置工作；做好上传下达工作
统战和社会建设局	迅速组织灾民安置，保障灾民基本生活
政法办公室	协助其他相关单位检查海边民宿内游客，危破房、低洼地简易房、小流域洪水高危区出租屋内的租客是否全部撤离至安全区域，严禁租客在暴雨预警期间擅自返回出租屋内
发展和财政局	负责筹措、下拨抢险救灾所需费用
经济服务局	迅速组织抢险救灾物资与器材的供应，协调调度应急通信设施
公共事业局	迅速组织医疗急救队、卫生防疫队进入灾区，开展现场救护和卫生防疫，及时运送伤员并安排医院救治，调集救助药品和医疗器械供抢救现场和灾区使用
文体旅游局	督查各旅游景点游客疏散安置情况，排查隐患并及时处理
生态保护和城市建设局	组织做好危旧房和建筑工地防汛抗灾工作，负责暴雨灾害的生态环境和生物资源保护、环境监督管理及污染防治工作。督促燃气行业加强巡查，必要时投入抢险救援
城市管理和水务局	迅速制定抢险技术方案，组织工程抢险队伍，对出险的水务工程设施进行抢修和加固，并保障灾区的正常供水

续表

单位名称	应急响应行动
生态资源环境综合执法局	加强值班,随时掌握海上渔排养殖人员转移、渔船避雨、小型渔船人员撤离等信息,组织应急救助队伍,做好事故搜救抢险准备,参加海上搜救工作
机关后勤服务中心	加强值班,全面负责三防指挥部工作人员及外来人员的后勤服务
建设管理服务中心	继续做好政府投资在建重大工程的暴雨隐患排除及抢险救灾、维修等工作,监督施工单位落实防汛方案
市规划国土委管理局	负责地质灾害的监测、防御,在容易引起山泥倾泻、山体滑坡、泥石流的危险地带划出警戒区域、挂出警戒标志,及时协调组织疏散危险地带的人员,并协调督促做好地质灾害抢险救灾工作
交通运输局	根据转移人、财、物所需运力情况,及时组织运力,安排车辆船只,保证人员和抢险救灾物资的运送
公安分局	迅速组织灾民疏散、撤离及救生,维护交通秩序,确保抢救现场和灾区的交通通畅
交警大队	负责灾区交通秩序管理,保障抢险救灾物资和人员运送通道的畅通
供电局	迅速启动应急机制,保证出险现场及灾区的正常供电,组织专业抢修队伍,及时修复损毁的市政工程、供电等公共基础设施
坪山电信分局	迅速启动应急机制,保证出险现场及灾区的应急通信,组织专业抢修队伍,及时修复损毁的通信等公共基础设施
龙岗区公安边防大队、市公安消防支队大亚湾特勤大队、市公安消防支队大队	投入防汛抢险救灾工作,协助转移群众,紧急救援受困人员,抢通受阻道路
交通运输执法大队	按照交通运输局的要求,协助相关单位转移危险区域的人、财、物;及时安排车辆,确保人员和抢险救灾物资的运送
自来水公司、南澳供水公司	优先保障灾区的供水安全
市燃气集团股份有限公司龙岗管道气分公司	加派力量抢修损毁的设施,并在危险区域放置警示标志,保障燃气的正常供应
各办事处	以防洪抢险工作为中心,停开一切非防洪工作会议和活动,以人为本,全力以赴做好防御和抢险救灾工作
其他成员单位	立即启动各自的防汛抢险应急预案,进入应急待命状态,加强值班,随时根据指挥命令各司其职、各负其责地投入抢险救灾工作
各成员单位必须每隔1小时,向三防指挥部汇报防汛情况	

参考文献

[1] 包树胜.水旱灾害的哲学思考[J].治淮,2007(11):9-11.

[2] 蔡立辉,董慧明.论机构改革与我国应急管理事业的发展[J].行政论坛,2018(3):17-23.

[3] 曹惠民,黄炜能.地方政府应急管理能力评估指标体系探讨[J].广州大学学报(社会科学版),2015,14(12):60-66.

[4] 陈雷.加快构建防汛抗旱减灾体系 全面提高水旱灾害防治能力[J].中国水利,2009(09):1-2.

[5] 陈晓君.灾害应急管理能力评价理论与方法研究[D].秦皇岛:燕山大学,2010.

[6] 陈颙,史培军.自然灾害[M].北京:北京师范大学出版社,2007.

[7] 褚明华.长江流域防洪问题浅析[J].中国水利,2014(7):52-54.

[8] 鄂竟平.经济社会与水旱灾害[J].中国水利,2006(06):9-14,8.

[9] 鄂竟平.论控制洪水向洪水管理转变[J].中国水利,2004(08):15-21.

[10] 鄂竟平.推动河长制从全面建立到全面见效[N].人民日报,2018-07-17(010).

[11] 鄂竟平.形成人与自然和谐发展的河湖生态新格局[J].中国水利,2018(16):1-3.

[12] 樊传浩,王荣,陈祥喜.新时期专业队伍抢险能力评价指标体系研究——以江苏省防汛抗旱抢险为例[J].消防界(电子版),2017(12):133-134,136.

[13] 防汛与抗旱编辑部.新中国防洪50年[J].防汛与抗旱,1999(03):2-12.

[14] 高小平,刘一弘.我国应急管理研究述评(上)[J].中国行政管理,2009(8):19-22.

[15] 高小平,刘一弘.应急管理部成立:背景、特点与导向[J].行政法学研究,2018(05):29-38.

[16] 高小平.中国特色应急管理体系建设的成就和发展[J].中国行政管理,2008(11):8-11.

[17] 国家防汛抗旱总指挥部,中华人民共和国水利部.2017中国水旱灾害公报[M].北京:中国地图出版社,2017.

[18] 国家防汛抗旱总指挥部办公室.江河防汛抢险实用技术图解[M].北京:中国水利水电出版社,2003.

[19] 国家防汛抗旱总指挥部办公室.台风灾害防范与自救手册[M].北京:中国水利水电出版社,2013.

[20] 国务院.中国统计年鉴[M].北京:中国统计出版社,2010-2017.

[21] 洪文婷.洪水灾害风险管理制度研究[D].武汉:武汉大学,2012.

[22] 胡亚林,付成伟,马涛.国家防汛抗旱指挥系统工程[J].中国水利,2003(22):27-30.

[23] 黄莉新.立足科技创新 推进江苏水利现代化建设[J].江苏水利,2000(11):7-8.

[24] 贾建锋,赵希男,温馨.胜任特征模型构建方法的研究与设想[J].管理评论,2009,21(11):66-73.

[25] 李春华,王绍勤,宋炜,等.江苏省防汛防旱会商系统的设计与实现[J].水利信息化,2015(03):50-55.

[26] 李俊凯,胡亚林.洪水影响评价工作要点与对策[J].中国防汛抗旱,2014(1):24-26.

[27] 李兴学.补齐防洪工程短板[J].中国党政干部论坛,2016(12):[页码不详].

[28] 李亚平.把"确保两个安全"落到实处[J].群众,2016(09):44-45.

[29] 刘江.江苏省省级防汛物资储备管理现状、问题及建议[J].中国市场,2017(31):155-156.

[30] 刘洁.新中国防洪抗旱法律法规建设[J].中国防汛抗旱,2009(S1):11-14.

[31] 刘宁.防汛抗旱与水旱灾害风险管理[J].中国防汛抗旱,2012(02):1-4.

[32] 刘宁.进一步提高科学防御水旱灾害的能力[J].求是,2010(08):47-49.

[33] 罗伯特·希斯.危机管理[M].王成,宋炳辉,金瑛,译.北京:中信出版社,2001.

[34] 吕振霖.围绕"两个率先"实现现代水利发展新跃升[J].中国水利,2010(24):65.

[35] 彭定志,黄俊雄,和宛琳,等.国内外防洪抗旱标准体系对比研究[J].水利与建筑工程学报,2006(04):1-5,25.

[36] 乔治D哈岛,琼A布洛克,达蒙P科波拉.应急管理概论[M].北京:知识产权

出版社,2012.
- [37] 秦维明,朱山涛.水旱灾害分级管理机制初探——以河南、江苏两省防汛抗旱为例[J].水利发展研究,2009(02):30-32,51.
- [38] 闪淳昌,薛澜.应急管理概论:理论与实践[M].北京:高等教育出版社,2012.
- [39] 斯蒂芬 P 罗宾斯.管理学:第 11 版[M].北京:中国人民大学出版社,2012.
- [40] 苏志诚,刘宝军,高辉.《抗旱预案编制导则》解读[J].中国防汛抗旱,2015(02):28-32.
- [41] 隋广军,唐丹玲.台风灾害评估与应急管理[M].北京:科学出版社,2015.
- [42] 田军,邹沁,汪应洛.政府应急管理能力成熟度评估研究[J].管理科学学报,2014,17(11):97-108.
- [43] 托马斯 D 费伦博士,林毓铭,陈玉梅.应急管理操作实务[M].北京:知识产权出版社,2012.
- [44] 万海斌.以需求为导向,提升水旱灾害防御信息化整体水平[J].中国防汛抗旱,2018(9):[页码不详].
- [45] 万海斌.全国防汛抗旱指挥系统 3.0 架构与要求[J].中国防汛抗旱,2017(03):4-7.
- [46] 万金红,张葆蔚,刘建刚,等.1950—2013 年我国洪涝灾情时空特征分析[J].灾害学,2016(2):63-68.
- [47] 万群志,马涛,王为,等.2016 年防汛抗旱防台风工作总结评估报告[J].中国防汛抗旱,2017,27(1):16-25.
- [48] 万群志,王为,张腾,等.2015 年防汛抗旱防台风工作评估报告[J].中国防汛抗旱,2016,26(1):14-23.
- [49] 王慧敏,陈蓉,佟金萍."科层-合作"制下的洪灾应急管理组织体系探讨——以淮河流域为例[J].河海大学学报(哲学社会科学版),2014(03):42-48,91-92.
- [50] 王济干.预测与决策[M].南京:河海大学出版社,2003.
- [51] 王济干,舒欣.水利可持续发展实现途径研究[J].水资源保护,2001(04):20-23,71-72.
- [52] 王翔,赵璞.我国城市防洪应急管理进展与对策[J].中国水利,2014(1):28-30.
- [53] 王责任.关于我国应急救援队伍建设的研究[J].中国应急救援,2011(1):17-20.
- [54] 夏一雪.突发公共事件应急救援队伍结构体系研究[J].消防科学与技术,2015(3):373-375.

[55] 谢朝勇,曹文星.防汛防旱抢险专业设备操作规程[Z].江苏省防汛防旱抢险中心,2014.

[56] 徐芳.研发团队胜任力模型的构建及其对团队绩效的影响[J].管理现代化,2003(02):43-46.

[57] 杨光,刘宝军,贾汀,等.全国抗旱规划实施工作思考与启示[J].中国防汛抗旱,2016(2):7-10.

[58] 杨青,田依林,宋英华.基于过程管理的城市灾害应急管理综合能力评价体系研究[J].中国行政管理,2007(3):103-106.

[59] 杨卫忠.新中国防汛抗旱组织队伍建设[J].中国防汛抗旱,2009(s1):6-10.

[60] 杨文健,杨正超,樊传浩.我国重大灾变应急救援联动机制建设研究[C]//中国水利学会.中国水利学会2008学术年会论文集(下册).北京:中国水利水电出版社,2008.

[61] 翟平蕾,骆进军,赵璞.我国城市水利(水务)应急管理经验与对策[J].中国防汛抗旱,2017,27(6):20-23.

[62] 张葆蔚,万金红.中央防汛抗旱物资储备管理工作经验简谈[J].中国防汛抗旱,2012(04):13-15.

[63] 张家团,屈艳萍.近30年来中国干旱灾害演变规律及抗旱减灾对策探讨[J].中国防汛抗旱,2008(05):47-52.

[64] 张劲松.局部洪涝或将成为防汛新常态[J].江苏水利,2015(11):5-8,14.

[65] 张振华.创业团队胜任力结构与创业绩效的关系研究[J].当代经济研究,2009(12):22-25.

[66] 张志彤.全面提升减灾能力 有效减轻灾害损失 防汛抗旱防台风工作成效显著[J].中国水利,2015(24):1-2.

[67] 张志彤.改革开放30年我国的防汛抗旱工作[J].中国防汛抗旱,2008(05):3-9.

[68] 张志彤.关于防汛抗旱减灾对策的思考[J].中国水利,2011(06):37-39,27.

[69] 赵璞,胡亚林.我国城市防洪应急管理现状与挑战[J].中国防汛抗旱,2016,26(6):1-4.

[70] 赵璞,彭敏瑞.国外城市防洪应急管理基本经验及对中国的启示[J].中国防汛抗旱,2016,25(6):99-102.

[71] 中华人民共和国国家统计局.国民经济和社会发展统计公报[EB/OL].http://www.stats.gov.cn/tjsj/tjgb/ndtjgb/.

[72] 左海洋,阎永军,张素平,等.新中国重大洪涝灾害抗灾纪实[J].中国防汛抗旱,2009(S1):20-38.

[73] BOUDREAU J. "Exporting" teams-enhancing the implementation and effectiveness of work teams in global affiliates[J]. Organizational Dynamics, 2001, 30(1):12-29.

[74] EARLEY CP, MOSAKOWSKI E. Creating hybrid team cultures: an empirical test of transnational team functioning[J]. Academy of Management Journal, 2000, 43(1):26-49.

[75] El ASAMEM, WAKRIM M. Towards a competency model: a review of the literature and the competency standards[M]. USA: Spronger US, 2017.

[76] HACKMAN JR. Why teams don't work. Interview by Diane Coutu[J]. Harvard Business Review, 2009, 87(5):98.

[77] J R KATZENBACH, D K SMITH. The wisdom of team [J]. Harvard Business Review, 2005(7):161.

[78] LEE TS, KIM D H, LEE D W. A competency model for project construction team and project control team[J]. KSCE Journal of Civil Engineering, 2011, 15(5):781-792.

[79] LOUFRANI-FEDIDA S, MISSONIER S. The project manager cannot be a hero anymore! Understanding critical competencies in project—based organizations from a multilevel approach[J]. International Journal of Project Management, 2015, 33(6):1220-1235.

[80] MCCLELLAND D C. Testing for competence rather than for "intelligence" [J]. American Psychologist, 1973, 28(1):1-14.

[81] MELKONIAN, T, PICQ T, Building project capabilities in PBOs: lessons from the French Special Forces[J]. International Journal of Project Management, 2011, 29(4), 455-467.

[82] MOHRMAN S A, COHEN S G, MOHRMAN A M. Designing Team—Based Organizations[M]. Business Book Review Library, 1995.

[83] RUUSKA I, TEIGLAND R. Ensuring project success through collective competence and creative conflict in public-private partnerships-a case study of Bygga Villa, a Swedish triple helix e-government initiative[J]. International Journal of Project Management, 2009, 27(4):323-334.

[84] SANCHEZ R. Understanding competence-basedmanagement: identifying and managing five modes of competence[J]. Journal of Business Research, 2004, 57(5):518-532.

[85] SANDBERG J. Understanding Human Competence at work: an interpreta-

tive approach[J]. Academy of Management Journal, 2000, 43(1):9-25.
[86] SOSIK J J, JUNG D I. Work-group characteristics and performance in collectivistic and individualistic cultures[J]. Journal of Social Psychology, 2002, 142(1):5-23.